全国高等医学院校规划教材精讲与习题

生物化学与分子生物学

Biochemistry and Molecular Biology

罗晓婷　许春鹏　谢富华　主编

化学工业出版社

·北京·

本书是按照医学院校培养目标及生物化学与分子生物学课程教学大纲的要求，根据规划教材的章节顺序而编写的。每章先列出学习目标，强调本章需要重点掌握、熟悉和了解的内容；内容精讲对本章的学习内容和知识点进行了提炼、归纳和总结；为了巩固学生所学的理论知识和培养学生的综合分析问题的能力，本书各章节列出了同步练习和参考答案解析，有助于学生自我检查学习效果。

本书适用于高等医学院校临床、妇幼、预防、五官、口腔、检验及护理学等本科学生，也可作为报考研究生的专业课复习及教师教学的参考用书。

图书在版编目（CIP）数据

生物化学与分子生物学/罗晓婷，许春鹏，谢富华主编. —北京：化学工业出版社，2019.10

全国高等医学院校规划教材精讲与习题

ISBN 978-7-122-34933-0

Ⅰ.①生… Ⅱ.①罗… ②许… ③谢… Ⅲ.①生物化学-医学院校-教学参考资料 ②分子生物学-医学院校-教学参考资料 Ⅳ.①Q5②Q7

中国版本图书馆 CIP 数据核字（2019）第 161224 号

责任编辑：邱飞婵 满孝涵　　文字编辑：向 东

责任校对：张雨彤　　装帧设计：刘丽华

出版发行：化学工业出版社（北京市东城区青年湖南街 13 号 邮政编码 100011）

印 刷：三河市航远印刷有限公司

装 订：三河市宇新装订厂

787mm×1092mm 1/16 印张 12¾ 字数 334 千字 2019 年 10 月北京第 1 版第 1 次印刷

购书咨询：010-64518888　　售后服务：010-64518899

网 址：http://www.cip.com.cn

凡购买本书，如有缺损质量问题，本社销售中心负责调换。

定 价：36.00 元

全国高等医学院校规划教材精讲与习题
丛书编委会

编写人员名单

主　　编　罗晓婷　许春鹃　谢富华

副 主 编　周　娟　吴素珍　刘丽华

编　　者（按姓氏笔画为序）

叶桂林　刘丽华　许春鹃　吴素珍　罗晓婷

周　娟　黄玉萍　谢富华　缪春华

前言

生物化学与分子生物学是发展和更新较快的前沿学科之一，其主要任务是在分子水平上研究和阐述生物大分子物质的结构与功能、物质代谢途径及调节机制、遗传信息的传递与表达、细胞信号的转导等。21世纪是生命科学的世纪，生物化学与分子生物学越来越多地成为生命科学的共同语言，与其他有关的基础医学如生理学、微生物学、免疫学、生物物理学、药理学、病理学、病理生理学、组织学及寄生虫学等都有越来越密切的联系，是医学科学的重要基础。

生物化学与分子生物学是医学生必修的基础医学课程，它为学习其他基础医学和临床医学课程、在分子水平上认识病因和发病机制、诊断和防治疾病奠定扎实的基础。由于生物化学与分子生物学发展迅速、内容繁杂抽象、逻辑性强、教与学的难度较大，因此，按照医学院校培养目标及生物化学与分子生物学课程教学大纲的要求，根据国家卫生健康委员会“十三五”规划教材《生物化学与分子生物学（第9版）》的章节顺序而编写本书，着重于对生物化学与分子生物学重点知识进行提炼与讲解。本书适用于医学院校本科学生，为了巩固学生所学的理论知识和培养学生综合分析问题的能力，本书分为学习目标、内容精讲及同步练习和参考答案四部分，其中同步练习包括单项选择题、名词解释、填空题及问答题四种类型，有助于学生自我检查学习效果。

编者

2019年4月

目录

绪　论

1. **掌握**　生物化学与分子生物学的概念；生物大分子的概念；生物化学与分子生物学研究的主要内容。
2. **熟悉**　生物化学与分子生物学的发展简史。
3. **了解**　生物化学与分子生物学与其他相关学科的联系。

生物化学（biochemistry）是用化学、物理学和生物学的原理和方法，研究生物体内物质的化学组成、结构和功能，以及生命活动过程中各种化学变化过程及其与环境之间相互关系的基础生命学科。

分子生物学（molecular biology）是研究生物大分子（主要是蛋白质和核酸）的结构与功能，进而阐明生命现象本质的基础生命学科，它是生物化学的重要组成部分。

第一节　生物化学与分子生物学的发展简史

一、叙述生物化学阶段

18世纪中叶至20世纪初始为生物化学的初期阶段，也称为叙述生物化学阶段，主要研究生物体的化学组成，并对其进行分离、纯化、合成、结构测定及理化性质的研究。

二、动态生物化学阶段

从20世纪20年代开始，进入动态生物化学阶段，研究生物体内各种分子的代谢变化。

三、机能生物化学阶段（分子生物学阶段）

20世纪后半叶以来，生物化学发展的显著特征是分子生物学的崛起。其间，物质代谢途径的研究继续发展，并进入合成代谢与代谢调节的研究。

四、中国科学家对生物化学发展的贡献

我国生物化学家吴宪提出了蛋白质变性的概念；我国生物化学家刘思职是免疫化学的创始人之一；1965年，我国在世界上首次人工合成了结晶牛胰岛素；1981年又在世界上首次合成了具有与天然转运核糖核酸相同化学结构和生物活性的酵母丙氨酰转运核糖核酸；1999年，我国作为唯一的发展中国家参与了人类基因组计划，并成功完成了3号染色体上大约三千万个碱基对的测序任务。

第二节　当代生物化学与分子生物学研究的主要内容

一、生物分子的结构与功能

生物分子是生物体和生命现象的结构基础和功能基础，是生物化学与分子生物学研究的基本对象。组成生物个体的化学成分，包括无机物、有机小分子和生物大分子。生物大分子是由某些基本结构单位按一定顺序和方式连接而形成的多聚体，分子量一般大于 10^4。体内重要的生物大分子有核酸、蛋白质、多糖、蛋白聚糖和复合脂质等。生物大分子的重要特征之一是具有信息功能，也称之为生物信息分子。

二、物质代谢及其调节

生命体不同于无生命体的基本特征是新陈代谢。正常的物质代谢是正常生命过程的必要条件，若物质代谢发生紊乱则可引起疾病。

三、基因信息传递及其调控

基因信息传递涉及遗传、变异、生长、分化等诸多生命过程，也与遗传病、恶性肿瘤、心血管病等多种疾病的发病机制有关。

第三节　生物化学与分子生物学与其他学科的联系

生物化学已成为生物学、医学各学科之间相互联系的共同语言。生物化学与分子生物学是基础医学的必修课程，讲述正常人体的生物化学以及疾病过程中的生物化学相关问题，与医学有着紧密的联系，为推动医学各学科的发展做出了重要的贡献。

同步练习

一、单项选择题

1. 下列物质属于生物大分子的是（　　）。

A. 核酸　　B. 嘌呤核苷酸　　C. 氨基酸　　D. 脂肪酸　　E. 葡萄糖

2. 蛋白质变性学说是由（　　）提出的。

A. 刘思职　　B. 吴宪　　C. 施一公　　D. 王恩多　　E. 韩家淮

二、名词解释

1. biochemistry

2. 生物大分子

三、问答题

当代生物化学与分子生物学研究的主要内容包括哪些?

参考答案

一、单项选择题

1. A。生物大分子是由某些基本结构单位按一定顺序和方式连接而形成的多聚体，分子量一般大于 10^4。体内重要的生物大分子有核酸、蛋白质、多糖、蛋白聚糖和复合脂质等，故选 A。

2. B。我国生物化学家吴宪提出了蛋白质变性学说，故选 B。

二、名词解释

1. biochemistry：是生物化学，它是用化学、物理学和生物学的原理和方法，研究生物体内物质的化学组成、结构和功能，以及生命活动过程中各种化学变化过程及其与环境之间相互关系的基础生命学科。

2. 生物大分子：是由某些基本结构单位按一定顺序和方式连接而形成的多聚体，分子量一般大于 10^4。

三、问答题

答：当代生物化学与分子生物学研究的主要内容包括生物分子的结构与功能、物质代谢及其调节、基因信息传递及其调控。

（罗晓婷　缪春华）

第一章　蛋白质的结构与功能

学习目标

1. 掌握　蛋白质的元素组成特点；氨基酸的结构通式；氨基酸的分类；蛋白质一级结构的概念及其主要的化学键；蛋白质二级结构的概念、主要化学键和形式：α-螺旋、β-折叠、β-转角、Ω环与无规卷曲；α-螺旋、β-折叠的结构特点；蛋白质三级结构的概念和维持其稳定的化学键：疏水键、离子键、氢键和范德华引力；蛋白质四级结构的概念和维持其稳定的化学键；蛋白质一级结构与功能的关系；蛋白质的理化性质：两性电离、胶体性质、蛋白质变性的概念和意义，紫外吸收和呈色反应。

2. 熟悉　肽、肽键与多肽链的概念；生物活性肽的概念；肽单元的概念；模体、结构域、分子伴侣、蛋白质家族、蛋白质超家族的概念；蛋白质的分类；蛋白质的空间结构与功能的关系；蛋白质的沉淀。

3. 了解　几种重要的生物活性肽；胰岛素一级结构的特点；分析血红蛋白四级结构的特点。

内容精讲

第一节　蛋白质的分子组成

尽管蛋白质（protein）的种类繁多、结构各异，但蛋白质的元素组成是相似的。组成蛋白质分子的主要元素有碳、氢、氧、氮、硫。各种蛋白质的含氮量很接近，平均为16%。动植物组织中的含氮化合物主要以蛋白质为主，因此，测定生物样品中的含氮量就可按下列公式推出样品中蛋白质的大致含量：每克样品中含氮克数×6.25×100＝100g样品中蛋白质的含量。

一、L-α-氨基酸是蛋白质的基本结构单位

自然界中存在的氨基酸大约有300余种，但组成人体蛋白质的氨基酸只有20种，属于编码氨基酸。除甘氨酸外，均为L-α-氨基酸，脯氨酸为L-α-亚氨基酸。

二、氨基酸可根据侧链结构和理化性质进行分类

组成蛋白质的20种氨基酸根据其侧链R基团结构和理化性质的不同，分为五类，分别是非极性脂肪族氨基酸、极性中性氨基酸、芳香族氨基酸、酸性氨基酸、碱性氨基酸。

非极性脂肪族氨基酸有7种，包括4种带有脂肪烃侧链的氨基酸，如丙氨酸、亮氨酸、异亮氨酸和缬氨酸；1种含硫氨基酸甲硫氨酸和1种亚氨基酸脯氨酸。甘氨酸也属于此类，这类氨基酸在水中的溶解度较小。

极性中性氨基酸有5种，这类氨基酸由于含有具有一定极性的R基团，在水中的溶解度较非极性氨基酸大，包括2种具有羟基的氨基酸丝氨酸和苏氨酸，2种具有酰胺基的氨基酸谷氨酰胺和天冬酰胺，和1种含巯基的氨基酸半胱氨酸。

芳香族氨基酸有3种，包括苯丙氨酸、酪氨酸和色氨酸。苯丙氨酸中的苯基疏水性较强，从R基团的性质分类来说苯丙氨酸还可属于非极性氨基酸，酪氨酸中的酚基和色氨酸中的吲哚基在一定条件下可解离。

酸性氨基酸有 2 种，天冬氨酸和谷氨酸，它们都含有两个羧基，在生理条件下带负电荷，为酸性氨基酸。

碱性氨基酸有 3 种，生理条件下这类氨基酸带正电荷，包括侧链含 ε-氨基的赖氨酸、R 基团含有一个带正电荷胍基的精氨酸和含有弱碱性咪唑基的组氨酸。

三、氨基酸具有共同或特异的理化性质

（一）氨基酸具有两性解离的性质

氨基酸是一种两性电解质，具有两性解离的特性。氨基酸在溶液中的解离方式取决于其所处溶液的酸碱度。在某一 pH 的溶液中，氨基酸解离成阳离子和阴离子的趋势及程度相同，成为兼性离子，净电荷为零，呈电中性。此时溶液的 pH 称为该氨基酸的等电点（isoelectric point，pI）。

（二）含共轭双键的氨基酸具有紫外吸收性质

色氨酸、酪氨酸由于含有共轭双键，在 280nm 附近有最大吸收峰。

（三）氨基酸与茚三酮反应生成蓝紫色化合物

茚三酮水合物在弱酸性溶液中与氨基酸共同加热时，氨基酸被氧化分解，则茚三酮水合物被还原，其还原产物与氨基酸分解产生的氨及另一分子茚三酮缩合成为蓝紫色化合物，其最大吸收峰在波长 570nm 处。

四、氨基酸通过肽键连接而形成蛋白质或肽

肽键（peptide bond）是由一个氨基酸的 α-羧基与另一个氨基酸的 α-氨基脱水缩合而形成的化学键。肽（peptide）是氨基酸之间通过肽键的连接相互结合形成的化合物。两分子氨基酸缩合形成二肽，三分子氨基酸缩合则形成三肽，如此进行下去，依次生成四肽、五肽等。由 2～20 个氨基酸相连而成的肽称为寡肽（oligopeptide），由 20 个以上的氨基酸相连形成的肽称为多肽（polypeptide）。肽链分子中的氨基酸相互连接，形成长链，称为多肽链（polypeptide chain）。多肽链有两端，氨基末端为多肽链中有自由氨基的一端，羧基末端为多肽链中有自由羧基的一端。肽链中的氨基酸分子因为脱水缩合而基团不全，被称为氨基酸残基。蛋白质是由许多氨基酸残基组成、折叠成特定的空间结构、并具有特定生物学功能的多肽。一般而言，蛋白质的氨基酸残基数通常在 50 个以上，50 个氨基酸残基以下则仍称为多肽。

五、生物活性肽具有生理活性及多样性

在人体内，存在许多具有重要生物功能的肽，称为生物活性肽，有的仅三肽，有的为寡肽或多肽，它们在代谢调节、神经传导等方面起着重要的作用，如谷胱甘肽、多肽类激素、神经肽及多肽类抗生素等。谷胱甘肽（glutathione，GSH）是由谷氨酸、半胱氨酸和甘氨酸组成的三肽。分子中半胱氨酸的巯基是谷胱甘肽的主要功能基团，具有还原性，保护体内蛋白质或酶分子中的巯基免遭氧化，使蛋白质或酶处在活性状态。此外，谷胱甘肽具有解毒功能，谷胱甘肽的巯基还有噬核特性，能与外源的噬电子毒物如致癌剂或药物等结合，从而阻断这些化合物与 DNA、RNA 或蛋白质结合，以保护机体免遭毒物损害。

第二节　蛋白质的分子结构

蛋白质分子是由许多氨基酸通过肽键相连聚合形成的生物大分子。人体内具有生理功能的蛋白质大都是有序结构，在每种蛋白质中氨基酸按照一定的数目和组成进行排列，并进一步折叠成

特定的空间结构。前者称之为蛋白质一级结构；后者被称为蛋白质的高级结构或空间构象，也叫三维结构和空间结构，包括蛋白质二、三、四级结构。

一、氨基酸的排列顺序决定蛋白质一级结构

蛋白质一级结构（primary structure）是指在蛋白质分子中，从 N 端至 C 端的氨基酸排列顺序。蛋白质一级结构中的主要化学键是肽键。此外，有些蛋白质分子中还含有二硫键，是由两个半胱氨酸巯基脱氢氧化而成的。蛋白质分子中所有二硫键的位置也属于蛋白质一级结构的范畴。

二、多肽链的局部有规则重复的主链构象为蛋白质二级结构

蛋白质二级结构（secondary structure）是指蛋白质分子中某一段肽链的局部空间结构，也就是该段肽链主链骨架原子的相对空间位置，并不涉及氨基酸残基侧链的构象。所谓肽链主链骨架原子即氨基氮原子、α-碳原子、羰基碳原子 3 个原子依次重复排列。蛋白质二级结构指的是这些原子的相对空间位置，但它并不涉及氨基酸残基侧链 R 基团的构象。蛋白质二级结构主要包括 α-螺旋、β-折叠、β-转角、Ω 环和无规卷曲。

（一）参与肽键形成的 6 个原子在同一平面上

参与肽键的 6 个原子 C-α1、C、O、N、H、C-α2 位于同一平面，C-α1 和 C-α2 在平面上所处的位置为反式（trans）构型，此同一平面上的 6 个原子构成了所谓的肽单元（peptide unit）。

（二）α-螺旋是常见的二级结构

α-螺旋的结构特点是：①多肽链以氨基酸的 α-碳原子为转折点，以肽单元为单位，通过其两侧结合键旋转，形成稳固的右手螺旋。肽单元与螺旋长轴平行。②肽链呈螺旋上升，每 3.6 个氨基酸残基上升一圈，相当于 0.54nm，每个残基沿分子轴上升 0.15nm。③α-螺旋的每个肽键的氨基氢与第四个肽键的羰基氧形成氢键，氢键的方向与螺旋长轴基本平行，氢键为 α-螺旋牢固存在的原因。④肽链中氨基酸侧链 R 分布在螺旋外侧，其形状、大小及电荷影响 α-螺旋的形成。

（三）β-折叠使多肽链形成片层结构

β-折叠的结构特点是：①多肽链充分伸展，每个肽单元以 α-碳原子为转折点，依次折叠成锯齿状结构，氨基酸残基的 R 侧链伸出在锯齿的上方或下方。②依靠两条肽链或一条肽链内的两段肽链间的羰基氧与氨基氢之间形成氢键，使构象稳定。③两段肽链可以是平行的，也可以是反平行的。β-折叠结构的形式十分多样，正、反平行能相互交替。

（四）β-转角和 Ω 环存在于球状蛋白质中

β-转角常发生在肽链进行 180°回折的转角上。在 β-转角中，第一个氨基酸残基的羰基氧与第四个氨基酸残基的氨基氢可形成氢键，从而使结构稳定。

Ω 环是存在于球状蛋白质中的一种二级结构。这类肽段的形状像希腊字母 Ω，所以称为 Ω 环。Ω 环这种结构总是出现在蛋白质分子的表面，而且以亲水残基为主，在分子识别中可能起重要作用。

在蛋白质多肽链中还包含一些难以确定规律的部分肽链构象，称为无规卷曲。

（五）氨基酸残基的侧链影响二级结构的形成

蛋白质二级结构是以一级结构为基础的。一段肽链其氨基酸残基的侧链适合形成 α-螺旋或 β-折叠，它就会出现相应的二级结构。

三、多肽链进一步折叠成蛋白质三级结构

（一）三级结构是指整条肽链中全部氨基酸的相对空间位置

蛋白质三级结构（tertiary structure）是指整条肽链中全部氨基酸残基的相对空间位置，即肽链中所有原子在三维空间的排布位置。蛋白质三级结构的稳定主要靠次级键，包括疏水键、盐键、氢键以及范德华力。

（二）结构模体可由 2 个或 2 个以上二级结构肽段组成

在许多蛋白质分子中，可发现 2 个或 3 个具有二级结构的肽段，在空间上相互接近，形成一个具有特殊功能的空间构象，被称为结构模体（structural motif）。

（三）结构域是三级结构层次上具有独立结构与功能的区域

分子量较大的蛋白质常可折叠成多个结构较为紧密且稳定的区域，并各行其功能，称为结构域（domain）。

（四）蛋白质的多肽链须折叠成正确的空间构象

分子伴侣（molecular chaperone）通过提供一个保护环境从而加速蛋白质折叠成天然构象或形成四级结构。

四、含有 2 条以上多肽链的蛋白质具有四级结构

许多功能性蛋白质分子含有 2 条或 2 条以上多肽链。每一条多肽链都有完整的三级结构，称为蛋白质的亚基（subunit）。蛋白质分子中各亚基的空间排布及亚基接触部位的布局和相互作用，称为蛋白质四级结构（quaternary structure）。亚基之间的结合主要是氢键和离子键。由 2 个亚基组成的蛋白质四级结构中，若亚基分子结构相同，称之为同二聚体（homodimer），若亚基分子结构不同，则称之为异二聚体（heterodimer）。

五、蛋白质可依其组成、结构或功能进行分类

蛋白质根据其组成成分可分为单纯蛋白质和结合蛋白质，前者只含有氨基酸，而后者除蛋白质部分外，还含有非蛋白质部分。蛋白质根据其形状分类可分为球状蛋白质和纤维状蛋白质。蛋白质家族（protein family）是指氨基酸序列相似而且空间结构与功能也十分相近的蛋白质。属于同一蛋白质家族的成员，称为同源蛋白质（homologous protein）。蛋白质超家族（superfamily）是指 2 个或 2 个以上的蛋白质家族之间，其氨基酸序列的相似性并不高，但含有发挥相似作用的同一模体结构。

第三节　蛋白质结构与功能的关系

一、蛋白质的主要功能

蛋白质是生命的物质基础，是生物体中含量最丰富、功能最复杂的一类大分子物质，在所有的生命过程中起重要作用。它们不仅作为细胞和组织的结构，而且参与生物体的几乎所有生理生化过程，如物质代谢、血液凝固、机体防御、肌肉收缩、细胞信号转导、个体生长发育等重要的生命过程。有些蛋白质还具有调节作用。蛋白质分解后的氨基酸也可供给机体能量。

二、蛋白质一级结构是高级结构与功能的基础

（一）一级结构是空间构象的基础

一级结构是蛋白质空间结构形成的基础，只有具备了特定空间结构的蛋白质才具有生物学活性。

（二）一级结构相似的蛋白质具有相似的高级结构与功能

大量的实验结果证明，一级结构相似的多肽或蛋白质，其空间构象以及功能也相似。不同种属来源的胰岛素，其一级结构都是由A、B两条多肽链组成的，氨基酸序列相差甚微，二硫键的分布也相同。各种来源的胰岛素氨基酸序列的高度同源性决定了它们功能的相同性，即都具有调节血糖的功能。

（三）氨基酸序列与生物进化信息

从物种进化角度，物种间的亲缘关系越近，则蛋白质一级结构越相似，其空间结构和功能就越相似。如广泛存在于生物界的细胞色素c，物种间的亲缘关系越近，则细胞色素c的一级结构越相似，其空间结构和功能就越相似。

（四）重要蛋白质的氨基酸序列改变可引起疾病

蛋白质一级结构的改变，尤其是参与功能活性部位的残基或处于特定构象关键部位的残基的改变，往往会影响蛋白质的功能。如镰状细胞贫血，是血红蛋白β亚基的一级结构发生了一个氨基酸残基的改变而引起的。正常的血红蛋白β亚基的第6位氨基酸残基是谷氨酸，但镰状细胞贫血患者的血红蛋白β亚基的第6位氨基酸残基是缬氨酸，导致红细胞变形成为镰刀状而极易破碎，产生贫血。这种蛋白质分子发生变异所导致的疾病，被称之为“分子病”，其病因为基因突变。

三、蛋白质的功能依赖特定的空间结构

蛋白质多种多样的功能与各种蛋白质特定的空间结构密切相关，其构象发生改变，功能活性也随之改变。

（一）血红蛋白亚基与肌红蛋白的结构相似

肌红蛋白（myoglobin，Mb）是由153个氨基酸残基组成的单链蛋白质，含有一个血红素辅基，能够与氧进行可逆的氧合和脱氧反应。多肽链中α-螺旋占75%，形成A～H共8个α-螺旋区。血红蛋白（hemoglobin，Hb）是由2个α亚基、2个β亚基组成的四聚体。在由4个亚基组成的四级结构中，每个亚基的三级结构与Mb相似，中间有一个疏水“口袋”，亚铁血红素位于“口袋”中间，血红素上Fe^{2+}能够与氧进行可逆结合。

（二）血红蛋白亚基的构象变化可影响亚基与氧结合

肌红蛋白氧解离曲线为直角双曲线。而血红蛋白氧解离曲线为“S”形曲线。肌红蛋白只有一条肽链，不存在协同效应和别构效应。血红蛋白具有蛋白质四级结构，具有协同效应和别构效应。

协同效应（cooperative effect）是指一个寡聚体蛋白质的一个亚基与其配体结合后，能影响此寡聚体中另一亚基与配体结合能力的效应。如果是促进作用则称为正协同效应，如果是抑制作用则称为负协同效应。蛋白质的亚基与其配体结合后，引起其他亚基的构象变化，称为别构效应（allosteric effect）。

（三）蛋白质构象改变可引起疾病

蛋白质构象疾病是指若蛋白质的折叠发生错误，尽管其一级结构不变，但蛋白质的构象发生改变，仍可影响其功能，严重时可导致疾病发生。蛋白质构象改变导致疾病的机制：有些蛋白质错误折叠后相互聚集，常形成抗蛋白水解酶的淀粉样纤维沉淀，产生毒性而致病，表现为蛋白质淀粉样纤维沉淀的病理改变。这类疾病包括人纹状体脊髓变性病、阿尔茨海默病、亨廷顿病、疯牛病等。

疯牛病是由朊病毒蛋白（prion protein，PrP）引起的一组人和动物神经退行性病变。正常的PrP富含α-螺旋，称为PrP^c。PrP^c在某种未知蛋白质的作用下可转变成全为β-折叠的PrP^{sc}，从而致病。

第四节 蛋白质的理化性质

一、蛋白质具有两性电离的性质

在某一pH溶液中，蛋白质解离成正、负离子的趋势相等，即成为兼性离子，净电荷为零，此时溶液的pH称为蛋白质的等电点。当蛋白质溶液的pH小于等电点时，该蛋白质解离成阴离子，带负电荷；当蛋白质溶液的pH小于等电点时，该蛋白质解离成阳离子，带正电荷。在等电点时，蛋白质兼性离子带有相等的正、负电荷，故不稳定而易于沉淀。

二、蛋白质具有胶体性质

蛋白质是分子量较高的有机化合物，介于1万到百万之间，其分子直径为1～100nm，属胶体颗粒。蛋白质是亲水胶体。蛋白质分子之间相同电荷的相斥作用和水化膜的相互隔离作用是维持蛋白质胶粒在水中稳定性的两大因素。

三、蛋白质的变性与复性

蛋白质的变性（denaturation）是指在某些物理和化学因素的作用下，其特定的空间构象被破坏，也即有序的空间结构变成无序的空间结构，从而导致其理化性质的改变和生物学活性的丧失。变性的本质是破坏非共价键和二硫键，不改变蛋白质一级结构。造成变性的因素有加热、乙醇等有机溶剂、强酸、强碱、重金属离子及生物碱试剂等。变性的蛋白质易于沉淀，有时蛋白质发生沉淀，但并不变性。

若蛋白质的变性程度较轻，去除变性因素后，蛋白质仍可恢复或部分恢复其原有的构象和功能，称为复性（renaturation）。

蛋白质的凝固作用是指蛋白质变性后的絮状物加热可变成比较坚固的凝块，此凝块不易再溶于强酸和强碱中。

四、蛋白质在紫外光谱区有特征性吸收峰

由于蛋白质分子中含有具有共轭双键的酪氨酸和色氨酸，因此在280nm波长处有特征性吸收峰。蛋白质的A_{280}与其浓度成正比关系，因此可做蛋白质定量测定。

五、应用蛋白质呈色反应可测定蛋白质溶液含量

1. 茚三酮反应 蛋白质经水解后产生的氨基酸也可发生茚三酮反应。

2. 双缩脲反应 蛋白质和多肽分子中的肽键在稀碱溶液中与硫酸铜共热，呈现紫色或红色，此反应称为双缩脲反应，双缩脲反应可用来检测蛋白质的水解程度。

同步练习

一、单项选择题

1. 测得某一蛋白质样品的含氮量为0.40g，此样品约含蛋白质（ ）。

A. 2.00g　　B. 2.50g　　C. 6.40g

D. 3.00g　　E. 6.25g

2. 下列含有两个羧基的氨基酸是（　　）。

A. 天冬氨酸　　B. 亮氨酸　　C. 赖氨酸

D. 苯丙氨酸　　E. 谷氨酸

3. 不属于构成人体蛋白质的氨基酸是（　　）。

A. 色氨酸　　B. 脯氨酸　　C. 苏氨酸

D. 甲硫氨酸　　E. 鸟氨酸

4. 蛋白质分子结构中的α-螺旋和β-折叠都属于（　　）。

A. 一级结构　　B. 二级结构　　C. 三级结构

D. 四级结构　　E. 侧链结构

5. α-螺旋每上升一圈相当于（　　）个氨基酸。

A. 2.8　　B. 3.6　　C. 3.0

D. 4.6　　E. 3.8

6. 关于蛋白质四级结构的论述（　　）是正确的。

A. 是由多个相同的亚基组成

B. 是由多个不同的亚基组成

C. 一定是由种类相同而不同数目的亚基组成

D. 一定是由种类不同而相同数目的亚基组成

E. 亚基的种类和数目均可不同

7. 蛋白质分子引起280nm光吸收的最主要成分是（　　）。

A. 丝氨酸的羟基　　B. 半胱氨酸的巯基　　C. 苯丙氨酸的苯环

D. 色氨酸的吲哚环　　E. 组氨酸的咪唑环

8. 关于β-折叠的论述（　　）是错误的。

A. β-折叠是二级结构的常见形式

B. 肽键平面上下折叠呈锯齿状排列

C. 是一条多肽链180°回折形成

D. 局部两条肽链的走向呈顺向或反向平行

E. 其稳定靠肽链间形成的氢键维系

9. 在下列（　　）情况下，蛋白质胶体颗粒不稳定。

A. 溶液 pH＞pI　　B. 溶液 pH＜pI　　C. 溶液 pH＝pI

D. 溶液 pH＝7.4　　E. 在水溶液中

10. 关于蛋白质变性的叙述（　　）是错误的。

A. 氢键断裂　　B. 肽键断裂　　C. 生物学活性丧失

D. 二级结构破坏　　E. 溶解度降低

二、名词解释

1. 蛋白质变性

2. 蛋白质三级结构

三、填空题

1. 疯牛病是由____________引起的一组人和动物神经退行性病变，这类疾病具有传染性。

2. 测定蛋白质溶液____________nm的光吸收值，是分析溶液中蛋白质的快速简便方法，其原因是大多数蛋白质含有____________和____________残基。

3. 小于20个氨基酸组成的肽叫________，大于20个氨基酸组成的肽叫________。

4. 蛋白质颗粒表面的＿＿＿＿＿＿和＿＿＿＿＿＿是蛋白质亲水胶体稳定的两个因素。

四、问答题

1. 组成蛋白质的氨基酸只有20种，为什么蛋白质的种类却极其繁多？
2. 如何理解蛋白质一级结构是高级结构的基础？
3. 何谓分子病？以镰状细胞贫血为例说明之。

参考答案

一、单项选择题

1. B。各种蛋白质的含氮量很接近，平均为16%，测得某一蛋白质样品的含氮量为0.40g，此样品约含蛋白质=0.40g/16%=2.50g，故选B。

2. E。含有两个羧基的氨基酸是酸性氨基酸，该题选项中谷氨酸属于酸性氨基酸，故选E。

3. E。组成人体蛋白质的氨基酸只有20种，属于编码氨基酸。鸟氨酸不属于这20种编码氨基酸，故选E。

4. B。蛋白质的二级结构主要包括α-螺旋、β-折叠、β-转角、Ω环和无规卷曲，故选B。

5. B。α-螺旋肽链呈螺旋上升，每3.6个氨基酸残基上升一圈，相当于0.54nm，故选B。

6. E。蛋白质分子中各亚基的空间排布及亚基接触部位的布局和相互作用，称为蛋白质四级结构，亚基的种类和数目均可不同，故选E。

7. D。由于蛋白质分子中含有具有共轭双键的酪氨酸和色氨酸，因此在280nm波长处有特征性吸收峰，故选D。

8. C。一条多肽链180°回折形成的二级结构是β-转角，该题选项C的描述是错误的，故选C。

9. C。蛋白质分子之间相同电荷的相斥作用和水化膜的相互隔离作用是维持蛋白质胶粒在水中稳定性的两大因素。当溶液pH＝pI，蛋白质分子为兼性离子，净电荷为零，则蛋白质胶体颗粒不稳定，故选C。

10. B。变性的本质是破坏非共价键和二硫键，不改变蛋白质一级结构。所以蛋白质变性时，肽键不会断裂，故选B。

二、名词解释

1. 蛋白质变性：是指在某些物理和化学因素的作用下，其特定的空间构象被破坏，也即有序的空间结构变成无序的空间结构，从而导致其理化性质的改变和生物学活性的丧失。

2. 蛋白质三级结构：是指整条肽链中全部氨基酸残基的相对空间位置，即肽链中所有原子在三维空间的排布位置。

三、填空题

1. 朊病毒蛋白
2. 280　色氨酸　酪氨酸
3. 寡肽　多肽
4. 水化膜　表面电荷

四、问答题

1. 答：所说的组成生物蛋白质的氨基酸只有20种，是指这20种氨基酸都是编码氨基酸。即在生物细胞内合成蛋白质时直接应用的氨基酸。因为在模板mRNA链上都有其各自的密码子，在蛋白质合成过程中或合成结束后，可在原来的某些氨基酸分子上进行化学修饰，生成另外的某些氨基酸。所以，在成熟的生物蛋白分子中所含的氨基酸不只这20种。另外，在以氨基酸为基本单位进行排列组合时，可以形成无数种多肽链。正因为氨基酸的种类、数目、比例、排列顺序及组成方式的不同，所以可构成种类繁多、结构与功能各异的蛋白质。

2. 答：在蛋白质分子中，从N端至C端的氨基酸排列顺序称为蛋白质一级结构。不同的蛋白质具有各自特定的一级结构。一级结构相似的蛋白质，其空间构象与功能也相近。因此，蛋白质一级结构是高级结构的基础，但不是唯一的决定因素，因为蛋白质的正确折叠需要分子伴侣参与。

3. 答：蛋白质分子发生变异所导致的疾病，称为分子病，其病因为基因突变。如正常人血红蛋白β亚基的第6位氨基酸是谷氨酸，而镰状细胞贫血患者的血红蛋白β亚基的第6位氨基酸则由谷氨酸变成了缬氨酸，即酸性氨基酸为中性氨基酸代替，仅此一个氨基酸之差，本是水溶性的血红蛋白，就聚集成丝，相互黏着，导致红细胞变形成镰刀状而极易破碎，产生贫血。但并非一级结构中所有的氨基酸都很重要，只有起关键作用的氨基酸残基缺失或替代才可能导致疾病。

（罗晓婷）

第二章　核酸的结构与功能

学习目标

1. 掌握　核酸的种类、化学组成以及一级结构的特点；DNA双螺旋结构的特点，原核生物DNA的超螺旋结构，真核生物染色体的基本单位——核小体的结构；DNA的生物学功能，RNA的种类与功能；mRNA和tRNA的结构特点；tRNA二级结构的特点与功能；DNA变性和复性的概念和特点，解链曲线与T_m。

2. 熟悉　核小体的组成；rRNA与核糖体的种类与组成；核酸分子杂交的原理。

3. 了解　DNA的空间结构；双螺旋结构类型；其他非编码RNA的种类及生物学功能；核酸的一般性质；核酶的概念。

内容精讲

核酸（nucleic acid）是以核苷酸为基本组成单位的生物大分子，具有复杂的空间结构和重要的生物学功能。核酸分为脱氧核糖核酸（deoxyribonucleic acid，DNA）和核糖核酸（ribonucleic acid，RNA）。核酸对生物体的生长、发育、遗传和变异有重要的意义。DNA存在于细胞核和线粒体内，携带遗传信息，并通过复制的方式将遗传信息进行传代。一般而言，RNA是DNA的转录产物，存在于细胞质、细胞核和线粒体内，参与遗传信息的复制和表达。在某些情况下，RNA也被作为遗传信息的载体。

第一节　核酸的化学组成以及一级结构

核酸的基本组成单位是核苷酸（nucleotide），其中DNA的基本组成单位是脱氧核糖核苷酸，RNA的基本组成单位是核糖核苷酸。核酸大分子可在核酸酶的作用下水解成核苷酸，而核苷酸完全水解后可释放出等摩尔的碱基、戊糖和磷酸。

一、核苷酸和脱氧核苷酸是构成核酸的基本组成单位

1. 碱基　碱基（base）是构成核苷酸的基本组分之一，是含氮的杂环化合物，分为嘌呤和嘧啶两大类。常见的嘌呤有腺嘌呤（A）、鸟嘌呤（G），常见的嘧啶有胞嘧啶（C）、胸腺嘧啶（T）和尿嘧啶（U）。构成DNA的碱基有A、G、C和T；构成RNA的碱基有A、G、C和U。

2. 核糖　核糖有β-D-2′-脱氧核糖和β-D-核糖两种，分别存在于DNA和RNA分子中。两者的差异仅在于C-2′原子所连接的基团分别是氢原子和羟基。这种结构上的差异使DNA分子的化学稳定性优于RNA分子。

3. 核苷　碱基与核糖或脱氧核糖缩合反应生成核苷或脱氧核苷。核糖的C-1′原子和嘌呤的N-9原子或嘧啶的N-1原子通过缩合反应形成了β-*N*-糖苷键。

4. 核苷酸　核苷或脱氧核苷C-5′原子上的羟基可以与磷酸反应，脱水形成磷酯键，生成核苷酸或脱氧核苷酸。根据所连接磷酸基团数目的不同，核苷酸可分为核苷一磷酸（NMP）、核苷

二磷酸（NDP）和核苷三磷酸（NTP）或脱氧核苷一磷酸（dNMP）、脱氧核苷二磷酸（dNDP）和脱氧核苷三磷酸（dNTP）。核苷酸的种类及名称见表2-1。

表2-1 构成DNA、RNA的碱基和核苷酸

碱基	RNA	DNA
A	腺苷一磷酸(AMP)	脱氧腺苷一磷酸(dAMP)
G	鸟苷一磷酸(GMP)	脱氧鸟苷一磷酸(dGMP)
C	胞苷一磷酸(CMP)	脱氧胞苷一磷酸(dCMP)
U/T	尿苷一磷酸(UMP)	脱氧胸苷一磷酸(dTMP)

核苷酸不仅作为合成核酸的原料，还会以其他衍生物的形式参与各种物质代谢的调控和多种蛋白质功能的调节，如环腺苷酸（cAMP）是细胞信号转导过程的第二信使。此外，还参与组成某些重要酶类的辅酶或辅基，如NAD^+、FAD等辅酶结构中含有腺苷酸。

二、DNA是脱氧核糖核苷酸通过3′,5′-磷酸二酯键聚合形成的线性大分子

DNA是多个脱氧核糖核苷酸聚合而成的线性大分子，脱氧核糖核苷酸之间是通过3′,5′-磷酸二酯键共价连接的。多聚脱氧核苷酸链的一端是磷酸基团，称5′-端；一端是脱氧核糖的羟基，称3′-端。这条多聚脱氧核糖核苷酸链的3′-羟基与一个游离的脱氧核苷酸C-5′的磷酸基团脱水缩合形成3′,5′-磷酸二酯键，并在链的3′-端增加了一个脱氧核糖核苷酸。这个延长了的链仍保留了3′-羟基，与另一个游离的脱氧核苷酸C-5′的磷酸基团反应，继续生成新的3′,5′-磷酸二酯键。以此类推，产生由多个脱氧核苷酸构成的多聚脱氧核苷酸链，即DNA链。这条多聚脱氧核苷酸链是从3′-端得以延长的，因此，DNA链具有5′→3′的方向性。

三、RNA是核糖核苷酸通过3′,5′-磷酸二酯键聚合形成的线性大分子

与DNA相似，RNA也是多个核苷酸分子通过3′,5′-磷酸二酯键连接形成的线性大分子，并且也具有5′→3′的方向性。它与DNA的差别在于：①RNA核苷酸的戊糖是核糖，DNA核苷酸的戊糖是脱氧核糖。②RNA的嘧啶是胞嘧啶和尿嘧啶，而DNA的嘧啶是胞嘧啶和胸腺嘧啶。

四、核酸的一级结构是核苷酸的排列顺序

核酸的一级结构是构成核酸的核苷酸或脱氧核苷酸从5′-端到3′-端的排列顺序，即核苷酸序列。核苷酸之间的差异在于碱基的不同，因此，核酸的一级结构也就是它的碱基序列。

DNA的一级结构就是指DNA中脱氧核苷酸的排列顺序，即A、T、C、G序列。RNA的一级结构就是指RNA中核苷酸的排列顺序，即A、U、C、G序列。

单链DNA和RNA分子的大小常用核苷酸数目（nt）表示，双链DNA则用碱基对（bp）或千碱基对（kb）数目表示。

第二节 DNA的空间结构与功能

DNA的空间结构是指在特定的环境条件下，构成DNA的所有原子在三维空间里具有确定的相对位置关系，包括二级结构和高级结构。

一、DNA的二级结构是双螺旋结构

（一）DNA双螺旋结构的实验基础

20世纪40年代末，美国生物化学家E. Chargaff通过研究提出了有关DNA中四种碱基的

Chargaff 规则：①不同生物个体的 DNA 碱基组成不同；②同一个体不同器官或组织的 DNA 具有相同的碱基组成；③对于一特定组织的 DNA，其碱基组分不随年龄、营养状态和环境而变化；④对于一特定的生物体，碱基 A 与 T 的摩尔数相等，而 G 和 C 的摩尔数相等。

英国的 M. Wilkins 和 R. Franklin 基于大量的研究工作，获得了高质量的 DNA 分子 X 射线衍射照片，分析提出 DNA 是螺旋状分子。1953 年，J. Watson 与 F. Crick 综合了前人的研究成果，正式提出了 DNA 二级结构的双螺旋结构模型。这一结构模型的提出不仅能解释当时已知的 DNA 的理化性质，还诠释了生物界遗传性状得以世代相传的分子机制。DNA 双螺旋结构的发现可以认为是生物学发展史的一个里程碑，是现代分子生物学的开始。

（二）DNA 双螺旋结构模型的要点

1. DNA 由两条多聚脱氧核苷酸链组成 DNA 分子的两条链绕着同一个螺旋轴形成反向平行的右手螺旋结构。一条链的 5′→3′方向是自上而下，而另一条链的 5′→3′方向是自下而上，形成反向平行的特征。DNA 双螺旋结构的直径为 2.37nm，螺距为 3.54nm。

2. DNA 的两条多聚脱氧核苷酸链之间形成了互补碱基对 碱基的化学结构以及 DNA 双链的反向平行特征决定了两条链之间特有的作用方式：两条链上的碱基 A 和 T、G 和 C 以氢键相结合；A-T 配对形成两个氢键，G-C 配对形成三个氢键。碱基对平面与双螺旋结构的螺旋轴垂直。平均而言，每一个螺旋有 10.5 个碱基对，每两个碱基对之间的相对旋转角度为 36°，每两个相邻的碱基对平面之间的垂直距离为 0.34nm。

3. DNA 双链的亲水性骨架将互补碱基对包埋在 DNA 双螺旋结构内部 脱氧核糖和磷酸基团形成长链的亲水性骨架，位于双螺旋结构的外侧，疏水的碱基位于内侧。DNA 双链的反向平行走向使碱基对与磷酸骨架的连接呈非对称性，外观上，DNA 双螺旋结构表面存在大沟和小沟。

4. 两个碱基对平面重叠产生了碱基堆积作用 相邻的两个碱基对平面在旋进过程中会彼此重叠，由此产生了疏水性的碱基堆积力。碱基堆积力维持了 DNA 双螺旋结构的纵向稳定，互补链之间碱基对的氢键维持了双螺旋结构的横向稳定。

（三）DNA 双螺旋结构的多样性

J. Watson 和 F. Crick 提出的 DNA 双螺旋结构称为 B 型 DNA，是 DNA 在水性环境下和生理条件下最稳定的结构。在改变了溶液的离子强度或相对湿度后，DNA 双螺旋结构的沟槽、螺距、旋转角度等会发生变化。因此，双螺旋结构存在多样性，也有 A 型 DNA 和 Z 型 DNA 的存在。不同结构的 DNA 在功能上有所差异，与基因表达的调节和控制相适应。

（四）DNA 的多链结构

在酸性溶液中，胞嘧啶的 N-3 原子被质子化，可与已有的 GC 碱基对中鸟嘌呤的 N-7 原子形成新的氢键，同时，胞嘧啶的 C-4 位氨基的氢原子也可与鸟嘌呤的 C-6 位氧形成新的氢键，这种氢键被称为 Hoogsteen 氢键。Hoogsteen 氢键的形成并不破坏 Watson-Crick 氢键，由此形成了 C^+GC 的三链结构（triplex）。DNA 也可形成 TAT 的三链结构。真核生物染色体 3′-端的结构称为端粒，是富含 GT 的多次重复序列，可以自身回折形成 G-四链结构。

二、DNA 双链经过盘绕折叠形成致密的高级结构

由于 DNA 是荷载遗传信息的生物大分子，其长度十分可观，如人体细胞中 23 对染色体的总长度可达 1.7m 之长。因此，DNA 一定是在双螺旋结构的基础上，经过一系列的盘绕和压缩，并且在蛋白质的参与下组装成超螺旋结构。盘绕方向与 DNA 双螺旋方同相同为正超螺旋。盘绕方向与 DNA 双螺旋方向相反为负超螺旋。

（一）封闭环状的DNA具有超螺旋结构

绝大多数原核生物的DNA是以共价闭合的双链环状形式存在于细胞内，如有些病毒DNA、某些噬菌体DNA、质粒DNA等。环状DNA分子常因盘绕不足而形成负超螺旋结构，平均每200碱基就有一个超螺旋形成。

（二）真核生物DNA被逐级有序地组装成高级结构

真核生物DNA在双螺旋二级结构的基础上可盘曲成紧密的空间结构，其主要意义是有规律地压缩分子体积，减少所占空间。在细胞周期的大部分时间里，DNA双螺旋以松散的染色质（chromatin）形式存在，在细胞分裂期间，染色质进一步折叠形成高度致密的染色体（chromosome）。形成染色体的过程如下。

染色质的基本组成单位是核小体，它是由DNA和H1、H2A、H2B、H3和H4等5种组蛋白共同构成的。两分子的H2A、H2B、H3和H4分子构成八聚体的组蛋白核心。长度150bp的DNA双链在核心组蛋白八聚体上盘绕1.75圈形成核小体的核心颗粒。核小体的核心颗粒之间再由DNA（约60bp）和组蛋白H1构成的连接区连接起来构成了串珠状的染色质纤维。

串珠状的染色质纤维螺旋化再盘绕形成外径为30nm、内径为10nm的中空状螺旋管。每圈由6个核小体组成。

中空螺旋管进一步卷曲和折叠，形成直径400nm的超螺旋管纤维。

超螺旋管纤维再度经过盘绕和压缩形成染色单体。进而在核内组装成染色体。

这样，在染色体形成的过程中，DNA的长度总共被压缩了近万倍，从而使近2m长的DNA有效组装在直径只有几微米的细胞核中。

三、DNA是主要的遗传信息

DNA是遗传信息的载体，具有高度的稳定性和复杂性。遗传信息以基因（gene）的形式存在。基因是编码RNA或多肽链的DNA片段。它一方面以自身的遗传信息序列为模板进行复制，将遗传信息保守的传递，这一过程是基因遗传；另一方面是将遗传信息通过转录传递给RNA，再由RNA作为模板通过翻译指导合成各种功能的蛋白质，称为基因表达。

第三节　RNA的空间结构与功能

一般而言，RNA是DNA的转录产物，在生命活动中发挥重要作用。RNA比DNA小得多，仅含十个至数千个核苷酸，但种类、丰度、大小和空间结构远比DNA复杂得多，这与它的功能多样性密切相关。RNA的种类、分布及功能见表2-2。

表2-2　细胞内主要的RNA的种类、分布及功能

RNA种类	缩写	细胞内位置	功能
核糖体RNA	rRNA	细胞质	核糖体的组成成分
信使RNA	mRNA	细胞质	蛋白质合成的模板
转运RNA	tRNA	细胞质	转运氨基酸
微RNA	microRNA	细胞质	翻译调控
胞质小RNA	scRNA/7S L-RNA	细胞质	信号肽识别体的组成成分
核不均一RNA	hnRNA	细胞核	成熟mRNA的前体
核小RNA	snRNA	细胞核	参与hnRNA的剪接、转运

续表

RNA 种类	缩写	细胞内位置	功能
核仁小 RNA	snoRNA	核仁	rRNA 的加工和修饰
线粒体核糖体 RNA	mt rRNA	线粒体	核糖体的组成成分
线粒体信使 RNA	mt mRNA	线粒体	蛋白质合成的模板
线粒体转运 RNA	mt tRNA	线粒体	转运氨基酸

一、mRNA 是蛋白质生物合成的模板

信使 RNA（mRNA）是携带从 DNA 编码链得到的遗传信息，并以三联体读码方式指导蛋白质合成的 RNA。在生物体内，mRNA 的丰度最小，占细胞 RNA 总量的 2%～5%，种类最多，大小各不相同。成熟 mRNA 是由细胞核内新生成的 mRNA 的初级产物核不均一 RNA（hnRNA）经过一系列的剪接、修饰加工后被转运到细胞质中。

1. 真核生物 mRNA 的 5′-端有帽结构 大部分真核细胞 mRNA 的 5′-端有一反式的 7-甲基鸟嘌呤-三磷酸核苷（m^7Gppp），称为 5′-帽结构。帽子结构可以与一类称为帽结合蛋白的分子形成复合体，该复合体有助于维持 mRNA 的稳定性，协同 mRNA 从细胞核向细胞质转运，以及在蛋白质生物合成中促进核糖体和翻译起始因子的结合。原核生物 mRNA 无此 5′-帽结构。

2. 真核生物和有些原核生物 mRNA 的 3′-端有多聚腺苷酸尾的结构 真核生物 mRNA 的 3′-端有一段由 80～250 个腺苷酸连接而成的多聚腺苷酸结构，称为多聚腺苷酸尾或多聚（A）尾[poly（A）-tail]。在细胞内，多聚（A）尾与 poly（A）结合蛋白（PABP）结合。目前认为这种 3′-多聚（A）尾结构和 5′-帽结构共同负责 mRNA 从细胞核向细胞质的转运，维持 mRNA 的稳定性以及翻译起始的调控。

3. 真核生物细胞核内的 hnRNA 经过一系列的修饰和剪接成为成熟的 mRNA 一般而言，hnRNA 的长度远远大于成熟的 mRNA。细胞核内的初级转录产物 hnRNA 含许多交替相隔的外显子（exon）和内含子（intron）。在 hnRNA 向细胞质转移过程中，内含子被剪切掉，外显子连接在一起，再经过加帽和加尾等修饰后，形成成熟的 mRNA。

4. mRNA 的核苷酸序列决定蛋白质的氨基酸序列 从 mRNA 的 5′-端起的第一个 AUG 开始，每三个连续的核苷酸组成一个遗传密码子，每一个密码子编码一个氨基酸，AUG 为起始密码子，UAA、UAG、UGA 为终止密码子，起始密码子至终止密码子之间的核苷酸序列称为开放阅读框，决定蛋白质多肽链的氨基酸序列。开放阅读框的两侧称为非翻译区。

二、tRNA 是蛋白质合成中氨基酸的载体

转运 RNA（tRNA）的功能是作为各种氨基酸的转运载体，在蛋白质合成中起活化与转运氨基酸的作用。tRNA 由 74～95 个核苷酸构成，种类约 60 多种，占细胞总 RNA 的 15%，具有稳定的空间结构。

1. tRNA 含有多种稀有碱基 tRNA 分子富含稀有碱基。稀有碱基是指除 A、G、C 和 U 外的一些碱基，包括双氢尿嘧啶（DHU）、假尿嘧啶核苷（Ψ）和甲基化的嘌呤（m^7G，m^7A）等。tRNA 分子中的稀有碱基均是转录后修饰加工而成的。

2. tRNA 具有特定的空间结构 tRNA 的核苷酸序列能通过碱基互补配对，形成局部的链内的双螺旋结构。中间不能配对的部分则膨大形成环状或襻状。这样的结构称为茎环或发夹结构。tRNA 分子的二级结构形似三叶草的形状，具有三个环和一个茎（臂），三环为 DHU 环、反密码子环和 TΨC 环，一臂为氨基酸臂。X 射线衍射分析 tRNA 的三级结构是倒 L 形。

3. tRNA 的 3′-端连接着氨基酸　所有 tRNA 的 3′-端都是以 CCA 三个核苷酸结尾，是携带氨基酸的部位。不同的 tRNA 可以结合不同的氨基酸。

4. tRNA 的反密码子能够识别 mRNA 的密码子　tRNA 反密码环由 7～9 个核苷酸组成，居中的三个相邻核苷酸称为反密码子（anticodon）。tRNA 上的反密码子依照碱基互补的原则识别 mRNA 上的密码子，决定 tRNA 氨基酸臂携带氨基酸的种类。

三、以 rRNA 为主要成分的核糖体是蛋白质合成的场所

核糖体 RNA(rRNA) 在细胞内的含量最多，约占 RNA 总量的 80%以上。rRNA 与核糖体蛋白结合组成核糖体，为蛋白质的合成提供场所。核糖体由一大一小两个亚基组成，大小亚基都是以 rRNA 为骨架结合数十种核糖体蛋白构成的。原核生物有三种 rRNA：5S、16S、23S rRNA。其中 5S、23S rRNA 与蛋白质结合构成大亚基（50S），16S rRNA 与蛋白质结合构成小亚基（30S）。真核生物有四种 rRNA：5S、5.8S、18S、28S rRNA。其中 5S、5.8S、28S rRNA 与蛋白质结合构成大亚基（60S），18S rRNA 与蛋白质结合构成小亚基（40S）。

四、其他非编码 RNA 参与基因表达的调控

真核细胞中还存在着其他非编码 RNA（ncRNA），包括组成性非编码 RNA 和调控性非编码 RNA。ncRNA 不编码蛋白质，但它们参与转录调控、RNA 的剪切和修饰、mRNA 的稳定和翻译调控、蛋白质的稳定和转运、染色体的形成和结构稳定等细胞的重要功能，进而调控胚胎发育、组织分化、器官形成等基本的生命活动，以及某些疾病的发生和发展过程。

催化小 RNA 称为核酶，是细胞内具有催化功能的一类小分子 RNA，具有催化特定 RNA 降解的活性，在 RNA 的剪接修饰中具有重要作用。

第四节　核酸的理化性质

核酸的化学结构及成分赋予其一些特殊的理化性质。核酸为多元酸，具有较强的酸性。DNA 是线性大分子，溶液的黏度大，而 RNA 溶液的黏度小得多。不同种类核酸分子的分子量大小不同、构象各异，可用超速离心或凝胶过滤等方法加以分离和分析。

一、核酸具有强烈的紫外吸收

因嘌呤和嘧啶都含有共轭双键，所以碱基、核苷、核苷酸和核酸在紫外波段有较强的光吸收。在中性条件下，它们的最大吸收值在 260nm 附近。根据 260nm 处的吸光度（A_{260}），可以对碱基、核苷、核苷酸和核酸进行定性和定量分析。实验中常以 $A_{260}=1.0$ 相当于 50μg/mL 双链 DNA（dsDNA）、40μg/mL 单链 DNA 或 RNA、或 20μg/mL 寡核苷酸为计算标准。利用 260nm 与 280nm 的吸光度比值来确定样品中核酸的纯度，纯 DNA：A_{260}/A_{280} 应为 1.8；而纯 RNA：A_{260}/A_{280} 应为 2.0。

二、DNA 变性是一条 DNA 双链解离为两条 DNA 单链的过程

DNA 变性是指在某些理化因素（温度、pH、离子强度等）的作用下，DNA 双链解开成两条单链的过程，其本质是双链间氢键的断裂。DNA 变性只改变 DNA 的二级结构，不改变一级结构。

DNA 变性后发生一系列理化性质的改变，如溶液黏度变小，产生增色效应等。增色效应是由于在 DNA 解链过程中，更多的共轭双键得以暴露，DNA 在 260nm 处的吸光度随之增加的现象。加热是常用的 DNA 变性方法之一，通常将 DNA 分子达到 50% 解链时的温度称为解链温度或熔解温度（T_m）。因此，常用 A_{260} 紫外吸收数值的变化监测不同温度下 DNA 变性的情况，所

得的曲线称为解链曲线。由于G-C配对氢键连接能量高于A-T配对，因此，GC含量越高，T_m值越高。

三、变性的核酸可以复性或形成杂交双链

当变性条件缓慢地除去后，两条解离的DNA互补链可重新配对，恢复原来的双螺旋结构，这一现象称为复性。热变性的DNA经缓慢冷却后即可复性，这一过程称为退火。当DNA复性时，其溶液A_{260}降低，这一效应称减色效应。

如果将不同种类的DNA单链分子或RNA分子放在同一溶液中，只要两种单链分子之间存在着一定程度的碱基配对关系，在适宜的条件下可以在不同的分子间形成杂化双链。这种杂化双链可以在不同的DNA与DNA之间形成，也可以在RNA单链之间形成，甚至还可以在DNA单链和RNA单链之间形成。这种现象称为核酸杂交（nucleic acid hybridization）。该技术是分子生物学常用的实验技术，用以研究DNA片段在基因组中的定位、鉴定核酸分子间的序列相似性、检测靶基因在待检样品中存在与否等。

同步练习

一、单项选择题

1. 组成核酸的基本单位是（　　）。

A. 核糖和脱氧核糖　　B. 磷酸和戊糖　　C. 戊糖和碱基

D. 单核苷酸　　E. 磷酸、戊糖和碱基

2. DNA与RNA完全水解后，其产物的特点是（　　）。

A. 戊糖不同、碱基部分不同　　B. 戊糖不同、碱基完全相同

C. 戊糖相同、碱基完全相同　　D. 戊糖相同、碱基部分不同

E. 戊糖不同、碱基完全不同

3. DNA分子碱基含量关系（　　）是错误的。

A. A+T=C+G　　B. A+G=C+T　　C. G=C

D. A=T　　E. A/T=G/C

4. 蛋白质合成的直接模板是（　　）。

A. rRNA　　B. hnRNA　　C. tRNA

D. mRNA　　E. DNA

5. 关于DNA双螺旋结构学说的叙述，（　　）是错误的。

A. 由两条反向平行的DNA链组成　　B. 碱基具有严格的配对关系

C. 戊糖和磷酸组成的骨架在外侧　　D. 碱基平面垂直于中心轴

E. 生物细胞中所有DNA的二级结构都是右手螺旋

6. 下列关于RNA的说法，（　　）是正确的。

A. 细胞中只含有rRNA、tRNA、mRNA三种　　B. mRNA储存着遗传信息

C. tRNA含有稀有碱基　　D. 胞液中只有mRNA

E. rRNA是合成蛋白质的场所

7. 下列几种DNA分子的碱基组成比例中，哪一种DNA的T_m值最低？（　　）

A. A-T占15%　　B. G-C占25%　　C. G-C占40%

D. A-T占80%　　E. G-C占55%

8. 核酸对紫外吸收的最大吸收峰在（ ）波长附近。
A. 220nm B. 240nm C. 260nm
D. 280nm E. 300nm
9. 核酸的紫外吸收是由（ ）结构所产生的。
A. 嘌呤和嘧啶之间的氢键 B. 碱基和戊糖之间的糖苷键
C. 戊糖和磷酸之间的磷酯键 D. 嘌呤和嘧啶环上的共轭双键
E. 核苷酸之间的磷酸二酯键
10. 核酸分子中储存、传递遗传信息的关键部分是（ ）。
A. 核苷 B. 戊糖 C. 磷酸
D. 碱基序列 E. 戊糖磷酸骨架

二、名词解释

1. 核酸
2. DNA 变性
3. DNA 复性

三、填空题

1. 核酸可分为________和________两大类，其中________主要存在于________中，而________主要存在于________中。
2. 生物体内的嘌呤主要有________和________，嘧啶主要有________、________和________。某些 RNA 分子中还含有微量的其他碱基，称为________。
3. DNA 和 RNA 分子在物质组成上有所不同，主要表现在________和________的不同，DNA 分子中存在的是________和________，RNA 分子中存在的是________和________。
4. 测知某一 DNA 样品中，A = 0.53mol、C = 0.25mol、那么 T = ________ mol，G = ________ mol。
5. DNA 分子中，两条链通过碱基间的________相连，碱基间的配对原则是________对________、________对________。

四、问答题

1. 试比较 DNA 和 RNA 在分子组成和分子结构上的异同点。
2. 什么是 DNA 的解链温度？影响 DNA T_m 值大小的因素有哪些？为什么？
3. 简述 tRNA 二级结构的基本特点及各种 RNA 的生物学功能。

参考答案

一、单项选择题

1. D。核糖核苷酸和脱氧核糖核苷酸是构成核酸的基本组成单位，故选 D。

2. A。脱氧核糖存在于 DNA 中，而核糖存在于 RNA 中。构成 DNA 的碱基包括 A、T、C、G，而构成 RNA 的碱基包括 A、U、C、G，故选 A。

3. A。根据 DNA 双螺旋结构碱基互补配对原则可知，A= T 和 G=C，因此 A 错误。

4. D。成熟的 mRNA 是蛋白质生物合成的模板，其中 ORF 区域是编码蛋白质多肽链的序列。故选 D。

5. E。除右手双螺旋之外，天然 DNA 也存在 Z 型 DNA，具有左手双螺旋特征，故 E 错误。

6. C。tRNA 含有多种稀有碱基，如双氢尿嘧啶、假尿嘧啶核苷和甲基化的嘌呤等，故 C 正确。

7. D。DNA 长度和环境相同的条件下，GC 含量越高，T_m 值越高，故选 D。

8. C。在中性条件下，核酸在紫外波段的最大吸收值在 260nm 附近，故选 C。

9. D。嘌呤和嘧啶是含共轭双键的杂环分子，对紫外波段有较强烈的吸收，故选 D。

10. D。DNA携带的遗传信息来自碱基排列的方式，故选D。

二、名词解释

1. 核酸：许多单核苷酸通过磷酸二酯键连接而成的高分子化合物，称为核酸，包括DNA和RNA。

2. DNA变性：在某些理化因素的作用下，DNA分子中的氢键断裂，双螺旋结构松散分开，理化性质改变，失去原有的生物学活性即称为DNA变性。

3. DNA复性：热变性的DNA溶液经缓慢冷却，使原来两条彼此分离的DNA链重新缔合，形成双螺旋结构，这个过程称为DNA复性。

三、填空题

1. RNA　DNA　RNA　胞液　DNA　细胞核

2. A　G　C　U　T　稀有碱基

3. 戊糖　嘧啶　β-D-脱氧核糖　T　β-D-核糖　U

4. 0.53　0.25

5. 氢键　A　T　G　C

四、问答题

1. 答：在DNA和RNA分子组成上都含有磷酸、戊糖和碱基，其中戊糖的种类不同，DNA分子中的戊糖为β-D-2′-脱氧核糖，而RNA分子中的戊糖为β-D-核糖。另外，在所含的碱基中，除共同含有腺嘌呤、鸟嘌呤、胞嘧啶三种相同的碱基外，胸腺嘧啶通常存在于DNA分子中，而尿嘧啶出现在RNA分子中，并且在RNA分子中也常出现一些稀有碱基。在分子结构中，二者均以单核苷酸为基本组成单位，靠3′,5′-磷酸二酯键彼此连接成为多核苷酸链。所不同的是构成DNA的基本单位是脱氧核糖核苷酸，而构成RNA的基本单位是核糖核苷酸。它们的一级结构都是多核苷酸链中核苷酸的连接方式、数量和排列顺序，即多核苷酸链中碱基的排列顺序。在一级结构的基础上进行折叠、盘绕形成二级结构和三级结构。在空间结构上DNA和RNA有着显著的差别。DNA分子的二级结构是双螺旋，三级结构为超螺旋。RNA分子的二级结构是以单链折叠、盘绕形成，局部卷曲靠碱基配对关系形成双螺旋，从而形成发卡结构。tRNA典型的二级结构为三叶草形结构，三级结构为倒L形结构。在分子中都存在着碱基配对、互补关系。在DNA和RNA中都是G与C配对，并且形成三个氢键，而不同的是DNA中A与T配对，RNA中A与U配对，它们之间都形成两个氢键。

2. 答：所谓DNA的解链温度是指DNA分子在加热变性过程中紫外吸收值达到最大值的50%时的温度，也称为T_m值。也可以看作是DNA分子解链达到一半时的温度。T_m值的大小与DNA分子中碱基的组成、比例关系和DNA分子的长度有关。在DNA分子中，如果G-C含量较多，T_m值则较大，A-T含量较多，T_m值则较小。因G-C之间有三个氢键，A-T之间只有两个氢键，G-C配对较A-T配对稳定。DNA分子越长，在解链时所需的能量也越高，所以T_m值也越大。

3. 答：tRNA典型的二级结构为三叶草形结构，是由一条核糖核苷酸链折叠、盘绕而成，在分子单链的某些区域回折时，因存在彼此配对的碱基，构成局部双螺旋区，不能配对的碱基则形成突环而排斥在双螺旋之外，形成了tRNA的三叶草形结构，可将tRNA的结构分为：氨基酸臂、TψC环、反密码子环及DHU环。

RNA根据其在蛋白质生物合成过程中所发挥的功能不同，主要有mRNA（信使RNA）、tRNA（转运RNA）、rRNA（核糖体RNA）三种。mRNA是DNA转录的产物，含有DNA的遗传信息，每三个相连的碱基组成一组密码子，可组成64组。其中61组密码子分别代表20种氨基酸，可以指导一条多肽链的合成，所以它是合成蛋白质的模板。tRNA携带、运输活化了的氨基酸，为蛋白质的生物合成提供原料。因其含有反密码子环，所以具有辨认mRNA上相应密码子的作用（即翻译作用）。rRNA不单独存在，与多种蛋白质构成核糖体（核蛋白体），核糖体是蛋白质合成的场所。

（叶桂林）

第三章　酶与酶促反应

学习目标

1. 掌握　酶的概念，酶的化学本质；酶的分子组成，单纯酶和全酶；酶的活性中心的概念；必需基团的分类及其作用；同工酶的概念和生理意义；酶促反应的特点；底物浓度对酶促反应的影响；K_m 与 V_{max} 值的意义；抑制剂对酶促反应的影响：不可逆性抑制的作用，可逆性抑制包括竞争性抑制、非竞争性抑制、反竞争性抑制的动力学特征及其生理学意义；酶原与酶原激活的过程与生理意义；变构酶和变构调节的概念；掌握酶的共价修饰的概念和作用特点。

2. 熟悉　酶促反应的机制，酶与底物复合物形成中间产物；酶浓度、底物浓度、温度、pH、激活剂对酶促反应的影响；酶含量的调节特点和调控。

3. 了解　酶的工作原理：诱导契合作用、邻近效应及定向排列、多元催化、表面效应；酶的分类与命名的原则；酶在疾病发生、诊断及治疗中的应用。

内容精讲

第一节　酶的分子结构与功能

酶的化学本质是蛋白质。

一、酶的分子组成中常含有辅因子

酶按其分子组成可分为单纯酶和结合酶。水解后仅有氨基酸组分而无其他组分的酶称为单纯酶，缀合酶（亦称为结合酶）则是由蛋白质部分和非蛋白质部分共同组成的，其中蛋白质部分称为酶蛋白，非蛋白质部分称为辅因子。酶蛋白主要决定酶促反应的特异性及其催化机制；辅因子主要决定酶促反应的类型。酶蛋白与辅因子结合在一起称为全酶，酶蛋白和辅因子单独存在时均无催化活性，只有全酶才具有催化作用。

辅因子按其与酶蛋白结合的紧密程度与作用特点不同可分为辅酶和辅基。辅酶多通过非共价键与酶蛋白相连，这种结合比较疏松，可以用透析或超滤的方法除去。辅基则与酶蛋白形成共价键，结合较为紧密，不易通过透析或超滤将其除去。

二、酶的活性中心是酶分子执行其催化功能的部位

酶分子中能与底物特异地结合并催化底物转变为产物的具有特定三维结构的区域称为酶的活性中心或酶的活性部位。

酶分子中有许多化学基团，其中一些与酶的活性密切相关的基团称为酶的必需基团。有些必需基团位于酶的活性中心内，有些必需基团位于酶的活性中心外。酶活性中心内的必需基团又分为结合基团和催化基团。

酶活性中心外的必需基团虽然不直接参与催化作用，却为维持酶活性中心的空间构象和（或）作为调节剂的结合部位所必需。

酶的活性中心具有三维结构，往往形成裂缝或凹陷。这些裂缝或凹陷由酶的特定空间构象所维持，深入到酶分子内部，且多由氨基酸残基的疏水基团组成，形成疏水“口袋”。

三、同工酶催化相同的化学反应

同工酶是指催化相同的化学反应，但酶蛋白的分子结构、理化性质乃至免疫学性质不同的一组酶。

同工酶在同一个体的不同组织，以及同一细胞的不同亚细胞结构的分布也不同，形成不同的同工酶谱。因此，临床上检测血清中同工酶活性、分析同工酶谱有助于疾病的诊断和预后判定。例如，肌酸激酶（CK）是由M型（肌型）和B型（脑型）亚基组成的二聚体酶。脑中含CK_1（BB型），心肌中含CK_2（MB型），骨骼肌中含CK_3（MM型）。CK_2仅见于心肌，且含量很高，约占人体CK总量的14%～42%。正常血液中的CK主要是CK_3，几乎不含CK_2，心肌梗死后3～6h血中CK_2活性升高，12～24h达峰值（升高近6倍），3～4d恢复正常。因此，CK_2常作为临床早期诊断心肌梗死的指标之一。

第二节　酶的工作原理

酶与一般催化剂一样，在化学反应前后都没有质和量的改变。它们都只能催化热力学允许的化学反应，只能加速反应的进程，而不改变反应的平衡点，即不改变反应的平衡常数。

一、酶具有不同于一般催化剂的显著特点

1. 酶对底物具有极高的催化效率　酶的催化效率通常比非催化反应高10^8～10^{20}倍，比一般催化剂高10^7～10^{13}倍。

2. 酶对底物具有高度的特异性　与一般催化剂不同，酶对其所催化的底物具有较严格的选择性。即一种酶仅作用于一种或一类化合物，或一定的化学键，催化一定的化学反应并产生一定的产物，酶的这种特性称为酶的特异性，亦称为酶的专一性。根据酶对底物选择的严格程度，酶的特异性可分为绝对特异性和相对特异性。

3. 酶具有可调节性　体内许多酶的酶活性和含量受体内代谢物或激素的调节。机体通过对酶的活性与酶量的调节使得体内代谢过程受到精确调控，以使机体适应内外环境的不断变化。

4. 酶具有不稳定性　酶的化学本质是蛋白质。在某些理化因素（如高温、强酸、强碱等）的作用下，酶会发生变性而失去催化活性。因此，酶促反应往往都是在常温、常压和接近中性的条件下进行的。

二、酶通过促进底物形成过渡态而提高反应速率

1. 酶比一般催化剂更有效地降低反应的活化能　活化能是指在一定温度下，1mol反应物从基态转变成过渡态所需要的自由能，即过渡态中间物比基态反应物高出的那部分能量。酶与一般催化剂一样，通过降低反应的活化能，从而提高反应速率，但酶能使其底物分子获得更少的能量便可进入过渡态。

2. 酶与底物结合形成中间产物

（1）诱导契合作用使酶与底物密切结合。

（2）邻近效应与定向排列使诸底物正确定位于酶的活性中心。

（3）表面效应使底物分子去溶剂化。

3. 酶的催化机制呈现多元催化作用

第三节 酶促反应动力学

酶促反应速率可受多种因素的影响，如酶浓度、底物浓度、pH、温度、抑制剂及激活剂等。

一、底物浓度对酶促反应速率的影响呈矩形双曲线

在酶浓度和其他反应条件不变的情况下，反应速率（v）对底物浓度［S］作图呈矩形双曲线。当［S］很低时，v 随［S］的增加而升高，呈一级反应；随着［S］的不断增加，v 上升的幅度不断变缓，呈现出一级反应与零级反应的混合级反应；再随着［S］的不断增加，以至于所有酶的活性中心均被底物所饱和，v 便不再增加，此时 v 达最大反应速率，此时的反应可视为零级反应。

K_m 在一定条件下可表示酶对底物的亲和力，K_m 越大，表示酶对底物的亲和力越小；K_m 越小，表示酶对底物的亲和力越大。

V_{max}是酶被底物完全饱和时的反应速率。当所有的酶均与底物形成 ES 时（即［ES］=［E］），反应速率达到最大，即 $V_{max}=k_3[E]$。

二、底物足够时酶浓度对酶促反应速率的影响呈直线关系

当［S］远远大于［E］时，反应中［S］浓度的变化量可以忽略不计。此时，随着酶浓度的增加，酶促反应速率增大，两者呈现正比关系。

三、温度对酶促反应速率的影响具有双重性

酶促反应时，随着反应体系温度的升高，底物分子的热运动加快，增加分子碰撞的机会，提高酶促反应速率；但当温度升高达到一定临界值时，温度的升高可使酶变性，使酶促反应速率下降。大多数酶在 60℃时开始变性，80℃时多数酶的变性已不可逆。酶促反应速率达最大时的反应系统的温度称为酶的最适温度。反应系统的温度低于最适温度时，温度每升高 10℃反应速率可增加 1.7～2.5 倍。当反应温度高于最适温度时，反应速率则因酶变性失活而降低。

酶的最适温度不是酶的特征性常数，它与反应时间有关。酶在低温下活性降低，随着温度的回升，酶活性逐渐恢复。医学上用低温保存酶和菌种等生物制品就是利用了酶的这一特性。临床上采用低温麻醉时，机体组织细胞中的酶在低温下活性降低，物质代谢速率减慢，组织细胞耗氧量减少，对缺氧的耐受性升高，对机体具有保护作用。

哺乳类动物组织中酶的最适温度多在 35～40℃。能在较高温度生存的生物，细胞内酶的最适反应温度亦较高。*Taq* DNA 聚合酶，其最适温度为 72℃，95℃时该酶的半寿期长达 40min。此酶作为工具酶已被应用于 DNA 的体外扩增。

四、pH 通过改变酶分子及底物分子的解离状态影响酶促反应速率

pH 的改变对酶的催化作用影响很大。酶催化活性最高时反应体系的 pH 称为酶促反应的最适 pH。

五、抑制剂可降低酶促反应速率

凡能使酶活性下降而又不引起酶蛋白变性的物质统称为酶的抑制剂。根据抑制剂和酶结合的紧密程度不同，酶的抑制作用分为不可逆性抑制与可逆性抑制两类。去除可逆性抑制剂，可使酶活性得以恢复。

（一）不可逆性抑制剂与酶共价结合

不可逆性抑制剂和酶活性中心的必需基团共价结合，使酶失活。此类抑制剂不能用透析、超

滤等方法予以去除。例如有机磷农药（敌百虫、敌敌畏、乐果和马拉硫磷等）特异地与胆碱酯酶活性中心丝氨酸残基的羟基结合，使胆碱酯酶失活，导致乙酰胆碱堆积，引起胆碱能神经兴奋，病人可出现恶心、呕吐、多汗、肌肉震颤、瞳孔缩小、惊厥等一系列症状。

低浓度的重金属离子（Hg^{2+}、Ag^{+}、Pb^{2+}等）及As^{3+}等可与巯基酶分子中的巯基结合，使酶失活。例如路易士气（一种化学毒气）能不可逆地抑制体内巯基酶的活性，从而引起神经系统、皮肤、黏膜、毛细血管等病变和代谢功能紊乱。

（二）可逆性抑制剂与酶非共价结合

可逆性抑制剂与酶非共价可逆性结合，使酶活性降低或消失。采用透析、超滤或稀释等物理方法可将抑制剂除去，使酶的活性恢复。

1. 竞争性抑制剂与底物竞争结合酶的活性中心　抑制剂和酶的底物在结构上相似，可与底物竞争结合酶的活性中心，从而阻碍酶与底物形成中间产物，这种抑制作用称为竞争性抑制作用。

由于抑制剂和酶的结合是可逆的，抑制程度取决于抑制剂与酶的相对亲和力及与底物浓度的相对比例。磺胺类药物的抑菌机制属于对酶的竞争性抑制作用。如：磺胺类药物与对氨基苯甲酸的化学结构相似，竞争性地与二氢蝶酸合酶结合，抑制FH_2、FH_4合成，干扰一碳单位代谢，进而干扰核酸合成，使细菌的生长受到抑制。人类可直接利用食物中的叶酸，体内核酸合成不受磺胺类药物的干扰。

根据竞争性抑制的特点，服用磺胺类药物时必须保持血液中足够高的药物浓度，以发挥其有效的抑菌作用。

2. 非竞争性抑制剂结合活性中心之外的调节位点　有些抑制剂与酶活性中心外的结合位点相结合，不影响酶与底物的结合，底物也不影响酶与抑制剂的结合。底物和抑制剂之间无竞争关系，但抑制剂-酶-底物复合物（IES）不能进一步释放出产物。这种抑制作用称为非竞争性抑制作用。

3. 反竞争性抑制剂的结合位点由底物诱导产生　与非竞争性抑制剂一样，此类抑制剂也是与酶活性中心外的调节位点结合。不同的是，没有底物结合时，游离的酶并不能与抑制剂结合，当底物与酶结合后，酶才能与抑制剂结合。因此，抑制剂仅与酶-底物复合物结合，使中间产物ES的量下降。这种抑制作用称为反竞争性抑制作用。

六、激活剂可提高酶促反应速率

使酶由无活性变为有活性或使酶活性增加的物质称为酶的激活剂。激活剂大多为金属离子，如Mg^{2+}、K^{+}、Mn^{2+}等；少数为阴离子如Cl^{-}。也有许多有机化合物激活剂，如胆汁酸盐。激活剂又分为必需激活剂和非必需激活剂。

第四节　酶的调节

细胞内许多酶的活性是可以受调节的。细胞根据内外环境的变化而调整细胞内代谢时，主要是通过对催化限速反应的调节酶（亦称为关键酶）的活性进行调节而实现的。

一、酶活性的调节是对酶促反应速率的快速调节

包括酶的别构调节和酶的化学修饰调节，它们属于对酶促反应速率的快速调节。

（一）别构效应剂通过改变酶的构象而调节酶活性

体内一些代谢物可与某些酶分子的活性中心外的某个部位非共价可逆结合，引起酶的构象改

变，从而改变酶的活性，酶的这种调节方式称为酶的别构调节，也称变构调节。引起别构效应的物质称为别构效应剂，受别构调节的酶称为别构酶。酶分子与别构效应剂结合的部位称为别构部位或调节部位。根据某效应剂是否使酶对底物的亲和力增加、能否加快反应速率，分为别构激活剂和别构抑制剂。

别构酶常由若干个亚基所组成，当第一个亚基与效应剂结合发生变构，会引起第二个亚基发生变构现象，使第二个亚基与底物的亲和力大大提高。这种影响可以依次传递给所有的亚基，使酶与底物的亲和力成更大倍数增大，这时底物浓度与酶促反应速率的关系不再是矩形，而是“S”形，这种效应又称为协同效应。亚基间的协同效应又可分为正协同效应和负协同效应。

（二）酶的化学修饰调节是通过某些化学基团与酶的共价可逆结合来实现的

酶蛋白肽链上的一些基团可与某些化学基团发生可逆的共价结合，从而改变酶的活性，这一过程称为酶的共价修饰或化学修饰。它是体内快速调节的另一种重要方式，调节具有放大效应，以磷酸化与去磷酸化的修饰最为常见。

（三）酶原需要通过激活过程才能转变为有活性的酶

有些酶在细胞内合成或初分泌、或在其发挥催化功能前处于无活性状态，这种无活性的酶的前体称作酶原。在一定条件下，酶原向有催化活性的酶转变的过程称为酶原的激活。酶原的激活实际上是酶的活性中心形成或暴露的过程。酶原的存在和酶原的激活具有重要的生理意义。消化道蛋白酶以酶原形式分泌可避免胰腺的自身消化和细胞外基质蛋白遭受蛋白酶的水解破坏。同时还能保证酶在特定环境和部位发挥其催化作用。

二、酶含量的调节是对酶促反应速率的缓慢调节

（一）酶蛋白合成可被诱导或阻遏

诱导剂是在转录水平上促进酶生物合成的化合物，辅阻遏剂是在转录水平上减少酶生物合成的物质。酶的诱导与阻遏作用是对代谢的缓慢而长效的调节。

（二）酶的降解与一般蛋白质降解途径相同

酶的降解速度与酶的结构密切相关，也与机体的营养和激素的调节有关。大多在细胞内进行，主要存在两种降解途径。

（1）溶酶体蛋白酶降解途径　又称非 ATP 依赖性蛋白质降解途径，由溶酶体内的组织蛋白酶非选择性地催化分解一些膜结合蛋白、长寿蛋白和细胞外的蛋白质。

（2）非溶酶体蛋白酶降解途径　又称 ATP 依赖性泛素介导的蛋白质降解途径，需要泛素参与，消化 ATP，主要降解异常或损伤的蛋白质。

第五节　酶的分类与命名

一、酶可根据其催化的反应类型予以分类

（一）氧化还原酶类

催化氧化还原反应的酶属于氧化还原酶类，包括催化传递电子、氢以及需氧参与反应的酶。如乳酸脱氢酶、过氧化物酶等。

（二）转移酶类

催化底物之间基团转移或交换的酶属于转移酶类。如甲基转移酶、转硫酶等。

（三）水解酶类

催化底物发生水解反应的酶属于水解酶类。

（四）裂合酶类

催化从底物移去一个基团并形成双键的反应或其逆反应的酶属于裂合酶类。如脱羧酶、水化酶等。

（五）异构酶类

催化分子内部基团的位置互变、几何或光学异构体互变以及醛酮互变的酶属于异构酶类。如变位酶、异构酶等。

（六）连接酶类

催化两种底物形成一种产物并同时偶联有高能键水解和释能的酶属于连接酶类。如 DNA 连接酶、谷氨酰胺合成酶等。

二、每一种酶均有其系统名称和推荐名称

国际生物化学与分子生物学学会以酶的分类为依据，于 1961 年提出系统命名法。系统命名法规定每一个酶都有一个系统名称，它标明酶的所有底物与反应性质。底物名称之间以“：”分隔。由于许多酶促反应是双底物或多底物反应，且许多底物的化学名称太长和过于复杂。为了应用方便，国际酶学委员会又从每种酶的数个习惯名称中选定一个简便的推荐名称。

第六节　酶在医学中的应用

酶在医学中的应用十分广泛和重要，多种遗传病与酶的先天缺陷有关，许多酶已成为临床上诊断疾病的良好指标，有些酶还可作为药物用来治疗疾病。

一、酶与疾病的发生、诊断及治疗密切相关

（一）许多疾病与酶的质和量的异常相关

（1）酶的先天性缺陷是先天性疾病的重要病因之一。

（2）一些疾病可引起酶活性或量的异常　一些疾病的发生机制直接或间接地与酶的异常或酶的活性受到抑制相关。同时，许多疾病亦可引起酶的异常，这种异常又可加重病情。

（二）体液中酶活性的改变可作为疾病的诊断指标

由于许多组织器官的疾病表现为血液等体液中一些酶活性的异常，故临床上通过测定血中某些酶的活性来协助诊断某些疾病。

（三）某些酶可作为药物用于疾病的治疗

有些酶作为助消化的药物；有些酶用于清洁伤口和抗炎；有些酶具有溶解血栓的疗效。此外，许多药物可通过抑制生物体内的某些酶来达到治疗的目的。

二、酶可作为试剂用于临床检验和科学研究

（一）有些酶可作为酶偶联测定法中的指示酶或辅助酶

有些酶促反应的底物或产物含量极低，不易直接测定。此时，可偶联另一种或两种酶，使初级反应产物定量地转变为另一种较易定量测定的产物，从而测定初始反应中底物、产物或初始酶活性。这种方法称为酶偶联测定法。若偶联一种酶，此酶即为指示酶，若偶联两种酶，则前一种

为辅助酶，后一种为指示酶。

（二）有些酶可作为酶标记测定法中的标记酶

酶可以代替放射性核素与某些物质结合，从而使该物质被酶所标记，通过测定酶的活性来判断被标记物质或与其定量结合的物质的存在和含量。当前最常用的是酶联免疫测定法。

（三）多种酶成为基因工程常用的工具酶

利用酶具有高度特异性的特点，将酶作为工具，在分子水平上对某些生物大分子进行定向的分割与连接。

同步练习

一、单项选择题

1. 辅因子为（　　）。

A. 有机化合物　B. 辅酶　C. 辅基　D. 酶的非蛋白质部分　E. 核酸

2. 有机磷农药中毒可抑制（　　）。

A. 转移酶　B. 巯基酶　C. 磷酸酶　D. 胆碱酯酶　E. 羧基酶

3. 有关磺胺类药物治疗疾病，属于（　　）作用。

A. 反馈抑制　B. 竞争性抑制　C. 非竞争性抑制　D. 反竞争性抑制　E. 以上都不是

4. 关于酶的竞争性抑制剂的特点与下列（　　）因素无关。

A. 抑制剂与底物结构相似　B. 作用时间　C. 抑制剂浓度　D. 抑制剂与底物非共价结合　E. 酶与抑制剂亲和力的大小

5. 以下（　　）需要辅因子参与才具有活性。

A. 脂酶　B. 胃蛋白酶　C. 脲酶　D. 核糖核酸酶　E. 己糖激酶

6. 多酶体系是指（　　）。

A. 多功能酶　B. 某代谢途径的全部酶　C. 线粒体内膜上的酶　D. 几个酶构成的复合体　E. 某种细胞内的全部酶

7. 有关酶的活性中心，正确的是（　　）。

A. 酶分子维持构象所必需的部位
B. 整个酶分子必需基团结合的部位
C. 酶蛋白与辅酶结合的部位
D. 酶发挥催化作用的部位
E. 酶的必需基团在空间结构上集中形成的区域，与特异的底物结合并使之转化成产物

8. $NADP^+$ 来自下列哪种维生素？（　　）

A. 泛酸　B. 维生素 B_1　C. 维生素 B_2　D. 维生素 B_6　E. 维生素 PP

9. 肝细胞中含量最多的乳酸脱氢酶是（　　）。

A. LDH_1　B. LDH_2　C. LDH_3
D. LDH_4　E. LDH_5

10. 有关辅酶与辅基，下列正确的是（　　）。
A. 都含不同的金属离子　B. 它们的生物学性质不同　C. 它们的化学本质不同
D. 它们的理化性质不同　E. 它们与酶蛋白结合的紧密程度不同

11. K_m 值正确的是（　　）。
A. 表示酶与底物的亲和力常数　B. 与酶浓度相关
C. 表示酶促反应的底物常数　D. 达到 $1/2V_{max}$ 时所需的底物浓度
E. 酶促反应达到最大速率时所需底物浓度的一半

12. 透析使唾液淀粉酶活性显著降低的原因是（　　）。
A. 酶含量减少　B. 酶失活　C. 失去酶蛋白
D. 失去辅因子　E. 酶蛋白变性

13. 参与催化乳酸转变为丙酮酸的酶属于（　　）。
A. 合成酶　B. 分解酶　C. 异构酶
D. 氧化还原酶　E. 裂解酶

14. 在酶促反应中，当 [S]≫[E]，酶活性中心被饱和时，有关反应速率，下列（　　）正确。
A. 最小　B. 为最大速率的 1/2　C. 与底物浓度成正比
D. 与底物浓度成反比　E. 达最大

15. 有关活化能，下列说法正确的是（　　）。
A. 在酶促反应中活化能是不变的
B. 在酶促反应中活化能是增加的
C. 在酶促反应中活化能是明显降低的
D. 在酶促反应中活化能是稍有降低的
E. 在酶促反应中活化能是稍有增加的

二、填空题

1. 丙二酸是________酶的________抑制剂，增加底物浓度可________抑制。
2. 同工酶是指催化化学反应________，而酶蛋白的分子结构、理化性质及免疫学性质________的一组酶。
3. 辅酶与辅基的区别在于前者与酶蛋白________，后者与酶蛋白________。
4. 肌酸激酶的亚基分________型和________型。

三、名词解释

1. 酶共价修饰调节
2. 同工酶

四、问答题

1. 以乳酸脱氢酶为例，说明同工酶的生理意义和病理意义。
2. 何谓酶？酶促反应的特点是什么？
3. 竞争性抑制和非竞争性抑制的主要区别是什么？
4. 酶在临床上有何作用？

参考答案

一、单项选择题

1. D。本题考点：酶的分子结构，酶按其分子组成可分为单纯酶和缀合酶，缀合酶由蛋白质部分和非蛋白质部分共同组成，其中非蛋白质部分称为辅因子，辅因子多为小分子的有机化合物或金属离子，按其与酶蛋白结合的紧密程度与作用特点不同可分为辅酶和辅基，故选 D。

2. D。本题考点：不可逆性抑制作用，这类抑制剂选择性地与酶活性中心上的羟基以酯键结合，使酶失活。胆碱酯酶可水解乙酰胆碱为乙酸和胆碱，从而消除胆碱能神经的兴奋。有机磷中毒可使水解障碍，在体内堆积，引起一系列胆碱能神经过度兴奋的症状。解磷定（PAM）可与有机磷结合，使酶与有机磷分离而复活。而重金属离子 Ag^{+}、Hg^{2+}、Cu^{2+} 和 As^{3+}、路易士气等与某些酶分子上的巯基（—SH）结合；它们能抑制体内的巯基酶而使人畜中毒。这类抑制剂与酶活性中心以外的必需基团结合，使酶的活性受到抑制，可用二巯基丙醇解毒，故选 D。

3. B。本题考点：竞争性抑制的作用特点。磺胺类药物与对氨基苯甲酸的结构相似，可竞争性抑制二氢叶酸的合成，达到杀菌作用，故选 B。

4. B。本题考点：竞争性抑制作用的特点。抑制剂与底物的结构相似，与底物竞争酶的活性中心，若酶与此类物质结合，就不能再与底物结合，使有活性的酶的数量减少。其抑制程度取决于作用物及抑制剂的相对浓度，因此，可增加底物浓度来减轻抑制剂对酶的抑制作用，故选 B。

5. E。本题考点：酶的分子组成。己糖激酶为结合酶，需要金属离子激活，故选 E。

6. D。本题考点：酶的几个概念。酶是蛋白质，同样具有一、二、三级结构，有些酶还具有四级结构。只有一条多肽链组成的酶称为单体酶，由多个相同或不同亚基以非共价键连接而成的酶称为寡聚酶，在细胞内存在着许多由几种不同功能的酶彼此聚合形成的多酶复合体，即多酶体系。还有一些多酶体系在进化过程中由于基因的融合形成一条多肽链组成却具有多种不同催化功能的酶，称为多功能酶，故选 D。

7. E。本题考点：酶的活性中心的概念。酶的活性中心是指酶分子中的必需基团形成一定的空间结构、直接与底物结合并起催化作用的区域。必需基团又分为结合基团和催化基团。结合基团是指与底物结合的必需基团；催化基团是指催化底物发生化学变化的必需基团。必需基团根据存在部位不同又可分为活性中心内的必需基团与活性中心外的必需基团，故选 E。

8. E。本题考点：辅酶与维生素的关系。$NADP^{+}$ 是维生素 PP 的活性形式之一，起递氢作用，故选 E。

9. E。本题考点：同工酶的概念。LDH 有 5 种同工酶，即 LDH_1～LDH_5，其分布不同，LDH_1 主要存在于心肌细胞，LDH_5 主要存在于肝细胞。当心肌细胞受损时，血清中 LDH_1 活性升高；当肝细胞受损时，血清中 LDH_5 活性升高。故选 E。

10. E。本题考点：辅酶与辅基的区别。辅基通过共价键牢固结合酶蛋白，一般不易用透析或超滤的方法去除；辅酶则以非共价键疏松结合酶蛋白，可以用透析或超滤的方法去除，故选 E。

11. D。本题考点：K_m 的概念和意义。K_m 值是酶的一个特征性常数，为反应速率一半时的底物浓度。它与酶的性质、底物和反应条件均有关，而与酶浓度无关。大多数酶的 K_m 值在 10^{-6}～10^{-2} mol。K_m 可以近似地表示酶与底物的亲和力。K_m 值愈大，表示酶与底物的亲和力愈小；反之，K_m 值愈小，表示酶与底物的亲和力愈大。根据 K_m 值与米氏方程还可确定合适的底物浓度，故选 D。

12. D。本题考点：辅因子的作用。透析可使唾液淀粉酶的辅因子分离，使酶活性降低，故选 D。

13. D。本题考点：酶的分类。催化乳酸转变为丙酮酸是一个脱氢反应，反应的酶参与氧化还原反应，属于氧化还原酶，故选 D。

14. E。本题考点：底物浓度对酶促反应的影响。底物浓度对酶促反应的影响呈矩形双曲线，当底物浓度很低时，底物浓度与反应速率成正比关系；当底物浓度继续增加时，反应体系中剩余的酶量已很少，增加底物浓度，反应速率虽然也增大，但增大的程度相对减少，反应速率与底物浓度不再成正比关系；当底物浓度增高至一定浓度时，所有的酶都已被饱和，此时继续增加底物浓度反应速率也不再增大，这时的反应速率已达最大反应速率（V_{max}）并趋于恒定，故选 E。

15. C。本题考点：酶促反应的机制。低能分子转变为活化分子所需的能量称为活化能。不同的化学反应所需的活化能不同，活化能越大，反应则越难进行。酶能大大降低反应的活化能，因而使反应系统中能发生化学反应的活化分子数目增加，反应速率增加。因此，酶的主要作用就是能有效地降低反应的活化能，故选C。

二、填空题

1. 琥珀酸脱氢　竞争性　解除
2. 相同　不相同
3. 结合疏松　结合牢固
4. M　B

三、名词解释

1. 酶共价修饰调节：共价调节酶通过其他酶对其多肽链上的某些基团进行可逆的共价修饰，使其处于活性与非活性的互变状态，从而调节酶活性。

2. 同工酶：催化相同的化学反应，但其分子结构、理化性质和免疫性能等方面都存在明显差异的一组酶。

四、问答题

1. 答：不同组织中LDH的同工酶谱不同，如心肌中LDH_1和LDH_2的含量最多，而骨骼肌和肝脏中以LDH_4和LDH_5为主。LDH_1和LDH_2对乳酸的亲和力大，所以有利于心肌利用乳酸氧化获得能量。LDH_4和LDH_5对丙酮酸的亲和力大，有利于使丙酮酸还原为乳酸，这与肌肉在供氧不足时能由酵解作用取得能量的生理过程相适应。由于同工酶在组织器官中的分布有差异，因此，血清同工酶谱分析有助于器官疾病的诊断。如心肌病变时LDH_1和LDH_2的活性升高；肝脏病变时LDH_4和LDH_5的活性升高。

2. 答：酶是由活细胞合成的对特异底物具有高效催化作用的蛋白质，又叫生物催化剂。酶除具有一般催化剂的性质外，还具有生物大分子的特征。酶促反应的特点：①具有极高的催化效率，比一般催化剂更有效地降低化学反应所需的活化能。催化效率比非催化反应高10^8～10^{20}倍，比一般催化剂高10^7～10^{13}倍。②高度的特异性。③酶促反应的可调节性。

3. 答：竞争性抑制作用的抑制剂可与底物的结构相似，能与底物共同竞争酶的活性中心，从而阻碍底物与酶的结合。但当底物浓度增加时，可以减少和消除这种抑制。非竞争性抑制作用的抑制剂可以与酶活性中心外的部位可逆地结合，这种结合不影响酶对底物的结合，而是使整个酶的活性降低，增加底物浓度也不能消除这种抑制。

4. 答：许多疾病的发生发展与酶的质和量的异常或酶受到抑制有关。目前酶在临床上可用于疾病的诊断和治疗。酶作为试剂用于临床检验，测定血液、尿或脊髓中某些酶的活性，有助于疾病的诊断和疗效的观察。酶作为药物用于临床治疗，最常用于助消化，现已扩大到消炎、抗凝、促凝、降压等方面。例如：利用胃蛋白酶、胰蛋白酶、多酶片等可助消化；利用胰凝乳蛋白酶、溶菌酶等进行外科扩创、化脓伤口的净化、浆膜粘连的防治和一些炎症的治疗；利用链激酶、尿激酶等防止血栓形成等。此外，酶可作为工具用于科学研究。

（刘丽华）

第四章　聚糖的结构与功能

 学习目标

1. 掌握　糖蛋白和蛋白聚糖的概念；糖蛋白的 N-连接和 O-连接；糖基化位点的概念。

2. 熟悉　糖蛋白分子中聚糖对蛋白质构象、活性及分子间识别的影响；糖胺聚糖的概念；重要糖胺聚糖的组成特点。

3. 了解　糖脂结构。

内容精讲

第一节　糖蛋白分子中聚糖及其合成过程

糖蛋白（glycoprotein）是指糖类分子与蛋白质分子共价结合形成的蛋白质。根据连接方式不同可将糖蛋白聚糖分为 *N*-连接型聚糖（*N*-linked glycan）和 *O*-连接型聚糖（*O*-linked glycan）。*N*-连接型聚糖是指与蛋白质分子中天冬酰胺残基的酰胺氮相连的聚糖。*O*-连接型聚糖是指与蛋白质分子中丝氨酸或苏氨酸的羟基相连的聚糖。糖蛋白分子中聚糖结构的不均一性称为糖形（glycoform）。

一、*N*-连接型糖蛋白的糖基化位点为 Asn-X-Ser/Thr

糖蛋白聚糖与蛋白质的 Asn-X-Ser/Thr 序列的天冬酰胺氮以共价键连接称 *N*-连接型糖蛋白。非糖生物分子与糖形成共价结合的反应过程。*N*-连接型糖蛋白中，Asn-X-Ser/Thr 三个氨基酸残基组成的序列子称为糖基化位点。

二、*N*-连接型聚糖结构有高甘露糖型、复杂型和杂合型之分

根据结构可分为 3 型：高甘露糖型、复杂型、杂合型。这 3 型 *N*-连接型聚糖都有一个由 2 个 *N*-GlcNAc 和 3 个 Man 形成的五糖核心。

三、*N*-连接型聚糖的合成是以长萜醇作为聚糖载体

N-连接型聚糖是在内质网上以长萜醇作为聚糖载体，先合成含 14 个糖基的寡糖链，然后转移至肽链的糖基化位点上，进一步在内质网和高尔基体进行加工而成的。每一步加工都由特异的糖基转移酶或糖苷酶催化完成，糖基必须活化为 UDP 或 GDP 的衍生物。糖基转移酶（glycosyltransferase）是催化糖基从糖基供体（如尿苷二磷酸葡萄糖）转移到受体化合物（蛋白质、脂或另一糖分子）的酶。

四、*O*-连接型聚糖合成不需要聚糖载体

糖蛋白聚糖与蛋白质的丝/苏氨酸残基的羟基相连，称为 *O*-连接型糖蛋白。*O*-连接型聚糖由 *N*-乙酰半乳糖胺与半乳糖构成核心二糖，核心二糖可重复延长及分支，再接上岩藻糖、*N*-乙酰葡糖胺等单糖。*O*-连接型聚糖在 *N*-乙酰半乳糖基转移酶的作用下，在多肽链的丝/苏氨酸的羟

基上连接上 *N*-乙酰半乳糖基，然后逐个加上糖基，每一种糖基都有其专一性转移酶，直至 *O*-连接寡糖链的形成。整个过程在内质网开始，到高尔基体内完成。

五、蛋白质 β-N-乙酰葡糖胺的糖基化是可逆的单糖基修饰

β-*N*-乙酰葡糖胺（*β*-*N*-acetylglucosamine，*O*-GlcNAc）单糖基化修饰，主要发生于膜蛋白和分泌型蛋白质。*O*-GlcNAc 糖基化修饰是通过 *O*-GlcNAc 糖基转移酶（*O*-GlcNAc transferase，OGT）作用，将 *β*-*N*-乙酰葡糖胺以共价键方式结合于蛋白质的 Ser/Thr 残基上，这种糖基化修饰主要存在于细胞质或胞核中。*O*-GlcNAc 糖基化蛋白质的解离需要特异性的 *β*-*N*-乙酰葡糖胺酶（*O*-GlcNAcase）作用，*O*-GlcNAc 糖基化与去糖基化是个动态可逆的过程。糖基化后，蛋白质肽链的构象将发生改变，从而影响蛋白质的功能。*O*-GlcNAc 糖基化位点常位于蛋白质 Ser/Thr 磷酸化位点处或其邻近部位。糖基化后即会影响磷酸化的进行，反之亦然。因此，*O*-GlcNAc 糖基化与蛋白质的磷酸化可能是一种相互拮抗的修饰行为，共同参与信号通路的调节过程。

六、糖蛋白分子中聚糖影响蛋白质的半衰期、结构与功能

①聚糖可稳固多肽链的结构及延长半寿期；②聚糖参与糖蛋白新生肽链的折叠或聚合；③聚糖可影响糖蛋白在细胞内的靶向运输；④聚糖参与分子间的相互识别。

第二节　蛋白聚糖分子中的糖胺聚糖

蛋白聚糖是以聚糖含量为主，由糖胺聚糖共价连接于不同核心蛋白质形成的糖复合体。

一、糖胺聚糖是由己糖醛酸和己糖胺组成的重复二糖单位

糖胺聚糖（glycosaminoglycan，GAG）：由二糖单位重复连接而成的杂多糖，不分支。二糖单位中一个是糖胺（*N*-乙酰葡糖胺或 *N*-乙酰半乳糖胺），另一个是糖醛酸（葡糖醛酸或艾杜糖醛酸）。体内重要的糖胺聚糖有硫酸软骨素（chordroitin sulfates）、硫酸角质素（keratan sulfate）、硫酸皮肤素（dermatan sulfate）、肝素（heparin）、透明质酸（hyaluronic acid）和硫酸类肝素（heparan sulfate）。

硫酸软骨素的二糖单位由 *N*-乙酰半乳糖胺和葡糖醛酸组成，最常见的硫酸化部位是 *N*-乙酰半乳糖胺残基的 C-4 和 C-6 位。

硫酸角质素的二糖单位由半乳糖和 *N*-乙酰葡糖胺组成，形成的聚糖分布在角膜中，也可与硫酸软骨素共同构成蛋白聚糖复合物，分布于软骨和结缔组织中。

硫酸皮肤素的二糖单位与硫酸软骨素相似，仅一部分葡糖醛酸为艾杜糖醛酸所取代。硫酸皮肤素分布广泛。

肝素的二糖单位为葡糖胺和艾杜糖醛酸，葡糖胺的氨基氮和 C-6 均带有硫酸。肝素分布于肥大细胞内，硫酸类肝素是细胞膜的成分。

透明质酸的二糖单位是葡糖醛酸和 *N*-乙酰葡糖胺。透明质酸分布于关节滑液、眼的玻璃体及疏松的结缔组织中。

二、核心蛋白质均含有结合糖胺聚糖的结构域

与糖胺聚糖链共价结合的蛋白质称为核心蛋白质。核心蛋白质均含有相应的糖胺聚糖取代结构域，一些蛋白聚糖通过这一结构锚定在细胞表面或细胞外基质的大分子中。

三、蛋白聚糖合成时在多肽链上逐一加上糖基

在内质网上合成核心蛋白质多肽链，多肽链合成的同时即以 *O*-连接或 *N*-连接的方式在丝氨

酸或天冬酰胺残基上进行聚糖加工。聚糖的延长和加工修饰主要在高尔基体内进行。多糖链的形成是由单糖逐个加上去的，糖醛酸由 UDPGA 提供；单糖要由 UDP 活化；硫酸由“活性硫酸”提供；糖胺氨基来自谷氨酰胺。

四、蛋白聚糖是细胞间基质的重要成分

1. 蛋白聚糖最主要的功能是构成细胞间基质 在基质中蛋白聚糖和弹性蛋白、胶原蛋白以特异的方式连接，赋予基质特殊的结构。影响细胞与细胞的黏附、细胞迁移、增殖和分化等细胞行为。

2. 各种蛋白聚糖有其特殊的功能 肝素是重要的抗凝剂，能使凝血酶失活。肝素还能特异地与毛细血管壁的脂蛋白脂肪酶结合，促使后者释放入血。硫酸软骨素维持软骨的机械性能，角膜的胶原纤维之间充满硫酸角质素和硫酸皮肤素，使角膜透明。

第三节 糖脂由鞘糖脂、甘油糖脂和类固醇衍生糖脂组成

糖脂（glycolipid）是一种携有一个或多个以共价键连接糖基的复合脂质，泛指鞘糖脂、甘油糖脂、类固醇衍生糖脂等。

一、鞘糖脂是神经酰胺被糖基化的糖苷化合物

鞘糖脂是以神经酰胺为母体的化合物。其分子中的神经酰胺 1 位羟基被糖基化。

脑苷脂（cerebroside）是不含唾液酸的中性鞘糖脂。脑苷脂中常见的糖基是半乳糖、葡萄糖等单糖，也有二糖、三糖。鞘糖脂的疏水部分伸入膜的磷脂双层中，极性糖基暴露在细胞表面，发挥血型抗原、组织或器官特异性抗原、分子与分子间相互识别的作用。

硫苷脂（sulfatide）是指糖基部分被硫酸化的酸性鞘糖脂。硫苷脂广泛地分布于人体的各器官中，以脑中的含量为最多，可能参与血液凝固与细胞黏附等过程。

神经节苷脂（ganglioside）是含唾液酸的酸性鞘糖脂。神经节苷脂分子中的糖基较脑苷脂大，常为含有一个或几个唾液酸的寡糖链。主要分布在神经系统中，在神经冲动传递、细胞生长、分化甚至癌变时具有重要作用。

二、甘油糖脂是髓磷脂的重要成分

髓磷脂（myelin）是包绕在神经元轴突外侧的脂质，起到保护和绝缘的作用。甘油糖脂（glyceroglycolipid）也称糖基甘油酯，由二酰甘油分子 3 位上的羟基与糖基连接而成。

第四节 聚糖结构中蕴藏着大量的生物信息

一、聚糖组分是糖蛋白执行功能所必需的

各类多糖或聚糖的生物合成并没有类似核酸、蛋白质合成所需模板的指导，而聚糖中的糖基序列或不同糖苷键的形成，主要取决于糖基转移酶特异性识别糖底物和催化作用。依靠多种糖基转移酶特异性地、有序地将供体分子中的糖基转运至接受体上，在不同位点以不同糖苷键的方式，形成有序的聚糖结构。

鉴于糖基转移酶由基因编码，所以糖基转移酶继续了基因至蛋白质的信息流，将信息传递至聚糖分子；另外，聚糖（如血型物质）作为某些蛋白质的组分与生物表型密切相关，体现生物信息。

二、结构多样性的聚糖富含生物信息

聚糖结构的多样性和复杂性很可能赋予其携带大量生物信息的能力。

(1) 聚糖空间结构多样性是其携带信息的基础。

(2) 聚糖空间结构多样性受基因编码的糖基转移酶和糖苷酶调控。

同步练习

一、单项选择题

1. 参与构成糖蛋白聚糖链的单糖主要有7种，不包括（　　）。

A. 葡萄糖　　B. 甘露糖　　C. 半乳糖

D. 果糖　　E. 岩藻糖

2. *N*-连接型聚糖连接在蛋白质多肽链的（　　）残基上。

A. 半胱氨酸　　B. 谷氨酰胺　　C. 谷氨酸

D. 天冬氨酸　　E. 天冬酰胺

3. *N*-连接型聚糖通过（　　）糖基连接在多肽链上。

A. 甘露糖　　B. *N*-乙酰半乳糖胺　　C. *N*-乙酰葡糖胺

D. 葡萄糖　　E. 半乳糖

4. 关于*N*-连接型聚糖的糖基化位点，描述正确的是（　　）。

A. 多肽链中所有的天冬酰胺残基

B. 多肽链中的丝氨酸残基

C. 多肽链中的苏氨酸残基

D. Asn-X-Ser/Thr序列子均为糖基化位点

E. Asn-X-Ser/Thr序列子为潜在的糖基化位点

5. 关于*O*-连接型聚糖所连接的多肽链氨基酸残基，叙述正确的是（　　）。

A. 主要是丝氨酸或苏氨酸残基　　B. 天冬酰胺残基

C. 谷氨酰胺残基　　D. 半胱氨酸残基

E. 脯氨酸残基

6. *O*-连接型聚糖多以（　　）糖基连接在多肽链上。

A. *N*-乙酰葡糖胺　　B. *N*-乙酰半乳糖胺

C. 甘露糖　　D. 葡萄糖

E. 半乳糖

7. 关于*O*-连接型聚糖（　　）描述是错误的。

A. 无共同的核心结构区　　B. 常由*N*-乙酰半乳糖胺和半乳糖构成核心二糖

C. 合成过程无糖链载体　　D. 合成过程以长萜醇为聚糖载体

E. *O*-连接型聚糖的合成在多肽链合成后进行

8. 下列哪种糖胺聚糖所连的蛋白质部分很小?（　　）

A. 硫酸软骨素　　B. 硫酸角质素　　C. 硫酸皮肤素

D. 透明质酸　　E. 肝素

9. 关于糖胺聚糖描述不正确的是（　　）。

A. 糖链为直链　　B. 糖链有分支

C. 由二糖单位重复连接而成 D. 半乳糖胺可参与其组成

E. 半乳糖可参与其组成

10. 透明质酸的二糖单位构成是（ ）。

A. 葡糖醛酸和 N-乙酰半乳糖胺 B. 葡糖醛酸和 N-乙酰葡糖胺

C. 葡糖醛酸和半乳糖 D. 艾杜糖醛酸和 N-乙酰葡糖胺

E. 艾杜糖醛酸和 N-乙酰半乳糖胺

二、名词解释

1. 糖蛋白

2. 糖胺聚糖

三、填空题

1. 组成糖蛋白聚糖链的单糖主要有 7 种，分别是葡萄糖、________、________、________、________、________、________。

2. 按连接的方式，糖蛋白中的聚糖分为两种，分别是________、________。

3. N-连接型聚糖分为三型，分别是________、________、________。

4. 体内重要的糖胺聚糖主要有 6 种，分别是透明质酸、________、________、________、________、________，除________外均含有硫酸。

四、问答题

1. 试比较 N-连接型聚糖和 O-连接型聚糖的结构特点。

2. 试分析半胱氨酸代谢对糖胺聚糖形成的作用。

参考答案

一、单项选择题

1. D。参与构成糖蛋白聚糖链的单糖主要有 7 种，包括葡萄糖、甘露糖、半乳糖、岩藻糖、N-乙酰半乳糖胺、N-乙酰葡糖胺和 N-乙酰神经氨酸，故选 D。

2. E。N-连接型聚糖指与蛋白质分子中天冬酰胺残基的酰胺氮相连的聚糖，故选 E。

3. C。聚糖中的 N-乙酰葡糖胺与蛋白质中天冬酰胺残基的酰胺氮以共价键连接形成 N-连接型糖蛋白，故选 C。

4. E。N-连接型糖蛋白中，Asn-X-Ser/Thr 三个氨基酸残基组成的序列子称为糖基化位点，故选 E。

5. A。O-连接型聚糖指与蛋白质分子中丝氨酸或苏氨酸的羟基相连的聚糖，故选 A。

6. B。聚糖中的 N-乙酰半乳糖胺与多肽链的丝氨酸或苏氨酸残基的羟基以共价键连接形成 O-连接型糖蛋白，故选 B。

7. D。O-连接型聚糖的合成是在多肽链合成后进行的，而且不需要聚糖载体，故选 D。

8. D。一分子透明质酸可由 50000 个二糖单位组成，但它所连的蛋白质部分很小，故选 D。

9. B。糖胺聚糖是由二糖单位重复连接而成的杂多糖，不分支，故选 B。

10. B。透明质酸的二糖单位为葡糖醛酸和 N-乙酰葡糖胺，故选 B。

二、名词解释

1. 糖蛋白：糖蛋白是指糖类分子与蛋白质分子共价结合形成的蛋白质。

2. 糖胺聚糖：由二糖单位重复连接而成的杂多糖，不分支。二糖单位中一个是糖胺（N-乙酰葡糖胺或 N-乙酰半乳糖胺），另一个是糖醛酸（葡糖醛酸或艾杜糖醛酸）。

三、填空题

1. 甘露糖 半乳糖 岩藻糖 N-乙酰半乳糖胺 N-乙酰葡糖胺 N-乙酰神经氨酸

2. N-连接型聚糖 O-连接型聚糖

3. 高甘露糖型 复杂型 杂合型

4. 硫酸软骨素 硫酸角质素 硫酸皮肤素 肝素 硫酸类肝素 透明质酸

四、问答题

1. 答：N-连接型聚糖和 O-连接型聚糖都是主要由 7 种单糖参与构成的，分别是葡萄糖、半乳糖、甘露糖、岩藻糖、N-乙酰半乳糖胺、N-乙酰葡糖胺、N-乙酰神经氨酸。N-连接型聚糖通过N-乙酰葡糖胺连接在蛋白质多肽链天冬酰胺残基的酰胺氮上，N-连接型聚糖的糖基化位点有特定的氨基酸序列，即序列子Asn-X-Ser/Thr。只有此序列子中的天冬酰胺残基才能成为N-连接型聚糖的连接位点。N-连接型聚糖依结构分为三型：高甘露糖型、复杂型、杂合型，均有一个共同的五糖核心，该五糖核心由三个甘露糖基和两个N-乙酰葡糖胺糖基组成。O-连接型聚糖通过某一单糖基与蛋白质多肽链含羟基氨基酸残基的羟基氧相连接，含羟基的氨基酸残基多是丝氨酸或苏氨酸，另外还可以是酪氨酸、羟脯氨酸和羟赖氨酸，与之相连的单糖常是N-乙酰半乳糖胺。O-连接型聚糖的糖基化位点尚未发现确切的序列子，通常存在于蛋白质表面丝氨酸和苏氨酸比较集中且周围有脯氨酸的序列中。O-连接型聚糖没有共同的核心结构，常由N-乙酰半乳糖胺与半乳糖构成核心二糖，核心二糖可重复延长和分支，再连接岩藻糖等糖基。O-连接型聚糖一般比N-连接型聚糖结构简单。

2. 答：半胱氨酸作为含硫氨基酸代谢可产生硫酸根，而且是体内硫酸根的主要来源。硫酸根经ATP活化后形成活性硫酸根即3′-磷酸腺苷-5′-磷酸硫酸（PAPS），其是活泼的硫酸基供体。除透明质酸外，大分子糖胺聚糖如肝素、硫酸类肝素、硫酸角质素、硫酸软骨素、硫酸皮肤素等均含有大量的硫酸基团，这些硫酸基团均由PAPS提供，因此，主要由半胱氨酸代谢产生的活性硫酸根是糖胺聚糖合成不可缺少的物质。

（周娟）

第五章 糖代谢

学习目标

1. 掌握 糖酵解、糖的无氧氧化的概念，糖酵解途径的基本反应过程、关键酶、ATP生成、作用部位及生理意义；糖的有氧氧化的概念，糖的有氧氧化途径中丙酮酸氧化脱羧及三羧酸循环的基本反应过程、关键酶、ATP生成、作用部位及生理意义；磷酸戊糖途径的生理意义，NADPH的功能；肝糖原合成与分解的关键酶及其催化的反应；糖异生的概念，限速酶及其催化的反应和生理意义；血糖的来源和去路。

2. 熟悉 糖酵解、糖的有氧氧化的调节；磷酸戊糖途径的主要反应过程和调节；肝糖原合成、分解的调节；巴斯德效应、Warburg效应的概念；乳酸循环及其生理意义。

3. 了解 糖代谢的概况；肌糖原合成与分解的调节及糖原贮积症；糖醛酸途径和多元醇途径；高血糖与低血糖等糖代谢失常疾病。

第一节 糖的摄取与利用

一、糖消化后以单体形式吸收

糖类被消化成单糖后才能在小肠被吸收。葡萄糖被小肠黏膜细胞吸收，后经门静脉入肝，再经血液循环供身体各组织细胞摄取。

二、细胞摄取葡萄糖需要转运蛋白

葡萄糖吸收入血后，在体内代谢首先需要进入细胞，这是依赖一类葡糖转运蛋白（glucose transporter，GLUT）实现的。人体中已发现12种葡糖转运蛋白，在不同的组织细胞中起作用。

三、体内糖代谢涉及分解、储存和合成三方面

糖的分解、储存、合成代谢途径在多种激素的调控下相互协调、相互制约，使血中葡萄糖的来源与去路相对平衡，血糖水平趋于稳定。

第二节 糖的无氧氧化

一分子葡萄糖在细胞质中可裂解为两分子丙酮酸，此过程称为糖酵解（glycolysis），它是葡萄糖无氧氧化和有氧氧化的共同起始途径。在不能利用氧或者氧供应不足时，某些微生物和人体组织将糖酵解生成的丙酮酸进一步在细胞质中还原成乳酸，称为乳酸发酵（lactic acid fermentation）或糖的无氧氧化（anaerobic oxidation of glucose）。在某些植物、无脊椎动物和微生物中，糖酵解产生的丙酮酸可转变为乙醇和二氧化碳，称为乙醇发酵（ethanol fermentation）。氧供应充足时，丙酮酸主要进入线粒体中，彻底氧化为二氧化碳和水，即糖的有氧氧化（aerobic oxidation of glucose）。

一、糖的无氧氧化分为糖酵解和乳酸生成两个阶段

葡萄糖无氧氧化的全部反应在细胞质中进行，分为两个阶段：第一阶段是糖酵解，第二阶段为乳酸生成。

（一）葡萄糖经糖酵解分解为两分子丙酮酸

糖酵解由十步反应组成，主要涉及己糖发生磷酸化、己糖裂解为丙糖，丙糖转变为丙酮酸的反应过程。

（1）葡萄糖磷酸化生成葡萄糖-6-磷酸　葡萄糖进入细胞后发生磷酸化反应，生成葡萄糖-6-磷酸（glucose-6-phosphate，G-6-P）。该反应不可逆，是糖酵解的第一个限速步骤。磷酸化后的葡萄糖不能自由通过细胞膜而逸出细胞。催化此反应的是己糖激酶（hexokinase），它需要 Mg^{2+}，是糖酵解的第一个关键酶。

（2）葡萄糖-6-磷酸转变为果糖-6-磷酸　这是由磷酸己糖异构酶（phosphohexose isomerase）催化的醛糖与酮糖间的异构反应，葡萄糖-6-磷酸转变为果糖-6-磷酸（fructose-6-phosphate，F-6-P）是需要 Mg^{2+} 参与的可逆反应。

（3）果糖-6-磷酸转变为果糖-1,6-二磷酸。

（4）磷酸己糖裂解成2分子磷酸丙糖。

（5）磷酸二羟丙酮转变为3-磷酸甘油醛。

（6）3-磷酸甘油醛氧化为1,3-二磷酸甘油酸。

（7）1,3-二磷酸甘油酸转变成3-磷酸甘油酸　这是糖酵解过程中第一次产生ATP的反应，将底物的高能磷酸基团直接转移给ADP生成ATP。底物水平磷酸化（substrate-level phosphorylation）是指ADP或其他核苷二磷酸的磷酸化作用与高能化合物的高能键水解直接相偶联的产能方式。

（8）3-磷酸甘油酸转变为2-磷酸甘油酸。

（9）2-磷酸甘油酸脱水生成磷酸烯醇式丙酮酸。

（10）磷酸烯醇式丙酮酸经底物水平磷酸化生成ATP和丙酮酸。

（二）丙酮酸被还原为乳酸

$NADH+H^+$ 来自上述第6步反应中的3-磷酸甘油醛的脱氢反应。

二、糖酵解的流量调节取决于3个关键酶的活性

糖酵解关键酶的调节见表5-1。

表5-1　糖酵解关键酶的调节

关键酶	变构激活剂	变构抑制剂	激素调节
磷酸果糖激酶-1(最重要)	AMP、ADP、果糖-1,6-二磷酸、果糖-2,6-二磷酸(最强激活剂)	ATP、柠檬酸	受胰高血糖素抑制
丙酮酸激酶	果糖-1,6-二磷酸、丙氨酸(肝)	ATP	受胰高血糖素抑制
己糖激酶		葡萄糖-6-磷酸	
葡糖激酶(肝)		长链脂酰CoA	受胰岛素诱导合成

三、糖的无氧氧化为机体快速供能

（1）缺氧时迅速供能，对肌收缩更重要。净生成2分子ATP，无NADH净生成。

（2）为某些特殊类型的细胞供能。包括无线粒体的细胞，如成熟红细胞；增殖活跃的细胞，

如白细胞、骨髓细胞。

四、其他单糖可转变成糖酵解的中间产物

（1）果糖被磷酸化后进入糖酵解。

（2）半乳糖转变为葡萄糖-1-磷酸进入糖酵解。

（3）甘露糖转变为果糖-6-磷酸进入糖酵解。

第三节 糖的有氧氧化

糖的有氧氧化是指有氧时葡萄糖彻底分解成 CO_2 和 H_2O 并释放出大量 ATP 的反应过程。

一、糖的有氧氧化分三个阶段

（一）葡萄糖经糖酵解生成丙酮酸

同糖的无氧氧化的第一阶段。

（二）丙酮酸氧化脱羧生成乙酰 CoA（线粒体）

丙酮酸在线粒体经过 5 步反应氧化脱羧生成乙酰 CoA，反应由丙酮酸脱氢酶复合体催化。

（三）乙酰 CoA 进入三羧酸循环及氧化磷酸化（线粒体）

三羧酸循环的第一步是由乙酰 CoA 与草酰乙酸缩合生成 6 个碳原子的柠檬酸，然后柠檬酸经过一系列反应重新生成草酰乙酸，完成一轮循环。经过一轮循环，发生 2 次脱羧反应，释放 2 分子 CO_2；发生 1 次底物水平磷酸化，生成 1 分子 GTP（或 ATP）；有 4 次脱氢反应，氢的接受体分别为 NAD^+ 或 FAD，生成 3 分子 $NADH+H^+$ 和 1 分子 $FADH_2$，它们既是三羧酸循环中脱氢酶的辅因子，又是电子传递链的第一个环节。电子传递链由一系列氧化还原体系组成，它们的功能是将 H^+ 或电子依次传递至氧，生成水，在 H^+ 或电子沿电子传递链传递过程中逐步释放能量，同时伴有 ADP 磷酸化生成 ATP，即氧化与磷酸化反应是偶联在一起的。

二、三羧酸循环使乙酰 CoA 彻底氧化

由线粒体内的一系列酶促反应构成的循环反应体系，将乙酰 CoA 彻底氧化，亦称三羧酸循环（tricarboxylic acid cycle，TCA 循环）或 Krebs 循环。

（一）三羧酸循环由八步反应组成

（1）乙酰 CoA 与草酰乙酸缩合成柠檬酸。

（2）柠檬酸经顺乌头酸转变为异柠檬酸。

（3）异柠檬酸氧化脱羧转变为 α-酮戊二酸。

（4）α-酮戊二酸氧化脱羧生成琥珀酰 CoA。

（5）琥珀酰 CoA 合成酶催化底物水平磷酸化反应。

（6）琥珀酸脱氢生成延胡索酸。

（7）延胡索酸加水生成苹果酸。

（8）苹果酸脱氢生成草酰乙酸。

（二）三羧酸循环在三大营养物质代谢中占核心地位

1. 三大营养物质分解产能的共同通路 1 分子乙酰 CoA 经三羧酸循环及氧化磷酸化生成 10 分子 ATP。

2. 糖、脂肪、氨基酸代谢联系的枢纽 三大营养物质通过三羧酸循环在一定程度上相互转变。

三、糖的有氧氧化是糖分解供能的主要方式

葡萄糖有氧氧化生成的 ATP 见表 5-2。

表 5-2 葡萄糖有氧氧化生成的 ATP

反应	辅酶	最终获得 ATP
第一阶段(胞质)		
葡萄糖⟶葡萄糖-6-磷酸		−1
果糖-6-磷酸⟶果糖-1,6-二磷酸		−1
2×3-磷酸甘油醛⟶2×1,3-二磷酸甘油酸	2NADH	3 或 5
2×1,3-二磷酸甘油酸⟶2×3-磷酸甘油酸		2
2×磷酸烯醇式丙酮酸⟶2×丙酮酸		2
第二阶段(线粒体基质)		
2×丙酮酸⟶2×乙酰 CoA	2NADH	5
第三阶段(线粒体基质)		
2×异柠檬酸⟶2×α-酮戊二酸	2NADH	5
2×α-酮戊二酸⟶2×琥珀酰 CoA	2NADH	5
2×琥珀酰 CoA ⟶2×琥珀酸		2
2×琥珀酸⟶2×延胡索酸	$2FADH_2$	3
2×苹果酸⟶2×草酰乙酸	2NADH	5
由 1 分子葡萄糖总共获得		30 或 32

四、糖的有氧氧化主要受能量供需平衡调节

（一）丙酮酸氧化脱羧和三羧酸循环中关键酶的调节

丙酮酸氧化脱羧和三羧酸循环中关键酶的调节见表 5-3。

表 5-3 丙酮酸氧化脱羧和三羧酸循环中关键酶的调节

关键酶	变构激活剂	变构抑制剂	激素调节
丙酮酸脱氢酶复合体	AMP、NAD^+、CoA、Ca^{2+}	ATP、NADH、乙酰 CoA、脂肪酸	胰岛素激活
异柠檬酸脱氢酶	ADP、Ca^{2+}	ATP	
α-酮戊二酸脱氢酶复合体	Ca^{2+}	NADH、琥珀酰 CoA	
柠檬酸合酶	ADP	ATP、NADH、柠檬酸、琥珀酰 CoA	

（二）糖的有氧氧化受能量供需调节

糖的有氧氧化的调节见表 5-4。

表 5-4 糖的有氧氧化的调节

项目	关键酶	能量别构激活剂	能量别构抑制剂
	己糖激酶/葡糖激酶	—	—
糖酵解	磷酸果糖激酶-1	AMP、ADP	ATP
	丙酮酸激酶	—	ATP
丙酮酸氧化脱羧	丙酮酸脱氢酶复合体	AMP	ATP
	柠檬酸合酶	ADP	ATP
三羧酸循环	异柠檬酸脱氢酶	ADP	ATP
	α-酮戊二酸脱氢酶复合体	—	—

续表

项目	关键酶	能量别构激活剂	能量别构抑制剂
糖酵解	己糖激酶/葡糖激酶	—	—

五、糖氧化产能方式的选择有组织偏好

1. 巴斯德效应 巴斯德效应（Pasteur effect）是指肌组织中，糖的有氧氧化抑制无氧氧化。

2. Warburg 效应 Warburg 效应（Warburg effect）是指增殖活跃的细胞中，有氧时糖的无氧氧化增强。

第四节 磷酸戊糖途径

从葡萄糖-6-磷酸形成旁路，通过氧化、基团转移生成果糖-6-磷酸和 3-磷酸甘油醛，从而返回糖酵解，发生于胞质，主要意义是提供 NADPH 和磷酸核糖。

一、磷酸戊糖途径分两个阶段

包括氧化反应（六碳糖转变为五碳糖）和基团转移反应（3 个五碳糖返回糖酵解）两个阶段。

（1）氧化阶段生成 NADPH 和磷酸核糖。

（2）基团转移阶段生成磷酸己糖和磷酸丙糖。

二、磷酸戊糖途径主要受 NADPH/NADP$^+$ 比值的调节

NADPH/NADP$^+$ 比值降低时，葡萄糖-6-磷酸脱氢酶被激活。

三、磷酸戊糖途径是 NADPH 和磷酸核糖的主要来源

（1）提供磷酸核糖参与核酸的生物合成。

（2）提供 NADPH 作为供氢体参与多种代谢反应 ①为脂类合成等供氢；②参与体内羟化反应；③维持谷胱甘肽的还原状态。

第五节 糖原的合成与分解

糖原（glycogen）是指葡萄糖多聚体，是动物体内糖的储存形式，是可迅速动用的能量储备。糖原主要储存于骨骼肌，包括肝糖原和肌糖原。

一、糖原合成

糖原合成（glycogenesis）是指由葡萄糖生成糖原的过程，主要发生在肝和骨骼肌。糖原合成时，葡萄糖先活化，再连接形成直链和支链。

（一）葡萄糖活化为尿苷二磷酸葡萄糖

尿苷二磷酸葡萄糖（UDPG）可看作“活性葡萄糖”，在体内充当葡萄糖供体。

（二）糖原合成的起始需要引物

糖原蛋白是一种蛋白酪氨酸-葡萄糖基转移酶，可对自身进行糖基化修饰，将 UDPG 分子的葡萄糖基连接到自身的酪氨酸残基上。糖原蛋白继续催化糖链初步延伸，由第一个结合到糖原蛋白上的葡萄糖分子接受下一个 UDPG 的葡萄糖基，形成第一个 α-1,4-糖苷键。这样的延伸反应持续进行，直至形成与糖原蛋白相连接的八糖单位，即成为糖原合成的初始引物。

（三）UDPG中的葡萄糖基连接形成直链和支链

在糖原引物基础上的糖链进一步延伸则由糖原合酶所催化。在糖原合酶的作用下，UDPG中的葡萄糖基转移到糖原引物的非还原末端，形成α-1,4-糖苷键，此反应不可逆。糖原合酶是关键酶，它只能使糖链不断延长，但不能形成分支。当糖链长度达到至少是11个葡萄糖基时，分支酶从该糖链的非还原末端将6～7个葡萄糖基转移到邻近的糖链上，以α-1,6-糖苷键相接，从而形成分支。

（四）糖原合成是耗能过程

糖原分子每延长1个葡萄糖基，需消耗2个ATP。

二、糖原分解

糖原分解（glycogenolysis）是糖原分解为葡萄糖-1-磷酸而被机体利用的过程。

（1）糖原磷酸化酶分解α-1,4-糖苷键释出葡萄糖-1-磷酸。

（2）脱支酶分解α-1,6-糖苷键释出游离葡萄糖。

（3）肝利用葡萄糖-6-磷酸生成葡萄糖而肌不能　肝内存在葡萄糖-6-磷酸酶，可将葡萄糖-6-磷酸水解成葡萄糖释放入血。而肌组织中缺乏此酶，葡萄糖-6-磷酸只能进行酵解，故肌糖原不能分解成葡萄糖，只能为肌收缩提供能量。

三、糖原合成与分解的调节彼此相反

（一）磷酸化修饰对两个关键酶进行反向调节

糖原磷酸化酶和糖原合酶的活性均受磷酸化和去磷酸化的可逆调节，磷酸化的糖原磷酸化酶是活性形式，去磷酸化的糖原合酶是活性形式。在同样经磷酸化修饰后，糖原磷酸化酶被激活而糖原合酶被抑制，此时只有糖原分解活跃，避免了分解与合成同时进行而造成无效循环。

（二）激素反向调节糖原的合成与分解

（1）肝糖原分解主要受胰高血糖素调节。

（2）肌糖原分解主要受肾上腺素调节。

（3）肝糖原和肌糖原的合成主要受胰岛素调节　饱食时胰岛素分泌，促进肝糖原和肌糖原合成。激活磷蛋白磷酸酶-1，催化广泛的去磷酸反应，使糖原合酶去磷酸化而活化，使糖原磷酸化酶b激酶、糖原磷酸化酶去磷酸化而失活。

（三）肝糖原和肌糖原的分解受不同的别构剂调节

（1）肝糖原和肌糖原的合成受相同的别构剂调节。

（2）肝糖原和肌糖原的分解受不同的别构剂调节　肝糖原磷酸化酶主要受葡萄糖的别构抑制；肌糖原分解主要受能量和Ca^{2+}的别构调节。

四、糖原贮积症

糖原贮积症（glycogen storage diseases）是一类遗传性代谢病，病人的某些组织器官中出现大量糖原堆积的现象，其病因是先天性缺乏糖原代谢的相关酶类。

第六节　糖异生

糖异生（gluconeogenesis）是指在肝、肾细胞的胞质及线粒体，由非糖化合物（乳酸、甘油、生糖氨基酸等）转变为葡萄糖或糖原的过程。

一、糖异生不完全是糖酵解的逆反应

糖异生与糖酵解的大多数反应可逆，糖酵解的 3 个关键酶催化的反应不可逆，糖异生需由另外的酶催化。

（一）丙酮酸经丙酮酸羧化支路生成磷酸烯醇式丙酮酸

1. 丙酮酸羧化支路包括两步反应 分别由两个关键酶丙酮酸羧化酶和磷酸烯醇式丙酮酸羧激酶催化。

2. 将草酰乙酸运出线粒体有两种方式 即经苹果酸转运和经天冬氨酸转运。

（二）果糖-1,6-二磷酸水解为果糖-6-磷酸

由果糖二磷酸酶-1 催化。

（三）葡萄糖-6-磷酸水解为葡萄糖

由葡萄糖-6-磷酸酶催化。

二、糖异生和糖酵解主要调节两个底物循环

底物循环（substrate cycle）是指由不同的酶催化底物和产物的互变反应。

（一）第一个底物循环调节

果糖-6-磷酸与果糖-1,6-二磷酸的互变。

（二）第二个底物循环调节

磷酸烯醇式丙酮酸与丙酮酸的互变。

三、糖异生的主要生理意义是维持血糖恒定

（一）维持血糖恒定是肝糖异生最重要的生理作用

肝内糖异生的主要原料为乳酸、生糖氨基酸和甘油。饥饿时，糖异生的主要原料是蛋白质的分解产物生糖氨基酸和脂肪的分解产物甘油。剧烈运动时，糖异生的主要原料是肌糖原分解生成的乳酸。

（二）糖异生是补充或恢复肝糖原储备的重要途径

进食后，大部分葡萄糖先在肝外细胞中分解为乳酸或丙酮酸等三碳化合物，再进入肝细胞异生为糖原，这条途径称为三碳途径。

（三）肾糖异生增强有利于维持酸碱平衡

长期饥饿时，体液 pH 降低，促进肾小管中磷酸烯醇式丙酮酸羧激酶的合成，导致 α-酮戊二酸因异生成糖而减少，从而促进谷氨酰胺两次脱氨，调节 pH。

四、乳酸循环

肌收缩通过糖的无氧氧化生成乳酸，乳酸通过细胞膜弥散进入血液后入肝，在肝内异生为葡萄糖，葡萄糖释入血液后又可被肌摄取，由此构成了一个循环，称为乳酸循环（cori cycle）。

第七节 葡萄糖的其他代谢途径

一、糖醛酸途径生成葡糖醛酸

糖醛酸途径（glucuronate pathway）是指以葡糖醛酸为中间产物的葡萄糖代谢途径，在糖代谢中所占比例很小。糖醛酸途径的主要生理意义是生成活化的葡糖醛酸-UDPGA。

二、多元醇途径生成少量多元醇

葡萄糖代谢还可以生成多元醇，如山梨醇、木糖醇等，称为多元醇途径（polyol pathway）。这些代谢过程仅局限于某些组织，在葡萄糖代谢中所占比例极小。

第八节 血糖及其调节

血糖（blood sugar，blood glucose）指血中的葡萄糖。

一、血糖水平保持恒定

血糖水平相当恒定，始终维持在 3.9～6.0mmol/L，这是由于血糖的来源与去路保持动态平衡所致。血糖的来源主要有：①外源性食物的消化吸收；②肝糖原的分解；③糖异生。其去路有：①经血液到各组织氧化供能；②糖原储存；③进入其他糖代谢途径，如磷酸戊糖途径等；④转变为脂肪、氨基酸等其他物质。

二、血糖稳态主要受激素调节

（一）胰岛素是降低血糖的主要激素

胰岛素（insulin）由胰腺 B 细胞分泌，是体内具有降糖作用的主要激素。血糖升高时胰岛素分泌增多，胰岛素促进糖原、脂肪、蛋白质合成。

（二）体内有多种升高血糖的激素

（1）胰高血糖素是升高血糖的主要激素　血糖降低或血中氨基酸升高时，胰高血糖素分泌增多，可促进肝糖原分解和糖异生，促进脂类供能。

（2）糖皮质激素可升高血糖。

（3）肾上腺素是强有力的升高血糖的激素。

三、糖代谢障碍导致血糖水平异常

（一）低血糖（hypoglycemia）指血糖浓度低于 2.8mmol/L

血糖过低影响脑功能，出现头晕、心悸等，严重时昏迷。

（二）高血糖（hyperglycemia）指空腹血糖高于 7mmol/L

（三）糖尿病是最常见的糖代谢紊乱疾病

糖尿病（diabetes mellitus）的特征是持续性高血糖和糖尿。

同步练习

一、单项选择题

1. 糖类最主要的生理功能是（　　）。

A. 提供能量　　B. 细胞膜组分　　C. 软骨的基质
D. 信息传递作用　　E. 免疫作用

2. 人体内糖酵解途径的终产物是（　　）。

A. CO_2 和 H_2O　　B. 丙酮酸　　C. 丙酮
D. 乳酸　　E. 草酰乙酸

3. 糖酵解过程中，（　　）提供～P 使 ADP 生成 ATP。

A. 果糖-1,6-二磷酸　B. 3-磷酸甘油醛　C. 2,3-二磷酸甘油酸
D. 磷酸烯醇式丙酮酸　E. 2-磷酸甘油酸

4. 关于磷酸果糖激酶-1的变构激活剂，下列（　）是错误的。
A. 果糖-1,6-二磷酸　B. 果糖-2,6-二磷酸　C. AMP
D. ADP　E. 柠檬酸

5. 1分子葡萄糖经酵解生成乳酸时净生成ATP的分子数为（　）。
A. 1　B. 2　C. 3
D. 4　E. 5

6. 成熟红细胞仅靠糖酵解供给能量是因为（　）。
A. 无氧　B. 无TPP　C. 无CoA
D. 无线粒体　E. 无微粒体

7. 下列哪一种不是丙酮酸脱氢酶复合体的辅酶？（　）
A. TPP　B. FAD　C. NAD^+
D. 硫辛酸　E. 生物素

8. 1分子丙酮酸在线粒体内氧化成CO_2和H_2O时生成（　）分子ATP。
A. 2　B. 4　C. 7
D. 10　E. 12.5

9. 三羧酸循环中草酰乙酸的补充主要来自（　）。
A. 丙酮酸羧化后产生　B. C、O直接化合产生　C. 乙酰CoA缩合后产生
D. 苹果酸加氢产生　E. 脂肪酸转氨基后产生

10. 三羧酸循环中底物水平磷酸化产生的高能化合物是（　）。
A. GTP　B. ATP　C. TTP
D. UTP　E. CTP

11. 巴斯德效应是（　）。
A. 有氧氧化抑制糖无氧氧化　B. 糖酵解抑制有氧氧化
C. 糖酵解抑制糖异生　D. 有氧氧化与糖酵解无关
E. 有氧氧化与耗氧量成正比

12. 三羧酸循环主要在细胞的（　）进行。
A. 胞液　B. 细胞核　C. 微粒体
D. 线粒体　E. 高尔基体

13. 磷酸戊糖途径主要是（　）。
A. 生成NADPH供合成代谢需要　B. 葡萄糖氧化供能的途径
C. 饥饿时此途径增强　D. 体内CO_2生成的主要来源
E. 生成的NADPH可直接进电子传递链生成ATP

14. 由于红细胞中的还原型谷胱甘肽不足而易引起贫血是缺乏（　）。
A. 葡糖激酶　B. 葡萄糖-6-磷酸酶　C. 葡萄糖-6-磷酸脱氢酶
D. 磷酸果糖激酶　E. 果糖二磷酸酶

15. 有关葡萄糖吸收机制的叙述中，（　）是正确的。
A. 消耗能量的主动吸收　B. 简单的扩散吸收
C. 小肠黏膜细胞的胞饮作用　D. 逆浓度梯度的被动吸收
E. 由小肠黏膜细胞刷状缘上的非特异性载体转运

二、名词解释

1. 糖的无氧氧化
2. 三羧酸循环
3. 乳酸循环
4. 磷酸戊糖途径
5. 糖异生

三、填空题

1. 葡萄糖在体内主要的分解代谢途径有________、________和________。
2. 肝糖原酵解的关键酶分别是________、________和丙酮酸激酶。
3. 磷酸果糖激酶-1最强的变构激活剂是________，是由磷酸果糖激酶-2催化生成的，该酶是一双功能酶，同时具有________和________两种活性。
4. 1分子葡萄糖经糖酵解生成________分子ATP，净生成________分子ATP，其主要的生理意义在于________。
5. 三羧酸循环是由________与________缩合成柠檬酸开始，每循环一次有________次脱氢、________次脱羧和________次底物水平磷酸化，共生成________分子ATP。
6. 在三羧酸循环中催化氧化脱羧的酶分别是________和________。
7. 糖原合成与分解的关键酶分别是__________和__________。在糖原分解代谢时肝主要受__________的调控，而肌肉主要受________的调控。

四、问答题

1. 血糖的来源与去路有哪些？为什么说肝脏是维持血糖浓度恒定的重要器官？
2. 简要说明草酰乙酸在糖代谢中的重要作用。
3. 三羧酸循环有何特点？为什么说三羧酸循环是糖、脂肪及蛋白质在体内彻底氧化的共同途径和相互联系的枢纽？
4. 机体通过哪些因素调节糖的氧化途径与糖异生途径？
5. 应用在糖代谢中所学的知识，讨论丙酮酸的代谢途径。

参考答案

一、单项选择题

1. A。糖是人体所需的一类重要的营养物质，其主要的生理功能是为生命活动提供能源和碳源，故选A。

2. B。一分子葡萄糖在细胞质中裂解为两分子丙酮酸，此过程称为糖酵解，故选B。

3. D。糖酵解中有两次底物水平磷酸化，分别将1,3-二磷酸甘油酸和磷酸烯醇式丙酮酸的高能磷酸键转移到ADP上生成ATP，故选D。

4. E。磷酸果糖激酶-1的变构激活剂有AMP、ADP、果糖-1,6-二磷酸、果糖-2,6-二磷酸。故选E。

5. B。1分子葡萄糖通过糖酵解生成2分子乳酸，消耗2分子ATP，生成4分子ATP，净生成2分子ATP，故选B。

6. D。糖的有氧氧化过程是在胞液和线粒体中完成的，红细胞没有线粒体，故选D。

7. E。丙酮酸脱氢酶复合体的辅助因子包括五种：焦磷酸硫胺素（TTP）、硫辛酸、FAD、NAD^+和CoA，故选E。

8. E。1分子丙酮酸在线粒体内有氧氧化，通过氧化脱羧生成乙酰CoA和1分子NADH+ H^+。乙酰CoA进入三羧酸循环，生成3分子NADH+ H^+，1分子$FADH_2$，1分子GTP，故选E。

9. A。三羧酸循环中草酰乙酸主要来自丙酮酸羧化生成，故选A。

10. A。三羧酸循环中唯一一次底物水平磷酸化产生的高能化合物是GTP，故选A。

11. A。有氧条件下，糖的有氧氧化活跃，无氧氧化受到抑制，这一现象称为巴斯德效应，故选A。

12. D。三羧酸循环在细胞的线粒体进行，故选D。

13. A。磷酸戊糖途径是NADPH和磷酸核糖的主要来源，而NAPDH作为供氢体参与多种代谢反应，故选A。

14. C。还原型谷胱甘肽不足是缺乏NADPH，而NADPH是由磷酸戊糖途径生成的，磷酸戊糖途径的关键酶是葡萄糖-6-磷酸脱氢酶，故选C。

15. A。糖类被消化成单糖后在小肠被吸收，小肠黏膜细胞依赖特定载体摄入葡萄糖，是一个耗能的主动转运过程，故选A。

二、名词解释

1. 糖的无氧氧化：葡萄糖或糖原在无氧或氧供应不足的情况下分解生成乳酸的过程。

2. 三羧酸循环：由乙酰CoA与草酰乙酸缩合成柠檬酸开始，经反复脱氢、脱羧再生成草酰乙酸的循环反应过程称为三羧酸循环（TCA循环或称Krebs循环）。

3. 乳酸循环：葡萄糖在肌肉内合成肌糖原。肌糖原分解产生大量乳酸，通过血液循环运送到肝脏，经糖异生作用转变为葡萄糖以补充血糖。该葡萄糖经血液循环又可被送到肌肉合成肌糖原。

4. 磷酸戊糖途径：磷酸戊糖途径指机体某些组织以葡萄糖-6-磷酸为起始物在葡萄糖-6-磷酸脱氢酶的催化下形成6-磷酸葡萄糖酸进而代谢生成磷酸戊糖和$NADPH+H^+$的过程。

5. 糖异生：由非糖物质（乳酸、甘油、生糖氨基酸和丙酮酸等）在肝内生成葡萄糖的过程称为糖异生。

三、填空题

1. 糖酵解　有氧氧化　磷酸戊糖途径

2. 己糖激酶　磷酸果糖激酶-1

3. 果糖-2,6-二磷酸　磷酸果糖激酶-2　果糖二磷酸酶-2

4. 4　2　迅速提供能量

5. 草酰乙酸　乙酰CoA　4　2　1　10

6. 异柠檬酸脱氢酶　α-酮戊二酸脱氢酶复合体

7. 糖原合酶　磷酸化酶　胰高血糖素　肾上腺素

四、问答题

1. 答：血糖的来源：①外源性食物的消化吸收；②肝糖原的分解；③糖异生。血糖的去路：①氧化供能；②糖原储存；③进入其他糖代谢途径，如磷酸戊糖途径等；④转变为脂肪、氨基酸等其他物质。

肝脏是维持血糖浓度恒定的主要器官：①调节肝糖原的合成与分解；②饥饿时是糖异生的重要器官。

2. 答：①草酰乙酸是三羧酸循环中的起始物，糖氧化产生的乙酰CoA必须首先与草酰乙酸缩合生成柠檬酸，经TCA循环和呼吸链才能彻底氧化生成CO_2和H_2O。②草酰乙酸可以作为糖异生的原料，沿着糖异生途径异生为糖。③它是丙酮酸、乳酸以及其他生糖氨基酸异生为糖时的中间产物，这些都是必须转变成草酰乙酸后再异生为糖。总之，草酰乙酸在葡萄糖的氧化分解以及非糖物质转变为葡萄糖代谢中起着十分重要的作用。

3. 答：三羧酸循环的特点是：①循环中CO_2的生成方式是两次脱羧反应；②循环中多个反应是可逆的，但由于柠檬酸合酶、异柠檬酸脱氢酶和α-酮戊二酸脱氢酶复合体催化的反应不可逆，故循环只能单方向进行；③循环中4次脱氢，脱下的4对氢原子，其中3对以NAD^+为受氢体，1对以FAD为受氢体；④循环中各中间产物不断地被补充和消耗，使循环处于动态平衡中；⑤释放大量能量用于合成ATP。

三羧酸循环的起始物乙酰CoA不仅由糖的氧化分解产生，也由甘油、脂肪酸和氨基酸氧化分解产生，因此，该循环实际上是糖、脂肪及蛋白质在体内彻底氧化的最终共同途径。糖和甘油代谢生成的α-酮戊二酸及草酰乙酸等中间产物可转变成某些氨基酸；而许多氨基酸分解的产物又是循环的中间产物，可经糖异生变成糖或甘油；可见三羧酸循环是三大营养素相互联系的枢纽。

4. 答：糖的氧化途径与糖异生具有协调作用，一条代谢途径活跃时，另一条代途径必须减弱，这样才能有效地进行糖氧化或糖异生。这种调节作用依赖于别构效应物对两条途径中的关键酶的相反作用以及激素的调节。

（1）别构效应物的作用　①ATP及柠檬酸抑制磷酸果糖激酶-1，而激活果糖二磷酸酶-1。②ATP抑制丙酮酸激酶，激活丙酮酸羧化酶。③果糖-2,6-二磷酸激活磷酸果糖激酶-1，抑制果糖二磷酸酶-1。④乙酰CoA抑制丙酮酸脱氢酶复合体，激活丙酮酸羧化酶。⑤AMP抑制果糖二磷酸酶-1，激活磷酸果糖激酶-1。

（2）激素调节　主要取决于胰岛素和胰高血糖素。胰岛素能增强参与糖氧化的酶活性，如己糖激酶、磷酸果糖激酶-1、丙酮酸激酶以及丙酮酸脱氢酶等；同时抑制糖异生限速酶的活性。胰高血糖素则能抑制果糖-2,6-二磷酸的生成，后者是磷酸果糖激酶-1的别构激活剂，而且对果糖-1,6-二磷酸酶有抑制作用。

5. 答：葡萄糖氧化可产生丙酮酸，丙酮酸具有多条代谢途径：①在氧供应不足时，丙酮酸在乳酸脱氢酶的催化下，接受NADH的氢原子还原成乳酸。②在氧供应充足时，丙酮酸进入线粒体，在丙酮酸脱氢酶复合体的催化下，氧化脱羧转变成乙酰CoA，再进入三羧酸循环，彻底氧化生成CO_2和H_2O以及大量ATP。③丙酮酸在丙酮酸羧化酶的催化下，生成草酰乙酸，后者经磷酸烯醇式丙酮酸羧激酶催化，转变成磷酸烯醇式丙酮酸，再异生成糖。④丙酮酸羧化生成草酰乙酸，后者与乙酰CoA结合生成柠檬酸，即促进乙酰CoA进入三羧酸循环彻底氧化。

决定丙酮酸代谢方向的是各代谢途径中的关键酶的活性，这些酶受到别构调节剂与激素的调节。

（周娟）

第六章 生物氧化

学习目标

1. 掌握 生物氧化的概念及生理意义；呼吸链的概念；线粒体的两条呼吸链——NADH氧化呼吸链和琥珀酸氧化呼吸链的组成成分和排列顺序；氧化磷酸化的概念及氧化磷酸化的偶联部位；细胞质中NADH氧化的两种转运机制：α-磷酸甘油穿梭及苹果酸-天冬氨酸穿梭。

2. 熟悉 影响氧化磷酸化的因素；高能磷酸化合物的概念；ATP的利用。

3. 了解 化学渗透假说；ATP合酶的结构及ATP合成的机制；ROS的产生；微粒体细胞色素P450和超氧化物歧化酶等机体其他氧化体系。

内容精讲

物质在生物体内进行氧化分解的过程称为生物氧化（biological oxidation）。生物氧化需要酶催化，而且是分阶段、逐步完成的。在线粒体内的生物氧化需要消耗氧，产物是 CO_2 和 H_2O，并伴随着能量的产生，主要用于生成ATP。而在微粒体、内质网等发生的氧化反应主要是对物质进行氧化修饰、转化等，无ATP的生成。

第一节 线粒体氧化体系与呼吸链

线粒体氧化体系的主要功能是为机体提供能量，包括热能和ATP等。在线粒体内，糖、脂肪、蛋白质等营养物质被彻底氧化分解成 CO_2 和 H_2O，其过程需要在一系列酶的催化下逐步进行。

一、线粒体氧化体系含多种传递氢和电子的组分

线粒体内生物氧化过程需要多种具有传递氢和电子的组分参与氧化还原反应。其中传递氢的物质称之为递氢体，传递电子的物质称之为递电子体。呼吸链组分中比较重要的递氢体以及递电子体，主要分为五大类。

第一类是烟酰胺腺嘌呤二核苷酸（NAD^+），即辅酶Ⅰ，是维生素PP在体内的活性形式之一。氧化型 NAD^+ 中烟酰胺环可接受2个氢中的1个氢离子和2个电子，游离出一个氢离子。此过程产生还原型 NAD^+，写成 $NADH+H^+$，简写为NADH。因此，NAD^+ 是机体的递氢体和递电子体。

第二类是黄素核苷酸衍生物。有黄素单核苷酸（FMN）和黄素腺嘌呤二核苷酸（FAD）。维生素 B_2 也称核黄素，FMN和FAD是维生素 B_2 在体内的活性形式，它们可以通过维生素 B_2 的异咯嗪环结构进行可逆的加氢和脱氢反应。异咯嗪环接受1个氢离子和1个电子形成不稳定的中间体，再接受1个氢离子和1个电子转变成 $FMNH_2$ 和 $FADH_2$。因此，FMN和FAD是机体的递氢体和递电子体。机体内一类含有FMN或FAD辅基的蛋白质，称之为黄素蛋白。

第三类是泛醌。泛醌是脂溶性醌类化合物，因在生物界广泛存在而得名。泛醌也称辅酶Q

(CoQ，Q)，能在线粒体内膜自由移动。氧化型泛醌接受1个氢离子和1个电子还原成半醌型，再接受1个氢离子和1个电子则还原为二氢泛醌（QH_2）。因此，泛醌是机体的递氢体和递电子体。

第四类是铁硫蛋白。铁硫蛋白因其含有铁硫中心而得名。铁硫中心是铁元素与无机硫原子及铁硫蛋白中半胱氨酸残基中的巯基连接而成的。铁硫中心通过 Fe^{2+} 与 Fe^{3+} 之间电子得失的可逆反应进行电子传递。因此，铁硫蛋白仅仅是机体的递电子体。

第五类是细胞色素蛋白。细胞色素蛋白是一类含有血红素样辅基的蛋白质，简称细胞色素(Cyt)。血红素样辅基通过铁卟啉环结构中 Fe^{2+} 与 Fe^{3+} 的可逆转变进行电子传递。因此，细胞色素蛋白仅仅是机体的递电子体。细胞色素因其吸收光谱吸收峰的差异分为Cyt a、Cyt b、Cyt c及其亚类。其中，Cyt b所含的血红素b与血红蛋白中血红素的结构相同。

以上五类具有传递电子或氢的物质，其中烟酰胺腺嘌呤二核苷酸（NAD^+）、黄素核苷酸衍生物［有两种：黄素单核苷酸（FMN）和黄素腺嘌呤二核苷酸（FAD）］，以及泛醌Q，这三类既是递电子体又是递氢体；而铁硫蛋白和细胞色素蛋白这两类蛋白是单电子传递体。

二、具有传递电子能力的蛋白质复合体组成呼吸链

线粒体是真核细胞生成ATP的主要场所。代谢物脱下的成对氢原子（2H）通过多种酶和辅酶所催化的连锁反应逐步传递，最终与氧结合生成水，同时释放能量用于生成ATP。催化此连续反应的是一系列具有电子传递功能的酶复合体，按一定顺序排列在线粒体内膜中，形成一个传递电子/氢的体系，可通过连续的氧化还原反应将电子最终传递给氧生成水，并释放能量，故称为电子传递链（electron transfer chain）。此体系需要消耗氧，与需氧细胞的呼吸过程有关，也称为呼吸链（respiratory chain）。呼吸链主要包括4种具有传递电子功能的酶复合体：复合体Ⅰ、Ⅱ、Ⅲ和Ⅳ。

（一）复合体Ⅰ：NADH-泛醌还原酶

大部分代谢物脱下的2H由 NAD^+ 接受形成 $NADH+H^+$。复合体Ⅰ将 $NADH+H^+$ 中的2H传递给泛醌，是呼吸链的主要入口。泛醌可在线粒体内膜中自由移动，在各复合体间募集并穿梭传递氢。人复合体Ⅰ中含有以黄素单核苷酸（FMN）为辅基的黄素蛋白和以铁硫中心（Fe-S）为辅基的铁硫蛋白。黄素蛋白和铁硫蛋白均具有催化功能。复合体Ⅰ传递电子的过程：NADH→FMN→Fe-S→CoQ。复合体Ⅰ还具有质子泵功能，将 $2e^-$ 从NADH传递给CoQ的过程中，能将4个 H^+ 从线粒体的基质侧泵到膜间隙侧。

（二）复合体Ⅱ：琥珀酸-泛醌还原酶

复合体Ⅱ其实就是三羧酸循环中的琥珀酸脱氢酶，是将电子从琥珀酸传递给泛醌，是呼吸链的第二个入口。人复合体Ⅱ中含有以黄素腺嘌呤二核苷酸（FAD）为辅基的黄素蛋白和铁硫蛋白。复合体Ⅱ传递电子的过程：琥珀酸→FAD→Fe-S→CoQ。复合体Ⅱ不具有质子泵功能。

（三）复合体Ⅲ：泛醌-细胞色素c还原酶

复合体Ⅲ将电子从泛醌传递给Cyt c。人复合体Ⅲ由Cyt b（b_{562}，b_{566}）、Cyt c_1 和铁硫蛋白组成二聚体。复合体Ⅲ传递电子的过程：QH_2→Cyt b→Fe-S→Cyt c_1→Cyt c。复合体Ⅲ具有质子泵功能，每传递 $2e^-$ 向膜间隙泵出4个 H^+。

Cyt c是呼吸链中唯一的水溶性球状蛋白，与线粒体内膜外表面疏松结合，极易与线粒体内膜分离，故不包含在上述复合体中。

（四）复合体Ⅳ：细胞色素c氧化酶

复合体Ⅳ将电子从Cyt c传递给氧。人复合体Ⅳ包含13条多肽链，其中1条多肽链含有Cu-

Cu，称之为 CuA；另一条多肽链结合两个铁卟啉辅基，由于其氧化还原电位不同，分别称之为 Cyt a和 Cyt a_3，此外，还含有一个 Cu，由于其氧化还原电位与 CuA 不同，称之为 CuB。铜原子可进行 $Cu^+ = Cu^{2+} + e^-$ 反应传递电子。Cyt a 从 CuA 获得电子后依次将电子交给 Cyt a_3 和 CuB。Cyt a_3 和 CuB 形成活性部位，使 O_2 还原成 H_2O。复合体Ⅳ传递电子的过程：Cyt c→CuA→Cyt a→Cyt a_3→CuB→O_2。复合体Ⅳ也具有质子泵功能，每传递 $2e^-$ 向膜间隙泵出 2 个 H^+。

三、NADH 和 $FADH_2$ 是呼吸链的电子供体

呼吸链由 NADH 和 $FADH_2$ 提供氢，通过 4 个蛋白质复合体、CoQ，以及介于复合体Ⅲ与复合体Ⅳ之间的 Cyt c 共同完成电子的传递。NADH 和 $FADH_2$ 是呼吸链的电子供体。4 个复合体与 CoQ 和 Cyt c 组成了两条呼吸链。

（一）NADH 氧化呼吸链

生物氧化中大多数脱氢酶如乳酸脱氢酶、苹果酸脱氢酶都是以 NAD^+ 为辅酶的。NAD^+ 接受氢生成 NADH＋H^+，然后通过 NADH 呼吸链再被氧化成 NAD^+。

NADH＋H^+ 脱下的 2H 经复合体Ⅰ（FMN，Fe-S）传给 CoQ，再经复合体Ⅲ（Cyt b，Fe-S，Cyt c_1）传至 Cyt c，然后传至复合体Ⅳ（Cyt a，Cyt a_3），最后将 $2e^-$ 交给 O_2。

NADH 呼吸链的电子传递顺序是：

NADH→复合体Ⅰ→CoQ→复合体Ⅲ→ Cyt c→复合体Ⅳ→O_2

（二）琥珀酸氧化呼吸链

琥珀酸氧化呼吸链也称 $FADH_2$ 呼吸链。琥珀酸在琥珀酸脱氢酶的催化下脱下的 2H 经复合体Ⅱ（FAD，Fe-S）使 CoQ 形成 QH_2，再往下的传递与 NADH 呼吸链相同。α-磷酸甘油脱氢酶及脂酰 CoA 脱氢酶催化代谢物脱下的氢也由 FAD 接受，通过此呼吸链被氧化，故归属于琥珀酸氧化呼吸链。琥珀酸氧化呼吸链的电子传递顺序是：

琥珀酸→复合体Ⅱ→CoQ→复合体Ⅲ→ Cyt c→复合体Ⅳ→O_2

呼吸链组分的排列顺序是由下列实验确定的：①根据呼吸链各组分的标准氧化还原电位由低到高的顺序排列（电位低容易失去电子）；②在体外将呼吸链拆开和重组，鉴定 4 种复合体的组成与排列；③利用呼吸链特异的抑制剂阻断某一组分的电子传递，在阻断部位以前的组分处于还原状态，后面的组分处于氧化状态，由于呼吸链每个组分的氧化和还原状态的吸收光谱不相同，故可根据吸收光谱的改变进行检测；④利用呼吸链各组分特有的吸收光谱，以离体线粒体无氧时处于还原状态作为对照，缓慢给氧，观察各组分被氧化的顺序。

第二节　氧化磷酸化与 ATP 的生成

在机体能量代谢中，ATP 是体内主要供能的高能化合物。直接将代谢物分子中的能量转移至 ADP（或 GDP），生成 ATP（或 GTP）的方式，称为底物水平磷酸化。而细胞内 ATP 形成的主要方式是氧化磷酸化，即在呼吸链电子传递过程中偶联 ADP 磷酸化，生成 ATP。

一、氧化磷酸化偶联部位在复合体Ⅰ、Ⅲ和Ⅳ

根据下述实验方法及数据可以大致确定氧化磷酸化的偶联部位，即能够生成 ATP 的部位。

（一）P/O 比值

$2e^-$ 通过呼吸链传递给氧生成 H_2O，其释放的能量使 ADP 磷酸化合成 ATP，此过程消耗氧和磷酸。P/O 比值是指氧化磷酸化过程中，每消耗 1mol 氧原子所需磷酸的摩尔数，即生成 ATP

的摩尔数。测定氧和磷酸的消耗量，即可计算出P/O比值。

实验证明，丙酮酸等脱氢产生NADH+H^+，通过NADH呼吸链，P/O比值接近2.5，即该呼吸链传递2H可生成2.5分子ATP。琥珀酸氧化时，测得P/O比值接近1.5，即生成1.5分子ATP，因此表明在NADH与CoQ之间（复合体Ⅰ）存在偶联部位。此外，测得抗坏血酸氧化时P/O比值接近1，还原型Cyt c氧化时P/O比值也接近1，即两者均生成1分子ATP；此两者的不同在于，抗坏血酸通过Cyt c进入呼吸链被氧化，而还原型Cyt c则经Cyt aa_3被氧化，表明在Cyt aa_3到氧之间（复合体Ⅳ）也存在偶联部位。从β-羟丁酸、琥珀酸和还原型Cyt c氧化时P/O比值的比较表明，在CoQ与Cyt c之间（复合体Ⅲ）存在另一偶联部位。因此，NADH呼吸链存在三个偶联部位，琥珀酸氧化呼吸链存在两个偶联部位。

（二）自由能变化

从NAD^+到CoQ段测得的电位差约0.36V，从CoQ到Cyt c的电位差为0.19V，从Cyt aa_3到O_2为0.58V，分别对应复合体Ⅰ、Ⅲ和Ⅳ的电子传递。自由能变化（ΔG）与电位变化（ΔE）之间有以下关系：

$$\Delta G = -nF\Delta E$$

式中，ΔG为pH7.0时的标准自由能变化；n为传递电子数；F为法拉第常数［96.5kJ/(mol·V)］。计算结果，它们相应的ΔG分别约为69.5kJ/mol、36.7kJ/mol、112kJ/mol，而生成1mol ATP需能约30.5kJ，可见以上三处均足以提供生成ATP所需的能量。

二、氧化磷酸化偶联机制是产生跨线粒体内膜的质子梯度

化学渗透假说是20世纪60年代初由Peter Mitchell提出的，阐明了氧化磷酸化的偶联机制。其基本要点是电子经呼吸链传递时，可将质子（H^+）从线粒体内膜的基质侧泵到内膜外侧，产生膜内外质子电化学梯度（H^+浓度梯度和跨膜电位差），以此储存能量。当质子顺浓度梯度回流时驱动ADP与Pi生成ATP。

实验结果证实，复合体Ⅰ、Ⅲ、Ⅳ均具有质子泵的作用。每传递$2e^-$，它们分别向线粒体内膜胞质侧泵出$4H^+$、$2H^+$和$4H^+$。

三、质子顺浓度梯度回流释放能量用于合成ATP

跨线粒体内膜的质子梯度驱动质子顺浓度梯度回流至基质，储存的能量驱动ATP合酶催化ADP与Pi生成ATP。位于线粒体内膜的基质侧的ATP合酶，即复合体Ⅴ。

ATP合酶主要由F_0（疏水部分，寡霉素敏感）和F_1（亲水部分）组成。F_1主要由$\alpha_3\beta_3\gamma\delta\varepsilon$亚基组成，其功能是催化生成ATP，催化部位在β亚基中，但β亚基必须与α亚基结合才有活性。F_0由a、b_2、$c_{9\sim12}$亚基组成。镶嵌在线粒体内膜中的c亚基形成环状结构，a亚基位于环外侧。F_0与F_1之间，其中心部位由γε亚基相连，外侧由b_2和δ亚基相连。F_1中的$\alpha_3\beta_3$亚基间隔排列形成六聚体，部分γ亚基插入六聚体中央。由于3个β亚基与γ亚基插入部分的不同部位相互作用，使每个β亚基形成不同的构象。

当H^+顺浓度梯度经F_0中a亚基和c亚基之间回流时，γ亚基发生旋转，3个β亚基的构象发生改变。紧密结合型（T）β亚基变成开放型（O），释放ATP；ADP和Pi与疏松型（L）β亚基相结合；与紧密型β亚基结合的ADP和Pi生成ATP。因此，ATP在紧密结合型β亚基中生成，在开放型中被释放。

ATP合酶转子循环一周生成3分子ATP。实验表明，合成1分子ATP需$4H^+$，其中$3H^+$通过ATP合酶回流入基质，另1个H^+用于转运ADP、Pi和ATP。每分子NADH经呼吸链传递泵出$10H^+$，生成约2.5分子ATP；而$FADH_2$呼吸链每传递$2e^-$泵出$6H^+$，生成1.5分

子 ATP。

四、ATP 在能量代谢中起核心作用

一些高能化合物含的磷酸酯键水解时释放的能量较多（大于 25kJ/mol），一般称之为高能磷酸键，常用“～P”符号表示。含有高能磷酸键的化合物称之为高能磷酸化合物。在体内所有高能磷酸化合物中，以 ATP 末端的磷酸键最为重要。此外，体内还存在磷酸烯醇式丙酮酸等其他高能化合物。

（一）ATP 是能量捕获和释放利用的重要分子

生物氧化过程中释放的能量大约有 40%用于生成 ATP。ATP 是体内最重要的高能磷酸化合物，是细胞可直接利用的能量形式。通过 ATP 的水解释放大量自由能，当与需要供能的反应偶联时，能促进这些反应在生理条件下完成。

（二）ATP 是能量转移和核苷酸互相转变的核心

腺苷酸激酶可催化 ATP、ADP 及 AMP 间互变。当体内 ATP 消耗过多（例如肌肉剧烈收缩）时，ADP 累积，在腺苷酸激酶的催化下由 ADP 转变成 ATP 被利用。此反应是可逆的，当 ATP 需要量降低时，AMP 从 ATP 中获得～P 生成 ADP。

为糖原、磷脂、蛋白质合成时提供能量的 UTP、CTP、GTP 一般不能从物质氧化过程中直接生成，只能在核苷二磷酸激酶的催化下，从 ATP 中获得～P。

（三）ATP 通过转移自身基团提供能量

ATP 水解时释放能量并产生 Pi 和 PPi，很多酶促反应由 ATP 通过共价键与底物或蛋白质等相连，将 ATP 的 Pi、PPi 或者 AMP 基团转移而形成中间产物，使其获得更多的自由能，经过转变后再水解生成终产物。ATP 通过这种方式参与酶促反应。

（四）磷酸肌酸也是储存能量的高能化合物

ATP 还可将～P 转移给肌酸生成磷酸肌酸（CP），作为肌肉和脑组织中能量的一种储存形式。当机体消耗 ATP 过多而致 ADP 增多时，磷酸肌酸将～P 转移给 ADP，生成 ATP，供生理活动之用。所以，生物体内能量的储存和利用都以 ATP 为中心。

第三节　氧化磷酸化的影响因素

一、体内能量状态调节氧化磷酸化速率

正常机体氧化磷酸化的速率主要受 ADP 的调节。当机体利用 ATP 增多，ADP 浓度增高，转运进入线粒体后使氧化磷酸化速率加快；反之，ADP 不足，使氧化磷酸化速率减慢。这种调节作用可使 ATP 的生成速率适应生理需要。

细胞内 ADP 的浓度以及 ATP/ADP 的比值能够迅速感应机体能量状态的变化。ATP 和 ADP 的相对浓度也同时调节糖酵解、三羧酸循环途径。

二、抑制剂阻断氧化磷酸化过程

（一）呼吸链抑制剂阻断电子传递过程

此类抑制剂能阻断呼吸链中某些部位的电子传递。例如鱼藤酮、粉蝶霉素 A 及异戊巴比妥等与复合体Ⅰ中的铁硫蛋白结合，从而阻断电子传递。萎锈灵是复合体Ⅱ的抑制剂。抗霉素 A 抑制复合体Ⅲ中 Cyt b 与 Cyt c_1 间的电子传递。CO、CN^- 及 N_3^- 抑制细胞色素 c 氧化酶，使电子

不能传给氧。此类抑制剂可使细胞内呼吸停止，与此相关的细胞生命活动停止，引起机体迅速死亡。

（二）解偶联剂阻断 ADP 的磷酸化过程

解偶联剂使氧化与磷酸化偶联过程脱离。其基本作用机制是使呼吸链传递电子过程中泵出的 H^+ 不经 ATP 合酶的 F_0 质子通道回流，而通过线粒体内膜中其他途径返回线粒体基质，从而破坏了内膜两侧的电化学梯度，无法驱动 ATP 的生成，电化学梯度储存的能量以热能形式释放。

二硝基苯酚（DNP）为脂溶性物质，在线粒体内膜中可自由移动，进入基质侧释出 H^+，返回胞液侧结合 H^+，从而破坏了 H^+ 的电化学梯度。

机体也存在内源性解偶联剂。人（尤其是新生儿）、哺乳类等动物中存在含有大量线粒体的棕色脂肪组织，该组织线粒体内膜中存在解偶联蛋白 1（UCP1），在线粒体内膜上形成质子通道，H^+ 可经此通道返回线粒体基质中，同时释放热能。因此，棕色脂肪组织是产热御寒组织。新生儿硬肿症是因为缺乏棕色脂肪组织，不能维持正常体温而使皮下脂肪凝固所致。

（三）ATP 合酶抑制剂同时抑制电子传递和 ATP 的生成

这类抑制剂对电子传递及 ADP 磷酸化均有抑制作用。例如，寡霉素可阻止质子从 F_0 质子通道回流，抑制 ATP 生成。此时由于线粒体内膜两侧电化学梯度增高影响呼吸链组分的质子泵功能，继而抑制电子传递。

三、甲状腺激素促进氧化磷酸化和产热

甲状腺激素促进细胞膜上 Na^+、K^+-ATP 酶的生成，使 ATP 加速分解为 ADP 和 Pi，ADP 增多促进氧化磷酸化。甲状腺激素（T_3）还可使解偶联蛋白基因表达增加，因而引起耗氧和产热均增加。因此，甲状腺功能亢进症患者的基础代谢率增高。

四、线粒体 DNA 突变影响氧化磷酸化功能

线粒体 DNA（mtDNA）呈裸露的环状双螺旋结构，缺乏蛋白质保护和损伤修复系统，容易受到损伤而发生突变，其突变率是核 DNA 突变率的 10～20 倍。线粒体 DNA 含呼吸链氧化磷酸化复合体中 13 条多肽链的基因，线粒体蛋白质合成时所需的 22 个 tRNA 的基因以及 2 个 rRNA 的基因。因此，线粒体 DNA 突变可影响氧化磷酸化的功能，使 ATP 生成减少而致病。线粒体 DNA 病出现的症状取决于线粒体 DNA 突变的严重程度和各器官对 ATP 的需求，耗能较多的组织器官首先出现功能障碍，常见的有盲、聋、痴呆、肌无力、糖尿病等。因每个卵细胞中有几十万个线粒体 DNA 分子，每个精子中只有几百个线粒体 DNA 分子，受精时，卵细胞对子代线粒体 DNA 的贡献较大，因此该病以母系遗传居多。随着年龄的增长，线粒体 DNA 突变日趋严重，因此，大多数线粒体 DNA 病的症状到老年时才显现。老年人心脏和骨骼肌中常可发现线粒体 DNA 链中核苷酸的缺失。

五、线粒体内膜选择性协调转运氧化磷酸化相关代谢物

（一）细胞质中 NADH 通过穿梭机制进入线粒体呼吸链

线粒体内生成的 NADH 可直接参加氧化磷酸化过程，但在胞质中生成的 NADH 不能自由透过线粒体内膜，故线粒体外 NADH 所携带的氢必须通过某种转运机制才能进入线粒体，然后再经呼吸链进行氧化磷酸化过程。这种转运机制有 α-磷酸甘油穿梭和苹果酸-天冬氨酸穿梭。

1. α-磷酸甘油穿梭 α-磷酸甘油穿梭主要存在于脑和骨骼肌中。线粒体外的 NADH 在胞质中磷酸甘油脱氢酶的催化下，使磷酸二羟丙酮还原成 α-磷酸甘油，后者通过线粒体外膜，再在位于线粒体内膜近胞质侧的磷酸甘油脱氢酶的催化下氧化生成磷酸二羟丙酮和 $FADH_2$。磷酸二

羟丙酮可穿出线粒体外膜至胞质，继续进行穿梭，而 $FADH_2$ 则进入琥珀酸氧化呼吸链，生成 1.5 分子 ATP。因此，在这些组织糖酵解过程中，3-磷酸甘油醛脱氢产生的 $NADH+H^+$ 可通过 α-磷酸甘油穿梭进入线粒体，故 1 分子葡萄糖彻底氧化可生成 30 分子 ATP。

2. 苹果酸-天冬氨酸穿梭　苹果酸-天冬氨酸穿梭主要存在于肝、肾和心肌中。胞质中的 NADH 在苹果酸脱氢酶的作用下，使草酰乙酸还原成苹果酸，后者通过线粒体内膜上的 α-酮戊二酸载体进入线粒体，又在线粒体内苹果酸脱氢酶的作用下重新生成草酰乙酸和 NADH。NADH 进入 NADH 呼吸链，生成 2.5 分子 ATP。线粒体内生成的草酰乙酸经天冬氨酸氨基转移酶的作用生成天冬氨酸，后者经酸性氨基酸载体转运出线粒体再转变成草酰乙酸，继续进行穿梭。因此，在这些组织糖酵解过程中，3-磷酸甘油醛脱氢产生的 $NADH+H^+$ 可通过苹果酸-天冬氨酸穿梭进入线粒体中，故 1 分子葡萄糖彻底氧化可生成 32 分子 ATP。

（二）腺苷酸转运蛋白

呼吸链产生的质子电化学梯度主要用于驱动 ATP 的生成，同时也驱动内膜上的跨膜蛋白转运氧化磷酸化的相关组分。线粒体内膜富含腺苷酸转运蛋白，也称 ATP-ADP 转位酶。它由 2 个亚基组成二聚体，形成跨膜蛋白通道，将膜间隙的 ADP^{3-} 转运到线粒体基质中，同时从基质转运出 ATP^{4-}，使 ADP^{3-} 进入和 ATP^{4-} 移出紧密偶联，维持线粒体内外腺苷酸水平基本平衡。同时，跨膜质子梯度的能量也驱动膜间隙侧的 H^+ 和 $H_2PO_4^-$ 经磷酸盐转运蛋白同向转运到线粒体基质中。

心肌、骨骼肌等耗能多的组织中线粒体膜间隙存在一种肌酸激酶同工酶，它催化经 ATP-ADP 转位酶运到膜间隙中 ATP 与肌酸之间的～P 转移，生成的磷酸肌酸经线粒体外膜中的孔蛋白进入细胞质，由相应的肌酸激酶同工酶催化，将～P 转移给 ADP 生成 ATP。因此，线粒体内膜的选择性协调转运，对于氧化磷酸化的正常运转至关重要。

第四节　其他氧化与抗氧化体系

除了线粒体氧化体系外，微粒体、内质网等也存在其他的氧化体系，主要参与物质的生物氧化。另外，线粒体呼吸链的电子传递过程，单电子也有机会“漏出”直接传递给氧生成活性氧组分，而不是经呼吸链传递给氧生成水。

一、微粒体细胞色素 P450 单加氧酶催化底物分子羟基化

细胞色素 P450 单加氧酶催化氧分子中的一个氧原子加到底物分子上（羟化），另一个氧原子被 $NADPH+H^+$ 还原成水，故又称混合功能氧化酶或羟化酶。

$$RH+NADPH+H^++O_2 \longrightarrow ROH+NADP^++H_2O$$

此酶在肝和肾上腺的微粒体中含量最多，是反应最复杂的酶。此酶含细胞色素 P450（Cyt P450），通过血红素中 Fe 离子进行单电子传递。Cyt P450 在生物中广泛分布。人 Cyt P450 有几百种同工酶，对被羟化的底物各有其特异性。

NADPH 首先将电子交给该酶中的黄素蛋白。黄素蛋白再将电子递给以 Fe-S 为辅基的铁氧还蛋白。与底物结合的氧化型 Cyt P450 接受铁氧还蛋白的 1 个 e^- 后，与 O_2 结合形成 $RH \cdot P450 \cdot Fe^{3+} \cdot O_2^-$，再接受铁氧还蛋白的第 2 个 e^-，使氧活化（O_2^{2-}）。此时 1 个氧原子使底物（RH）羟化（R—OH），另 1 个氧原子与来自 NADPH 的质子结合生成 H_2O。

二、线粒体呼吸链也可产生活性氧

呼吸链电子传递过程中可产生超氧离子（O_2^-），体内其他物质（如黄嘌呤）氧化时也可产生

O_2^-。O_2^- 可进一步生成 H_2O_2 和羟自由基（·OH），统称为反应活性氧类（ROS）。其化学性质活泼，氧化性远远大于 O_2。

线粒体呼吸链是产生 ROS 的主要部位。此外，细胞质中的黄嘌呤氧化酶、微粒体中的细胞色素 P450 单加氧酶等催化的反应，也可产生 O_2^-。另外，细菌感染、组织缺氧等病理过程，电离辐射、吸烟等外源因素也可导致细胞产生大量 ROS。

ROS 释放到线粒体基质、膜间隙和细胞质等部位，对细胞的功能产生广泛的影响。少量 ROS 促进细胞增殖，但大量 ROS 会损伤细胞功能，甚至会导致细胞死亡。

三、抗氧化酶体系有清除反应活性氧的功能

体内存在的各种抗氧化酶、小分子抗氧化剂等，形成了重要的对抗 ROS 的防御体系。

广泛分布的超氧化物歧化酶（SOD）可催化 2 分子 O_2^- 分别生成 O_2 和 H_2O_2。SOD 是人体防御内外环境中超氧离子损伤的重要酶。哺乳动物细胞有 3 种 SOD 同工酶，包括细胞质中的 Cu/Zn-SOD 和线粒体中的 Mn-SOD 等。

生成的 H_2O_2 可被过氧化氢酶分解成 O_2 和 H_2O。过氧化氢酶的催化活性强，主要存在于过氧化物酶体、细胞质和微粒体中。H_2O_2 有一定的生理作用，如可氧化杀死入侵的细菌等。

体内还存在一种含硒的谷胱甘肽过氧化物酶，可使 H_2O_2 或过氧化物（ROOH）与还原型谷胱甘肽（GSH）反应，生成氧化型谷胱甘肽，再由 NADPH 供氢使氧化型谷胱甘肽重新被还原。此类酶具有保护生物膜及血红蛋白免遭损伤的作用。

体内其他小分子如维生素 C、维生素 E、β-胡萝卜素等，它们与体内的抗氧化酶共同组成人体抗氧化体系。

同步练习

一、单项选择题

1. 甲状腺功能亢进症病人，甲状腺素分泌增高，不会出现（　　）。
   A. ATP 合成增多　B. ATP 分解加快　C. 耗氧量增多
   D. 呼吸加快　E. 氧化磷酸化反应受抑制
2. 含有烟酰胺的物质是（　　）。
   A. FMN　B. FAD　C. 泛醌
   D. NAD^+　E. CoA
3. 呼吸链存在于（　　）。
   A. 细胞膜　B. 线粒体外膜　C. 线粒体内膜
   D. 微粒体　E. 过氧化物酶体
4. 呼吸链中可被一氧化碳抑制的成分是（　　）。
   A. FAD　B. FMN　C. 铁硫蛋白
   D. 复合体Ⅳ　E. 细胞色素 c
5. ATP 生成的主要方式是（　　）。
   A. 肌酸磷酸化　B. 氧化磷酸化　C. 糖的磷酸化
   D. 底物水平磷酸化　E. 有机酸脱羧
6. 呼吸链中不具有质子泵功能的是（　　）。
   A. 复合体Ⅰ　B. 复合体Ⅱ　C. 复合体Ⅲ

D. 复合体Ⅳ　　E. 以上均不具有质子泵功能

7. 心肌细胞液中的 NADH 进入线粒体主要通过（　　）。

A. α-磷酸甘油穿梭　　B. 肉碱穿梭　　C. 苹果酸-天冬氨酸穿梭

D. 丙氨酸-葡萄糖循环　　E. 柠檬酸-丙酮酸循环

8. 关于高能磷酸键叙述正确的是（　　）。

A. 实际上并不存在键能特别高的高能键

B. 所有高能键都是高能磷酸键

C. 高能磷酸键只存在于 ATP

D. 高能磷酸键仅在呼吸链中偶联产生

E. 有 ATP 参与的反应都是不可逆的

9. 下列（　　）参与构成呼吸链。

A. 维生素 A　　B. 维生素 B_1　　C. 维生素 B_2

D. 维生素 C　　E. 维生素 D

10. 下列（　　）不抑制呼吸链的电子传递。

A. 异戊巴比妥　　B. 粉蝶霉素 A　　C. 氰化物

D. 寡霉素　　E. 二硝基苯酚

二、名词解释

1. 氧化磷酸化
2. P/O 比值
3. 电子传递链

三、填空题

1. 琥珀酸氧化呼吸链的组成成分有________、________、________、________、________。
2. 胞液中的 $NADH+H^+$ 通过________和________两种穿梭机制进入线粒体，并可进入氧化呼吸链或________氧化呼吸链，可分别产生________分子 ATP 或________分子 ATP。
3. ATP 生成的主要方式有________和________。
4. 呼吸链中未参与形成复合体的两种游离成分是________和________。
5. 线粒体外 NADH 的转运靠________穿梭作用和________穿梭作用。

四、问答题

1. 试比较生物氧化与体外物质氧化的异同。
2. 试计算 NADH 氧化呼吸链和琥珀酸氧化呼吸链的能量利用率。

参考答案

一、单项选择题

1. E。甲状腺素促进 Na^+、K^+-ATP 酶的表达，使 ATP 加速分解为 ADP 和 Pi，ADP 浓度增加而促进氧化磷酸化，故选 E。

2. D。烟酰胺腺嘌呤二核苷酸即 NAD^+ 含有烟酰胺环结构，故选 D。

3. C。呼吸链主要由位于线粒体内膜上的 4 种蛋白质复合体组成，故选 C。

4. D。一氧化碳能够结合复合体Ⅳ中的还原型 Cyt a_3，阻断电子传递给 O_2，故选 D。

5. B。人体 90% 的 ATP 是由线粒体中氧化磷酸化产生的，故选 B。

6. B。呼吸链 4 种蛋白质复合体具有质子泵功能的是复合体Ⅰ、Ⅲ和Ⅳ，故选 B。

7. C。肝、肾及心肌细胞主要采用苹果酸-天冬氨酸穿梭机制将细胞质中的 NADH 转运到线粒体呼吸链，故选 C。

8. A。所谓高能磷酸化合物是指那些水解时有较大自由能释放（大于 25kJ/mol）的磷酸化合物，将这些水解时释放能量较多的磷酸酯键称为高能磷酸键。实际上高能磷酸键水解时释放的能量是整个高能磷酸化合物整个分子释放的能量，并非这些化学键的键能特别高。生物体内的高能化合物包括含有高能磷酸键的高能磷酸化合物和含有辅酶 A 的高能硫酯化合物，故选 A。

9. C。呼吸链中 FMN、FAD 发挥传递氢和电子的作用，它们是维生素 B_2 与核苷酸形成的有机物，故选 C。

10. E。二硝基苯酚为脂溶性物质，是氧化磷酸化的解偶联剂，故选 E。

二、名词解释

1. 氧化磷酸化：由代谢物脱氢，通过呼吸链传递给氧，生成水。同时逐步释放能量，使 ADP 磷酸化生成 ATP 的过程，即氧化反应和磷酸化反应相偶联的过程。

2. P/O 比值：是指氧化磷酸化过程中每消耗 1mol 氧原子所需消耗的磷酸的摩尔数。

3. 电子传递链：生物氧化依赖线粒体膜上的一系列酶催化，这些酶作为递氢体或递电子体，按一定顺序排列在线粒体内膜上，组成的递氢体和递电子体体系。

三、填空题

1. 复合体Ⅱ　泛醌　复合体Ⅲ　细胞色素 c　复合体Ⅳ

2. α-磷酸甘油穿梭　苹果酸-天冬氨酸穿梭　琥珀酸　1.5　2.5

3. 氧化磷酸化　底物水平磷酸化

4. 泛醌　细胞色素 c

5. α-磷酸甘油　苹果酸-天冬氨酸

四、问答题

1. 答：生物氧化与体外氧化的相同点：物质在体内外氧化时所消耗的氧量、最终产物和释放的能量是相同的。生物氧化与体外氧化的不同点：生物氧化是在细胞内温和的环境中，在一系列酶的催化下逐步进行的，能量逐步释放并伴有 ATP 的生成，将部分能量储存于 ATP 中，可通过加水脱氢反应间接获得氧并增加脱氢机会，CO_2 是通过有机酸的脱羧产生的。生物氧化有加氧、脱氢、失电子三种方式。体外氧化常是较剧烈的过程，其产生的 CO_2 和 H_2O 是由物质的碳和氢直接与氧结合生成的，能量是突然释放的。

2. 答：NADH 氧化呼吸链：$NAD^+/NADH+H^+$ 的标准氧化还原电位是－0.32V，$1/2\ O_2/H_2O$ 的标准氧化还原电位是 0.82V，根据自由能变化与电位变化的关系：$\Delta G=-nF\Delta E$，1mol 氢对经 NADH 呼吸链传递与氧结合为 1mol 水，其释放的自由能为 220.02kJ，NADH 呼吸链有三个氧化磷酸化偶联部位，可产生 2.5mol ATP，每摩尔 ATP 生成需 30.5kJ，能量利用率＝3×30.5/220.02×100%＝42%。

琥珀酸氧化呼吸链：计算过程与以上相似，其能量利用率＝36%。

（叶桂林）

第七章　脂质代谢

学习目标

1. 掌握　脂肪动员的概念和限速酶；脂肪酸的β-氧化，脂肪酸氧化过程中能量的计算；酮体的概念，酮体的生成和利用的部位，酮体生成的生理意义；脂肪酸的合成：原料、部位和限速酶；甘油磷脂的组成、分类；胆固醇的合成：部位、合成原料和限速酶，胆固醇的转化产物；血脂的概念；血浆脂蛋白用电泳法和超速离心法分类的种类、主要组成成分和功能。

2. 熟悉　三酰甘油的合成代谢：部位、合成原料和合成过程；酮体生成的调节；脂肪酸合酶复合体的特点；激素对脂肪酸合成的调节；甘油磷脂的合成途径；甘油磷脂的降解；胆固醇合成的主要步骤和调节。

3. 了解　脂质的概念、分类和生理功能；脂质的消化和吸收；脂肪酸的其他氧化方式；脂肪酸碳链的加长和不饱和脂肪酸的合成过程；熟悉血浆脂蛋白代谢异常：高脂血症。

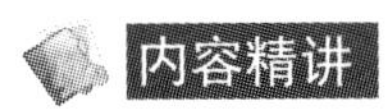

内容精讲

第一节　脂质的构成、功能及分析

一、脂质是种类繁多、结构复杂的一类大分子物质

脂质是脂肪和类脂的总称。脂肪也称甘油三酯（TAG）或称三酰甘油，类脂包括胆固醇及其酯、磷脂和糖脂等。

二、脂质具有多种复杂的生物学功能

（一）三酰甘油是机体重要的能源物质

三酰甘油是机体重要的供能和储能物质。1g 三酰甘油彻底氧化可产生 38kJ 能量，1g 蛋白质或 1g 碳水化合物只产生 17kJ 能量。

（二）脂肪酸具有多种重要的生理功能

（1）脂肪酸是脂肪、胆固醇酯和磷脂的重要组成成分　人体自身不能合成、必须由食物提供的脂肪酸称为必需脂肪酸。人体缺乏 Δ^9 及以上去饱和酶，不能合成亚油酸（18:2，$\Delta^{9,12}$）、α-亚麻酸（18:3，$\Delta^{9,12,15}$），必须从含有 Δ^9 及以上去饱和酶的植物食物中获得，为必需脂肪酸。花生四烯酸（20:4，$\Delta^{5,8,11,14}$）虽然能在人体以亚油酸为原料合成，但消耗必需脂肪酸，一般也归为必需脂肪酸。

（2）合成不饱和脂肪酸衍生物　如前列腺素、血栓烷、白三烯。

（三）磷脂是重要的结构成分和信号分子

（1）磷脂是构成生物膜的重要成分。

（2）磷脂酰肌醇是第二信使的前体。

（四）胆固醇是生物膜的重要成分和具有重要生物学功能的固醇类物质的前体

（1）胆固醇是细胞膜的基本结构成分。

（2）胆固醇可转化为一些具有重要生物学功能的固醇化合物。

三、脂质组分的复杂性决定了脂质分析技术的复杂性

脂质是不溶于水的大分子有机化合物，加之组成多样、结构复杂，很难用常规方法分析，需先处理，然后再选择不同的分析方法进行分析。

第二节　脂质的消化与吸收

脂质不溶于水，不能与消化酶充分接触。胆汁酸盐有较强的乳化作用，能降低脂-水相间的界面张力，将脂质乳化成细小微团，使脂质消化酶吸附在乳化微团的脂-水界面，极大地增加消化酶与脂质的接触面积，促进脂质消化。含胆汁酸盐的胆汁、含脂质消化酶的胰液分泌后进入十二指肠，所以小肠上段是脂质消化的主要场所。

吸收的脂质经再合成进入血液循环。脂质消化吸收在维持机体脂质平衡中具有重要作用。

第三节　三酰甘油代谢

一、三酰甘油氧化分解产生大量 ATP

（一）三酰甘油分解代谢从脂肪动员开始

脂肪动员指储存在白色脂肪细胞内的脂肪在脂肪酶的作用下逐步水解，释放游离脂肪酸和甘油，供其他组织细胞氧化利用的过程。

（二）甘油转变为 3-磷酸甘油后被利用

甘油可直接经血液运输至肝、肾、肠等组织利用。在甘油激酶的作用下，甘油转变为 3-磷酸甘油；然后脱氢生成磷酸二羟丙酮，循糖代谢途径分解，或转变为葡萄糖。肝的甘油激酶的活性最高，脂肪动员产生的甘油主要被肝摄取利用，而脂肪细胞及骨骼肌因甘油激酶的活性很低，对甘油的摄取利用有限。

（三）β-氧化是脂肪酸分解的核心过程

除脑外，机体大多数组织均能氧化脂肪酸，以肝、心肌、骨骼肌的能力最强。在 O_2 供应充足时，脂肪酸可经脂肪酸活化、脂酰 CoA 转移至线粒体、β-氧化生成乙酰 CoA 及乙酰 CoA 进入三羧酸循环彻底氧化 4 个阶段，释放大量 ATP。

1. 脂肪酸活化为脂酰 CoA　脂肪酸被氧化前必须先活化，由内质网、线粒体外膜上的脂酰 CoA 合成酶催化生成脂酰 CoA，需 ATP、CoA-SH 及 Mg^{2+} 参与。

脂酰 CoA 含高能硫酯键，不仅可提高反应活性，还可增加脂肪酸的水溶性，因而提高脂肪酸的代谢活性。活化反应生成的焦磷酸（PPi）立即被细胞内的焦磷酸酶水解，可阻止逆向反应的进行，故活化 1 分子脂肪酸实际上消耗 2 个高能磷酸键。

2. 脂酰 CoA 进入线粒体　催化脂肪酸氧化的酶系存在于线粒体基质，活化的脂酰 CoA 必须进入线粒体才能被氧化。长链脂酰 CoA 不能直接透过线粒体内膜，需要肉碱协助转运。存在于线粒体外膜的肉碱脂酰转移酶Ⅰ催化长链脂酰 CoA 与肉碱合成脂酰肉碱，后者在线粒体内膜上肉碱-脂酰肉碱转位酶的作用下，通过内膜进入线粒体基质，同时将等分子肉碱转运出线粒体。

进入线粒体的脂酰肉碱，在线粒体内膜内侧肉碱脂酰转移酶Ⅱ的作用下，转变为脂酰 CoA 并释出肉碱。

脂酰 CoA 进入线粒体是脂肪酸 β-氧化的限速步骤，肉碱脂酰转移酶Ⅰ是脂肪酸 β-氧化的关键。

3. 脂酰 CoA 分解产生乙酰 CoA、$FADH_2$和 NADH　线粒体基质中存在由多个酶结合在一起形成的脂肪酸 β-氧化酶系，在该酶系多个酶的顺序催化下，从脂酰基 *β*-碳原子开始，进行脱氢、加水、再脱氢及硫解四步反应，完成一次 β-氧化，经过上述四步反应，脂酰 CoA 的碳链被缩短 2 个碳原子。脱氧、加水、再脱氢及硫解反复进行，最终完成脂肪酸 β-氧化。生成的 $FADH_2$、NADH 经呼吸链氧化，与 ADP 磷酸化偶联，产生 ATP。生成的乙酰 CoA 主要在线粒体通过三羧酸循环彻底氧化；在肝脏内部分乙酰 CoA 转变成酮体，通过血液运送至肝外组织氧化利用。

4. 脂肪酸氧化是机体 ATP 的重要来源　脂肪酸彻底氧化生成大量 ATP。以软脂酸为例，1 分子软脂酸彻底氧化需进行 7 次 β-氧化，生成 7 分子 $FADH_2$、7 分子 NADH 及 8 分子乙酰 CoA。在 pH7.0、25℃的标准条件下氧化磷酸化，每分子 $FADH_2$产生 1.5 分子 ATP，每分子 NADH 产生 2.5 分子 ATP；每分子乙酰 CoA 经三羧酸循环彻底氧化产生 10 分子 ATP。因此，1 分子软脂酸彻底氧化共生成 $7\times1.5+7\times2.5+8\times10=108$ 分子 ATP。因为脂肪酸活化消耗 2 个高能磷酸键，相当于 2 分子 ATP，所以 1 分子软脂酸彻底氧化净生成 106 分子 ATP。

（四）不同的脂肪酸还有不同的氧化方式

（1）不饱和脂肪酸 β-氧化需转变构型。

（2）超长碳链脂肪酸需先在过氧化酶体氧化成较短碳链脂肪酸。

（3）丙酰 CoA 转变为琥珀酰 CoA 进行氧化。

（4）脂肪酸氧化还可从远侧甲基端进行。

（五）脂肪酸在肝分解可产生酮体

脂肪酸在肝内 β-氧化产生的大量乙酰 CoA，部分被转变成酮体，向肝外输出。酮体包括乙酰乙酸（30%）、*β*-羟丁酸（70%）和丙酮（微量）。

1. 酮体在肝生成　酮体生成以脂肪酸 β-氧化生成的乙酰 CoA 为原料，在肝线粒体由酮体合成酶系催化完成。

2. 酮体在肝外组织氧化利用　肝组织有活性较强的酮体合成酶系，但缺乏利用酮体的酶系。肝外许多组织具有活性很强的能利用酮体的酶，能将酮体重新裂解成乙酰 CoA，通过三羧酸循环彻底氧化。所以肝内生成的酮体，需经血液运输至肝外组织氧化利用。因此，肝内生酮肝外用。

在肾、心和脑线粒体等肝外组织有利用酮体的酶：乙酰乙酸硫激酶、乙酰乙酰 CoA 硫解酶、琥珀酰 CoA 转硫酶，可以将酮体转变成乙酰 CoA。乙酰 CoA 被氧化。正常情况下，丙酮的生成量很少，可经肺呼出。

3. 酮体是肝向肝外组织输出能量的重要形式　酮体分子小，溶于水，能在血液中运输，还能通过血-脑屏障、肌组织的毛细血管壁，很容易被运输到肝外组织利用。心肌和肾皮质利用酮体的能力大于利用葡萄糖的能力。脑组织虽然不能氧化分解脂肪酸，却能有效利用酮体。当葡萄糖供应充足时，脑组织优先利用葡萄糖氧化供能；但在葡萄糖供应不足或利用障碍时，酮体是脑组织的主要能源物质。

正常情况下，血中仅含少量酮体，为 0.03～0.5mmol/L（0.3～5mg/d）。在饥饿或糖尿病时，由于脂肪动员加强，酮体生成增加。严重糖尿病病人血中酮体含量可高出正常人数十倍，导致酮症酸中毒。血酮体超过肾阈值，便可随尿排出，引起酮尿。此时，血丙酮含量也大大增加，通过呼吸道排出，产生特殊的“烂苹果气味”。

4. 酮体生成受多种因素调节 饱食时酮体生成减少，饥饿时酮体生成增加。

二、不同来源的脂肪酸在不同器官以不同的途径合成三酰甘油

（一）肝、脂肪组织及小肠是三酰甘油合成的主要场所

三酰甘油合成在细胞质中完成，以肝的合成能力最强。但肝细胞不能储存三酰甘油，需与载脂蛋白 B_{100}、C 等载脂蛋白及磷脂、胆固醇组装成极低密度脂蛋白（VLDL），分泌入血，运输至肝外组织。营养不良、中毒，以及必需脂肪酸、胆碱或蛋白质缺乏等可引起肝细胞 VLDL 生成障碍，导致三酰甘油在肝细胞蓄积，发生脂肪肝。脂肪细胞可大量储存三酰甘油，是机体储存三酰甘油的“脂库”。

（二）甘油和脂肪酸是合成三酰甘油的基本原料

机体能分解葡萄糖产生 3-磷酸甘油，也能利用葡萄糖分解代谢中间产物乙酰 CoA 合成脂肪酸，人和动物即使完全不摄取，亦可由糖转化合成大量的三酰甘油。小肠黏膜细胞主要利用摄取的三酰甘油消化产物重新合成三酰甘油，当其以乳糜微粒形式运送至脂肪组织、肝等组织/器官后，脂肪酸亦可作为这些组织细胞合成三酰甘油的原料。脂肪组织还可水解极低密度脂蛋白中的三酰甘油，释放脂肪酸用于合成三酰甘油。

（三）三酰甘油合成有一酰甘油和二酰甘油两条途径

1. 脂肪酸活化成脂酰 CoA 脂肪酸作为三酰甘油合成的基本原料，必须活化成脂酰 CoA 才能参与三酰甘油合成。

2. 小肠黏膜细胞以一酰甘油途径合成三酰甘油 由脂酰 CoA 转移酶催化、ATP 供能，将脂酰 CoA 的脂酰基转移至 2-一酰甘油羟基上合成三酰甘油。

3. 肝和脂肪组织细胞以二酰甘油途径合成三酰甘油 以葡萄糖酵解途径生成的 3-磷酸甘油为起始物，先合成 1,2-二酰甘油，最后通过酯化二酰甘油羟基生成三酰甘油。合成三酰甘油的三分子脂肪酸可为同一种脂肪酸，也可是 3 种不同的脂肪酸。肝、肾等组织含有甘油激酶，可催化游离甘油磷酸化生成 3-磷酸甘油，供三酰甘油合成。脂肪细胞缺乏甘油激酶因而不能直接利用甘油合成三酰甘油。

三、内源性脂肪酸的合成需先合成软脂酸

（一）软脂酸由乙酰 CoA 在脂肪酸合酶复合体的催化下合成

1. 软脂酸在细胞质中合成 脂肪酸合成由多个酶催化完成，这些酶组成了脂肪酸合成的酶体系，即脂肪酸合酶复合体，存在于肝、肾、脑、肺、乳腺及脂肪等多种组织的细胞质，肝的脂肪酸合酶复合体活性最高（合成能力较脂肪组织大 8～9 倍），是人体合成脂肪酸的主要场所。虽然脂肪组织能以葡萄糖代谢的中间产物为原料合成脂肪酸，但脂肪组织的脂肪酸来源主要是小肠消化吸收的外源性脂肪酸和肝合成的内源性脂肪酸。

2. 乙酰 CoA 是软脂酸合成的基本原料 用于软脂酸合成的乙酰 CoA 主要由葡萄糖分解供给，在线粒体内产生，不能自由透过线粒体内膜，需通过柠檬酸-丙酮酸循环进入细胞质。将乙酰 CoA 运转至细胞质，用于软脂酸合成。

软脂酸合成还需 ATP、NADPH、HCO_3^-（CO_2）及 Mn^{2+} 等原料。NADPH 主要来自磷酸戊糖途径，在上述乙酰 CoA 转运过程中，细胞质中的苹果酸酶催化苹果酸氧化脱羧也可提供少量 NADPH。

3. 一分子软脂酸由1分子乙酰CoA与7分子丙二酸单酰CoA缩合而成

（1）乙酰CoA转化成丙二酸单酰CoA　这是软脂酸合成的第一步反应，催化此反应的乙酰CoA羧化酶是脂肪酸合成的关键酶，以Mn^{2+}为激活剂，含生物素辅基，起转移羧基的作用。

（2）软脂酸经7次缩合—还原—脱水—再还原基本反应循环合成　各种脂肪酸生物合成过程基本相似，均以丙二酸单酰CoA为基本原料，从乙酰CoA开始，经反复加成反应完成，每次循环（缩合—还原—脱水—再还原）延长2个碳原子。16碳软脂酸合成需经7次循环反应。经过第一轮反应，即酰基转移、缩合还原脱水、再还原等步骤，碳原子由2个增加至4个，经过7次循环之后，生成16个碳原子的软脂酸。

（二）软脂酸延长在内质网和线粒体内进行

1. 内质网脂肪酸延长途径以丙二酸单酰CoA为二碳单位供体　该途径由脂肪酸延长酶体系催化，NADH供氢，每通过缩合、加氢、脱水及再加氢等反应延长2个碳原子。过程与软脂酸合成相似。该酶体系可将脂肪酸延长至24碳，但以18碳硬脂酸为主。

2. 线粒体脂肪酸延长途径以乙酰CoA为二碳单位供体　一般可延长至24或26个碳原子，但仍以18碳硬脂酸为最多。

（三）不饱和脂肪酸的合成需多种去饱和酶催化

（四）脂肪酸合成受代谢物和激素调节

1. 代谢物通过改变原料供应量和乙酰CoA羧化酶活性调节脂肪酸合成　ATP、NADPH及乙酰CoA是脂肪酸合成的原料。进食高脂肪食物以后，或饥饿脂肪动员加强时，抑制体内脂肪的合成；进食糖类或糖类代谢加强时，有利于脂肪酸的合成。

2. 胰岛素是调节脂肪酸合成的主要激素　可促进脂肪酸合成。

3. 脂肪酸合酶可作为药物治疗的靶点　是极有潜力的抗肿瘤和抗肥胖的候选药物。

第四节　磷脂代谢

一、磷脂酸是甘油磷脂合成的重要中间产物

（一）甘油磷脂合成的原料来自糖、脂和氨基酸代谢

以肝、肾及肠等含有甘油磷脂合成酶系的活性最高。甘油磷脂合成的基本原料包括甘油、脂肪酸、磷酸盐、胆碱（choline）、丝氨酸（seine）、肌醇等。甘油磷脂合成还需ATP、CTP。ATP供能，CTP参与乙醇胺、胆碱、二酰甘油活化，形成CDP-乙醇胺、CDP-胆碱、CDP-二酰甘油等活化中间物。

（二）甘油磷脂合成有两条途径

1. 磷脂酰胆碱和磷脂酰乙醇胺通过二酰甘油途径合成　二酰甘油是该途径的重要中间物，胆碱和乙醇胺被活化成CDP-胆碱和CDP-乙醇胺后，分别与二酰甘油缩合，生成磷脂酰胆碱（PC）和磷脂酰乙醇胺（PE）。这两类磷脂占组织及血液磷脂的75%以上。

PC是真核生物细胞膜含量最丰富的磷脂，在细胞增殖和分化过程中具有重要作用，对维持正常的细胞周期具有重要意义。一些疾病如癌、阿尔茨海默病和脑卒中等的发生与PC代谢异常密切相关。哺乳动物细胞PC的合成主要通过二酰甘油途径完成。

2. 肌醇磷脂、丝氨酸磷脂及心磷脂通过CDP-二酰甘油途径合成　肌醇、丝氨酸无需活化，CDP-二酰甘油是该途径的重要中间物，与丝氨酸、肌醇或磷脂酰甘油缩合，生成肌醇磷脂、丝

氨酸磷脂及心磷脂。

此外，Ⅱ型肺泡上皮细胞可合成由2分子软脂酸构成的特殊的磷脂酰胆碱，生成的二软脂酰胆碱是较强的乳化剂，能降低肺泡的表面张力，有利于肺泡伸张。新生儿肺泡上皮细胞合成二软脂酰胆碱障碍，会引起肺不张。

二、甘油磷脂由磷脂酶催化降解

生物体内存在多种降解甘油磷脂的磷脂酶，包括磷脂酶 A_1、A_2、B_1、B_2、C 及 D，它们分别作用于甘油磷脂分子中不同的酯键，降解甘油磷脂。

溶血磷脂1具有较强的表面活性，能使红细胞膜或其他细胞膜破坏引起溶血或细胞坏死。溶血磷脂还可进一步水解，如溶血磷脂1在溶血磷脂酶1（即磷脂酶 B_1）的作用下，水解与甘油1位—OH缩合的酯键，生成不含脂肪酸的甘油磷酸胆碱，溶血磷脂就失去对细胞膜结构的溶解作用。

三、鞘磷脂是神经鞘磷脂合成的重要中间产物

第五节　胆固醇代谢

一、体内胆固醇来自食物和内源性合成

（一）体内胆固醇合成的主要场所是肝

除成年动物脑组织及成熟红细胞外，几乎全身各组织均可合成胆固醇，肝是主要的合成器官，占自身合成胆固醇的70%～80%，其次是小肠，合成10%。胆固醇合成酶系存在于细胞质及光面内质网膜。

（二）乙酰 CoA 和 NADPH 是胆固醇合成的基本原料

乙酰 CoA 是葡萄糖、氨基酸及脂肪酸在线粒体的分解产物，不能通过线粒体内膜，需要通过柠檬酸-丙酮酸循环进入胞质，作为胆固醇合成原料。合成1分子胆固醇需18分子乙酰 CoA、36分子 ATP 及16分子 NADPH。

（三）胆固醇合成由以 HMG-CoA 还原酶为关键酶的一系列酶促反应完成

（1）由乙酰 CoA 开始，先合成甲羟戊酸。

（2）合成鲨烯。

（3）合成胆固醇。

（四）胆固醇合成受多种因素调节

（1）HMG-CoA 还原酶活性具有与胆固醇合成相同的昼夜节律性。

（2）HMG-CoA 还原酶活性受别构调节、化学修饰调节和酶含量调节。

（3）细胞内胆固醇含量是胆固醇合成的重要调节因素。

（4）餐食状态影响胆固醇合成。

（5）胆固醇合成受激素调节。

二、胆固醇的主要去路是转化为胆汁酸

在肝被转化成胆汁酸是胆固醇在体内代谢的主要去路。正常人每天合成1～1.5g胆固醇，其中2/5（0.4～0.6g）在肝被转化为胆汁酸，随胆汁排出。胆固醇是肾上腺皮质、睾丸、卵巢等合成类固醇激素的原料。胆固醇可在皮肤被氧化为7-脱氢胆固醇，经紫外线照射转变为维生素 D_3。

第六节 血浆脂蛋白及其代谢

一、血脂是血浆所含脂质的统称

血浆脂质包括三酰甘油、磷脂、胆固醇及其酯，以及游离脂肪酸等。

二、血浆脂蛋白是血脂的运输形式及代谢形式

血浆脂蛋白可用电泳法和超速离心法分类。

1. 电泳法按电场中的迁移率对血浆脂蛋白进行分类 不同脂蛋白的质量和表面电荷不同，在同一电场中移动的快慢不一样。移动速度由快到慢依次为α-脂蛋白、前β-脂蛋白、β-脂蛋白、乳糜微粒（CM）。

2. 超速离心法按密度对血浆脂蛋白进行分类 按密度由小到大依次为乳糜微粒、极低密度脂蛋白（VLDL）、低密度脂蛋白（LDL）和高密度脂蛋白（HDL），分别相当于电泳分类中的CM、前β-脂蛋白、β-脂蛋白及α-脂蛋白。

这四种脂蛋白的作用分别为：乳糜微粒主要转运外源性三酰甘油及胆固醇，极低密度脂蛋白（VLDL）是运输内源性三酰甘油及胆固醇，低密度脂蛋白（LDL）是运输内源性胆固醇，高密度脂蛋白（HDL）是参与逆向转运胆固醇。

三、血浆脂蛋白代谢紊乱导致脂蛋白异常血症

高脂血症指血浆胆固醇或（和）三酰甘油超过正常范围上限，一般以成人空腹12～14h血浆三酰甘油超过2.26mmol/L（200mg/d）、胆固醇超过6.21mmoL/L（240mg/d）、儿童胆固醇超过4.14mmoL/L（160mg/d）为高脂血症的诊断标准。

同步练习

一、单项选择题

1. 不参与脂类消化吸收的是（　　）。

A. 胰脂酶　B. 辅脂酶　C. ATP
D. 胆汁酸盐　E. 脂蛋白脂肪酶

2. 脂肪在体内储存主要来自（　　）。

A. 生糖氨基酸　B. 葡萄糖　C. 类脂
D. 脂肪酸　E. 酮体

3. 具有抗脂解作用的激素为（　　）。

A. ACTH　B. 肾上腺素　C. 胰岛素
D. 胰高血糖素　E. 去甲肾上腺素

4. 有关脂肪酸活化错误的是（　　）。

A. 增加水溶性　B. 消耗 ATP　C. 增加代谢活性
D. 在线粒体内进行　E. 由脂酰 CoA 合成酶催化

5. 不能氧化利用脂肪酸的组织是（　　）。

A. 脑　B. 心肌　C. 肝脏
D. 肾脏　E. 肌肉

6. 维生素 PP 的缺乏可影响脂肪酸β-氧化的过程是（　　）。

A. 脂酰 CoA 的生成
B. β-烯脂酰 CoA 的生成
C. β-酮脂酰 CoA 的生成
D. β-羟脂酰 CoA 的生成
E. 乙酰 CoA 的硫解

7. 长链脂酰 CoA 通过线粒体内膜的载体是（　　）。
A. 载体蛋白
B. 磷酸甘油
C. 柠檬酸
D. 苹果酸
E. 肉碱

8. 脂肪酸活化后，β-氧化反复进行不需下列（　　）参与。
A. β-羟脂酰 CoA 脱氢酶
B. β-酮脂酰 CoA 硫解酶
C. 激酶
D. 脂酰 CoA 脱氢酶
E. 烯酰 CoA 水合酶

9. 脂酰 CoA 在肝脏进行 β-氧化，其酶促反应的顺序为（　　）。
A. 加水，脱氢，硫解，再脱氢
B. 脱氢，再脱氢，加水，硫解
C. 脱氢，加水，再脱氢，硫解
D. 脱氢，脱水，再脱氢，硫解
E. 硫解，脱氢，加水，再脱氢

10. β-氧化第一次脱氢的辅酶是（　　）。
A. 乙酰 CoA
B. FAD
C. FMN
D. $NADP^+$
E. NAD^+

11. 1mol 软脂酸（16 碳）彻底氧化成 CO_2 和 H_2O 可净生成的 ATP 摩尔数是（　　）。
A. 38
B. 22
C. 106
D. 36
E. 131

12. 脂肪酸进行 β-氧化的部位是（　　）。
A. 细胞质
B. 线粒体基质内
C. 微粒体
D. 线粒体内膜上
E. 细胞核

13. 脂肪动员增加，脂肪酸在肝内分解产生的乙酰 CoA 最易转变生成（　　）。
A. 丙二酸单酰 CoA
B. 胆盐
C. 酮体
D. 胆固醇
E. 胆汁酸

14. 乙酰 CoA 不能转变为（　　）。
A. 脂肪酸
B. 丙酮酸
C. 胆固醇
D. 乙酰乙酸
E. 丙二酰 CoA

15. 下列哪个是胆固醇的合成原料？（　　）
A. HMG CoA
B. 葡萄糖
C. 磷酸二羟丙酮
D. 琥珀酰 CoA
E. 乙酰 CoA

二、填空题

1. ________是构成生物膜的重要成分，其中含胆碱的是________，________是线粒体膜的主要脂质。
2. 每合成 1 分子胆固醇需要________分子乙酰 CoA。
3. 脂肪酸的 β-氧化首先在胞液中经________活化为脂酰 CoA，后者需经线粒体外膜上________催化与________结合成脂酰肉碱，再经内膜上________为载体才能进入线粒体内。其中________是脂肪酸 β-氧化的限速酶。脂肪酸的 β-氧化从 β-碳原子开始，每次顺次进行________、________、________、________四步反应。

三、名词解释

1. 脂肪动员
2. 必需脂肪酸
3. 酮体

四、问答题

1. 酮体代谢有何特点及生理意义？糖尿病病人为何会产生酮症和代谢性酸中毒？
2. 为什么胆碱缺乏会诱发脂肪肝？
3. 计算1mol硬脂酸（C_{18}）彻底氧化时生成ATP的摩尔数。

参考答案

一、单项选择题

1. E。膳食中脂类的消化主要在小肠内进行。在胰脂酶、辅脂酶、胆固醇酯酶、磷脂酶以及胆汁酸盐的共同作用下，脂肪被水解为甘油、脂肪酸以及一酰甘油，磷脂被水解为溶血磷脂和脂肪酸，胆固醇酯则被水解为游离胆固醇和脂肪酸。脂类的消化产物主要在十二指肠下段及空肠上段吸收，其中长链脂肪酸在小肠黏膜细胞首先被转化成脂酰CoA，再在滑面内质网脂酰CoA转移酶的催化下，由ATP供能，重新合成三酰甘油，再与粗面内质网上的载脂蛋白及磷脂、胆固醇共同组装成乳糜微粒经淋巴系统进入血液循环。因此不参与脂类消化吸收的只有脂蛋白脂肪酶，故选E。

2. B。脂肪主要储存在脂肪组织中，合成的主要原料来自葡萄糖，脂肪酸的合成原料乙酰CoA也主要来自葡萄糖，故选B。

3. C。能促进脂肪动员的激素称为脂解激素，如肾上腺素、去甲肾上腺素、胰高血糖素、甲状腺激素等；抑制脂肪动员的激素称为抗脂解激素，如胰岛素。故选C。

4. D。脂肪酸是人类及哺乳类动物的主要能源之一，除大脑和成熟的红细胞外，大多数组织都能利用脂肪酸，脂肪酸进行β-氧化前一定要在胞质中进行活化生成脂酰CoA，在这个过程中要消耗2分子ATP。活化后的脂酰CoA不能直接透过线粒体内膜，需要被肉碱协助转运进入线粒体才能进行β-氧化，故选D。

5. A。解析参考第4题。

6. C。维生素PP在体内的活性形成有NAD^+和$NADP^+$，在β-氧化过程中有两次脱氢反应，其中一次由FAD接受，一次由NAD^+接受。由NAD^+接受的是第二次脱氢，由β-羟脂酰CoA脱氢生成β-酮脂酰CoA，因此，维生素PP缺乏会影响β-酮脂酰CoA的生成，故选C。

7. E。活化后的长链脂酰CoA不能直接透过线粒体内膜，需要被肉碱协助转运进入线粒体才能进行β-氧化，故选E。

8. C。β-氧化，在线粒体内并经一系列酶催化脱氢、加水、再脱氢、硫解四步反应。第1次脱氢是脂酰CoA转变为反Δ^2烯脂酰CoA，辅酶是FAD（维生素B_2）；第2次脱氢是1(+)-β-羟脂酰CoA脱氢生成β-酮脂酰CoA，辅酶是NAD^+（维生素PP）。分别由脂酰CoA脱氢酶、烯酰CoA水合酶、β-羟脂酰CoA脱氢酶、β-酮脂酰CoA硫解酶催化。β-酮脂酰还原酶是参与脂肪酸合成的酶。β-氧化的终产物是乙酰CoA，故选C。

9. C。解析参考第8题。

10. B。解析参考第8题。

11. C。软脂酸为16碳的饱和脂肪酸，其氧化步骤为：①活化生成软脂酰CoA，消耗2分子ATP；②β-氧化，其次数为16÷2－1＝7次，可生成8个乙酰CoA，一次β-氧化可生成4分子ATP，7次β-氧化可产生4×7＝28分子ATP；③经三羧酸循环彻底氧化，1分子乙酰CoA可生成10分子ATP，8分子乙酰CoA可生成10×8＝80分子ATP。1mol软脂酸彻底氧化可生成4×7+10×8－2＝106mol ATP。故选C。

12. B。在线粒体基质内并经一系列酶催化脱氢、加水、再脱氢、硫解四步反应，故选B。

13. C。酮体是脂肪酸在肝中氧化分解的中间产物，也是肝脏向肝外组织输出能量的一种形式。乙酰乙酸、β-羟丁酸、丙酮（极微量）三者合称酮体。长期饥饿、糖供应不足时，脂肪动员加强，乙酰CoA生成增多，酮体合成增高，血液酮体的含量可高出正常情况的数倍。酮体的利用：①场所：肝外组织

（脑、骨骼肌等）；②参与反应的酶：琥珀酰CoA转硫酶、乙酰乙酸硫激酶。肝中缺乏这两种酶，不能利用酮体，肝外组织不能生成酮体却能利用酮体。故选C。

14. B。乙酰CoA可以合成脂肪酸、酮体、胆固醇。合成脂肪酸时先合成丙二酰CoA，因此只有乙酰CoA不能生成丙酮酸，故选B。

15. E。胆固醇的合成原料主要是乙酰CoA及NADPH+ H^+，关键酶是HMG-CoA还原酶，故选E。

二、填空题

1. 磷脂　卵磷脂　心磷脂

2. 18

3. 脂酰CoA合成酶　肉碱脂酰转移酶Ⅰ　肉碱　肉碱-脂酰肉碱转位酶　肉碱-脂酰转移酶Ⅰ　脱氢　加水　再脱氢　硫解

三、名词解释

1. 脂肪动员：储存在白色脂肪细胞内的脂肪，被脂肪酶水解为甘油和游离脂肪酸并释放入血供其他组织氧化利用的过程。

2. 必需脂肪酸：体内不能合成，必须由食物摄取的脂肪酸，包括亚油酸、亚麻油酸、花生四烯酸。

3. 酮体：是脂肪酸在肝分解氧化时特有的中间代谢物，包括乙酰乙酸、β-羟丁酸及丙酮三种物质。

四、问答题

1. 答：肝内生酮，肝外氧化利用是酮体代谢的特点。生理意义：酮体是肝向肝外组织输出能量的重要形式。严重的糖尿病病人，由于脂肪动员加强，肝内生成的酮体超过肝外组织的氧化利用能力，引起血中酮体升高，尿中酮体增多，则称为酮症。由于酮体是一些有机酸，血中过多的酮体会使血液的pH值下降，引起代谢性酸中毒。

2. 答：胆碱是合成卵磷脂的重要原料。当胆碱缺乏时，肝内卵磷脂合成减少，因而极低密度脂蛋白（VLDL）合成障碍，肝细胞中三酰甘油不能运出，而且二酰甘油转变为卵磷脂减少，转变为三酰甘油增加，从而使肝脏中三酰甘油堆积，诱发脂肪肝。

3. 硬脂酸为18碳的饱和脂肪酸，其氧化步骤为：①活化生成为硬脂酰CoA，消耗2分子ATP；②β-氧化，其次数为18÷2－1= 8次，可生成9个乙酰CoA，一次β-氧化可生成4分子ATP，8次β-氧化可产生4×8= 32分子ATP；③经三羧酸循环彻底氧化，1分子乙酰CoA可生成10分子ATP，9分子乙酰CoA可生成10×9= 90分子ATP。1mol硬脂酸彻底氧化可生成4×8+ 10×9－2= 120mol ATP。

（刘丽华）

第八章　蛋白质消化吸收和氨基酸代谢

学习目标

1. 掌握　氮平衡的概念和类型及必需氨基酸的概念和种类；氨基酸脱氨基作用的方式和转氨基作用的概念及作用机制；氨的来源与去路，氨的转运形式；尿素合成的部位，鸟氨酸循环的主要途径和生理意义；一碳单位的概念、来源、载体、种类和生理意义；甲基的直接供体（S-腺苷甲硫氨酸），甲硫氨酸循环。

2. 熟悉　蛋白质的需要量和营养价值及蛋白质在小肠的腐败作用；氨基酸的一般代谢及 α-酮酸的代谢去路；氨基酸的脱羧基作用中谷氨酸、组氨酸和半胱氨酸等氨基酸脱羧基后产生的胺类物质；芳香族氨基酸的代谢及苯丙氨酸和酪氨酸的代谢产物。

3. 了解　高血氨症和氨中毒。

内容精讲

第一节　蛋白质的营养价值与消化、吸收

一、体内蛋白质的代谢状况可用氮平衡描述

（一）氮平衡

氮平衡（nitrogen balance）是指摄入氮（食物的含氮量）与排出氮（尿与粪的含氮量）之间的关系。

氮平衡的意义：可以反映体内蛋白质合成与分解代谢的概况。

氮的总平衡：摄入氮量 ＝ 排出氮量（正常成人）。

氮的正平衡：摄入氮量 ＞ 排出氮量（儿童、孕妇、恢复期病人等）。

氮的负平衡：摄入氮量 ＜ 排出氮量（饥饿、严重烧伤、出血及消耗性疾病患者）。

（二）蛋白质的生理需要量

正常成人每日蛋白质的最低生理需要量为 30～50g。我国营养学会推荐成人每日蛋白质的需要量为 80g。

二、营养必需氨基酸决定蛋白质的营养价值

1. 必需氨基酸（essential amino acid）　体内需要而不能自身合成，必须由食物提供的氨基酸称为必需氨基酸，包括 9 种：亮氨酸、异亮氨酸、苏氨酸、缬氨酸、赖氨酸、甲硫氨酸、苯丙氨酸、色氨酸、组氨酸。

2. 蛋白质的营养价值（nutrition value）　蛋白质的营养价值主要取决于必需氨基酸的种类和比例。

3. 食物蛋白质的互补作用　营养价值较低的蛋白质混合食用，使必需氨基酸互相补充从而提高营养价值。

三、外源性蛋白质消化成寡肽和氨基酸后被吸收

1. 蛋白质在胃和小肠被消化成寡肽和氨基酸

（1）蛋白质在胃中被水解成多肽和氨基酸。

（2）蛋白质在小肠被水解或寡肽和氨基酸。

2. 氨基酸和寡肽通过主动转运机制被吸收 氨基酸和寡肽主要在小肠以氨基酸和寡肽的形式通过主动转运机制被吸收。

四、未消化吸收的蛋白质在结肠下段发生腐败

蛋白质的腐败作用（putrefaction）是指未被消化的蛋白质及未被吸收的消化产物在结肠下部受到肠道细菌的分解。腐败作用的产物大多有害，如胺、氨、苯酚、吲哚等。

1. 脱羧基作用产生胺类 未被消化的蛋白质经肠道细菌蛋白酶的作用可水解生成氨基酸，然后在细菌氨基酸脱羧酶的作用下，氨基酸脱去羧基生成胺类物质。如组氨酸、赖氨酸、色氨酸、酪氨酸及苯丙氨酸通过脱羧基作用分别生成组胺、尸胺、色胺、酪胺及苯乙胺。

2. 脱氨基作用产生氨 未被吸收的氨基酸在肠道细菌的作用下，通过脱氨基作用可以生成氨，这是肠道氨的重要来源之一；另一来源是血液中的尿素渗入肠道，经肠菌尿素酶的水解而生成氨，这些氨都可以被吸收进入血液，最终在肝脏中合成尿素。

3. 腐败作用产生其他有害物质 如苯酚、吲哚、甲基吲哚及硫化氢等。

第二节 氨基酸的一般代谢

一、体内蛋白质分解生成氨基酸

成人体内的蛋白质每天有1%～2%被降解。蛋白质降解产生的氨基酸，70%～80%被重新利用合成新的蛋白质。

（一）蛋白质以不同的速率进行降解

蛋白质的半寿期（half-life）是指蛋白质浓度减少到开始值50%所需要的时间。

（二）真核细胞内蛋白质的降解有两条重要途径

1. 蛋白质在溶酶体通过ATP非依赖途径被降解 组织蛋白酶能够降解进入溶酶体的蛋白质，但对蛋白质的选择性较差，主要降解外源性蛋白、膜蛋白和长寿命的细胞内蛋白。

2. 蛋白质在蛋白酶体通过ATP依赖途径被降解 此途径需要泛素的参与。蛋白酶体负责降解，主要降解异常蛋白质和短寿命蛋白质。

二、外源性氨基酸与内源性氨基酸组成氨基酸代谢库

体内组织蛋白质降解产生的氨基酸及体内合成的非必需氨基酸属于内源性氨基酸，与食物蛋白质经消化吸收的氨基酸（外源性氨基酸）共同分布于体内各处，参与代谢，称为氨基酸代谢库（aminoacid metabolic pool）。

三、氨基酸分解代谢首先脱氨基

（一）转氨基作用

转氨基作用是指在转氨酶（transaminase）的作用下，某一氨基酸去掉α-氨基生成相应的α-酮酸，而另一种α-酮酸得到此氨基生成相应的氨基酸的过程。转氨酶的辅基是维生素B_6的磷酸酯，即磷酸吡哆醛，结合于转氨酶活性中心赖氨酸的ε-氨基上。磷酸吡哆醛和磷酸吡哆胺的相互

转变，起着传递氨基的作用。

转氨基作用不仅是体内多数氨基酸脱氨基的重要方式，也是机体合成非必需氨基酸的重要途径。

（二）L-谷氨酸脱氢酶催化 L-谷氨酸氧化脱氨基

L-谷氨酸脱氢酶广泛存在于肝、脑、肾等组织中，辅酶为 NAD^+ 或 $NADP^+$。在 L-谷氨酸脱氢酶的催化下，L-谷氨酸氧化脱氨生成 α-酮戊二酸和氨。

转氨基作用与 L-谷氨酸的氧化脱氨基作用偶联进行，被称为转氨脱氨作用，又称为联合脱氨基作用，主要在肝、肾组织进行。

（三）氨基酸通过氨基酸氧化酶催化脱去氨基

由 L-氨基酸氧化酶催化，辅基是 FMN 或 FAD。这些黄素蛋白将氨基酸氧化为 α-亚氨基酸，然后再加水分解成相应的 α-酮酸，并释放出铵离子。

四、氨基酸碳链骨架可进行转换或分解

（1）α-酮酸可彻底氧化分解并提供能量。

（2）α-酮酸经氨基化生成营养非必需氨基酸。

（3）α-酮酸可转变成糖和脂类化合物。

第三节 氨的代谢

体内代谢产生的氨及消化道吸收的氨进入血液，形成血氨。

一、血氨有三个主要来源

1. 氨基酸脱氨基作用和胺类分解 氨基酸脱氨基作用和胺类分解均可产生氨。

2. 肠道细菌作用产生氨 肠道产氨的主要来源有：①蛋白质和氨基酸在肠道细菌的作用下产生的氨；②尿素经肠道细菌尿素酶水解产生的氨。

3. 肾小管上皮细胞分泌的氨 肾小管上皮细胞分泌的氨主要来自谷氨酰胺。

二、氨在血液中以丙氨酸和谷氨酰胺的形式转运

1. 丙氨酸-葡萄糖循环 骨骼肌主要以丙酮酸作为氨基受体，经转氨基作用生成丙氨酸，丙氨酸进入血液后被运往肝，在肝中，丙氨酸通过联合脱氨基作用生成丙酮酸，并释放氨。氨用于合成尿素，丙酮酸经糖异生途径生成葡萄糖。葡萄糖经血液运往肌肉，沿糖酵解转变成丙酮酸，后者再接受氨基生成丙氨酸。丙氨酸和葡萄糖周而复始的转变，完成骨骼肌和肝之间氨的转运，这一途径称为丙氨酸-葡萄糖循环（alanineglucose cycle）。

2. 氨通过谷氨酰胺从脑和骨骼肌等组织运往肝或肾 谷氨酰胺是另一种转运氨的形式，它主要从脑和骨骼肌等组织向肝或肾运氨。在脑和骨骼肌等组织，氨与谷氨酸在谷氨酰胺合成酶的催化下合成谷氨酰胺，并经血液运往肝或肾，再经谷氨酰胺酶的催化水解成谷氨酸及氨。

三、氨的主要代谢去路是在肝合成尿素

（一）尿素是通过鸟氨酸循环合成的

尿素生成的过程由 Hans Krebs 和 Kurt Henseleit 提出，称为鸟氨酸循环（orinithine cycle），生成部位主要在肝细胞的线粒体及胞液中。

（二）肝中鸟氨酸循环的反应步骤

1. 氨基甲酰磷酸的合成 在 Mg^{2+}、ATP 以及 *N*-乙酰谷氨酸存在时，氨和二氧化碳可由氨

基甲酰磷酸合成酶-Ⅰ（CPS-Ⅰ）催化生成氨基甲酰磷酸。反应在线粒体中进行。

2. 瓜氨酸的合成 在鸟氨酸氨基甲酰转移酶的催化下，氨基甲酰磷酸上的氨基甲酰部分转移到鸟氨酸上，生成瓜氨酸和磷酸。反应在线粒体中进行。

3. 精氨酸代琥珀酸的合成 瓜氨酸在线粒体合成后被转运到线粒体外，在胞质中经精氨酸代琥珀酸合成酶催化与天冬氨酸反应，生成精氨酸代琥珀酸。反应在胞液中进行。

4. 精氨酸的合成 精氨酸代琥珀酸在精氨酸代琥珀酸裂解酶的催化下裂解，生成精氨酸与延胡索酸。反应在胞液中进行。

5. 精氨酸水解产生尿素 在胞液中，精氨酸由精氨酸酶催化水解生成尿素和鸟氨酸。

（三）高血氨症或氨中毒

血氨浓度升高称高血氨，常见于肝功能严重损伤时，尿素合成酶的遗传缺陷也可导致高血氨症（hyperammonemia）。高血氨症可引起脑功能障碍，称氨中毒（ammonia poisoning）。

第四节 个别氨基酸的代谢

一、氨基酸脱羧基作用

有些氨基酸可通过脱羧基作用生成相应的胺类，催化脱羧基反应的酶称为脱羧酶。氨基酸脱羧酶的辅酶是磷酸吡哆醛。

（1）谷氨酸脱羧生成 γ-氨基丁酸。

（2）组氨酸脱羧生成组胺。

（3）色氨酸羟化后脱羧生成 5-羟色胺。

（4）某些氨基酸的脱羧基作用可产生多胺类物质。

二、某些氨基酸在分解代谢中产生一碳单位

1. 四氢叶酸作为一碳单位的运载体参与一碳单位代谢 某些氨基酸在分解代谢过程中产生的含有一个碳原子的基团，称为一碳单位，包括甲基（$—CH_3$）、亚甲基（$—CH_2—$）、次甲基（$=CH—$）、甲酰基（—CHO）、亚胺甲基（—CH =NH）。一碳单位不能游离存在，四氢叶酸是一碳单位的运载体。

2. 由氨基酸产生的一碳单位可相互转变 一碳单位主要来源于丝氨酸、甘氨酸、组氨酸及色氨酸的分解代谢。各种不同形式的一碳单位，碳原子的氧化状态不同，在适当条件下，它们可以通过氧化还原反应而彼此转变，但是在这些反应中，那 N^5-甲基四氢叶酸的生成是不可逆的。

3. 一碳单位的主要功能是参与嘌呤、嘧啶的合成 N^{10}-CHO-FH_4 与 N^5,N^{10}=CH-FH_4 分别为嘌呤合成提供 C_2 与 C_8，N^5,N^{10}-CH_2-FH_4 为胸腺嘧啶核苷酸合成提供甲基。一碳单位将氨基酸代谢和核酸代谢密切联系起来。

三、含硫氨基酸代谢可产生多种生物活性物质

含硫氨基酸包括甲硫氨酸、半胱氨酸和胱氨酸。

1. 甲硫氨酸参与甲基转移

（1）甲硫氨酸转甲基作用与甲硫氨酸循环有关 甲硫氨酸经腺苷转移酶催化与 ATP 反应生成 *S*-腺苷甲硫氨酸（*S*-adenosyl methionine，SAM）。SAM 中的甲基称为活性甲基，SAM 称为活性甲硫氨酸。*S*-腺苷甲硫氨酸经甲基转移酶催化将甲基转移至另一物质，使其发生甲基化反应，而 *S*-腺苷甲硫氨酸失去甲基后生成 *S*-腺苷同型半胱氨酸，后者脱去腺苷生成同型半胱氨酸。

同型半胱氨酸再接受 N^5-CH_3-FH_4 提供的甲基可重新生成甲硫氨酸，由此形成一个循环过程，称为甲硫氨酸循环。此循环的生理意义是由 N^5-CH_3-FH_4 提供甲基生成甲硫氨酸，再通过 SAM 提供甲基以进行体内广泛存在的甲基化反应，因此，N^5-CH_3-FH_4 可看成是体内甲基的间接供体。

（2）甲硫氨酸为肌酸合成提供甲基.

2. 半胱氨酸与多种生理活性物质的生成有关

（1）半胱氨酸与胱氨酸可以互变。

（2）半胱氨酸可转变成牛磺酸。

（3）半胱氨酸可生成活性硫酸根。

四、芳香族氨基酸代谢需要加氧酶催化

1. 苯丙氨酸和酪氨酸代谢既有联系又有区别

（1）苯丙氨酸转变为酪氨酸　正常情况下，苯丙氨酸的主要代谢途径是经羟化作用生成酪氨酸，由苯丙氨酸羟化酶催化。苯丙氨酸羟化酶主要存在于肝等组织，是一种单加氧酶，催化的反应不可逆，故酪氨酸不能转变为苯丙氨酸。苯酮酸尿症（phenyl keronuria，PKU），是苯丙氨酸羟化酶缺陷，苯丙氨酸不能正常转变为酪氨酸代谢。经转氨基作用生成苯丙酮酸、苯乙酸等，并从尿中排出，属于一种遗传代谢病。

（2）酪氨酸转变为黑色素和儿茶酚胺或彻底氧化分解　人体缺乏酪氨酸酶，黑色素合成障碍，皮肤、毛发等发白，称为白化病。体内代谢尿黑酸的酶先天缺陷时，尿黑酸分解受阻，可出现尿黑酸尿症。

2. 色氨酸的分解代谢可产生丙酮酸和乙酰乙酰 CoA　色氨酸除生成5-羟色胺外，还可在肝经色氨酸加氧酶催化，生成一碳单位和多种酸性中间代谢产物。色氨酸经分解可产生丙酮酸和乙酰乙酰 CoA。

五、支链氨基酸的分解有相似的代谢过程

支链氨基酸包括缬氨酸、亮氨酸和异亮氨酸，在体内的代谢过程大致分为三个阶段：①通过转氨基作用生成相应的 α-酮酸；②通过氧化脱羧生成相应的脂酰 CoA；③通过 β-氧化过程生成不同的中间产物参与三羧酸循环。

同步练习

一、单项选择题

1. 体内氨基酸脱氨基最主要的方式是（　　）。

A. 氧化脱氨基作用　B. 联合脱氨基作用　C. 转氨基作用
D. 非氧化脱氨基作用　E. 脱水脱氨基作用

2. 下列维生素中参与转氨基作用的是（　　）。

A. 硫胺素　B. 烟酸　C. 核黄素
D. 磷酸吡哆醛　E. 泛酸

3. 体内能转化成黑色素的氨基酸是（　　）。

A. 酪氨酸　B. 脯氨酸　C. 色氨酸
D. 蛋氨酸　E. 谷氨酸

4. 下列（　　）是尿素合成过程的中间产物。

A. 甘氨酸　B. 色氨酸　C. 赖氨酸

D. 瓜氨酸　E. 缬氨酸

5. 下列氨基酸中，（　）可以通过转氨基作用生成 α-酮戊二酸。

A. Glu　B. Ala　C. Asp

D. Ser　E. Trp

6. 下述氨基酸除哪种外，都是生糖氨基酸或生糖兼生酮氨基酸？（　）

A. Asp　B. Arg　C. Leu

D. Phe　E. Val

7. 鸟氨酸循环中，尿素生成的氨基来源有（　）。

A. 鸟氨酸　B. 精氨酸　C. 天冬氨酸

D. 瓜氨酸　E. 丙酮酸

8. 体内氨的主要去路是（　）。

A. 在肾脏以铵盐的形式排出　B. 在各组织合成酰胺

C. 在肝脏合成尿素　D. 再合成氨基酸

E. 合成嘌呤、嘧啶

9. 必需氨基酸是指（　）。

A. 在体内可由糖转变生成　B. 在体内能由其他氨基酸转变生成

C. 在体内不能合成，必须从食物获得　D. 在体内可由脂肪酸转变生成

E. 在体内可由固醇类物质转变生成

10. 氨在血液中的运输形式主要有（　）。

A. 丙氨酸和谷氨酸　B. 丙氨酸和谷氨酰胺

C. 草酰乙酸和谷氨酸　D. 草酰乙酸和谷氨酰胺

E. 天冬氨酸和丙氨酸

11. 苯酮酸尿症是由于先天缺乏（　）。

A. 酪氨酸酶　B. 酪氨酸羟化酶　C. 酪氨酸转氨酶

D. 苯丙氨酸转氨酶　E. 苯丙氨酸羟化酶

二、名词解释

1. 氮平衡
2. 转氨基作用
3. 一碳单位

三、填空题

1. 体内硫酸根的供体是________，甲基的供体是________，磷酸核糖的供体是________。
2. 氨基酸的主要吸收部位是________，各种氨基酸主要靠________吸收。
3. 尿素生成的部位是________，排泄的部位是________。
4. 谷氨酸脱羧基后生成________和________。牛磺酸是由________转变而来的。
5. 因肝功能障碍导致________循环障碍引起血氨升高，因而消耗了脑中________、________，使________循环原料减少造成脑________不足，导致昏迷。

四、问答题

1. 简述血氨的来源和去路。
2. 氨基酸脱氨后产生的氨和 α-酮酸有哪些主要的去路？
3. 简述维生素 B_6 在氨基酸代谢中的作用。

参考答案

一、单项选择题

1. B。转氨基作用与 L-谷氨酸的氧化脱氨基作用偶联进行，又称为联合脱氨基作用，是体内氨基酸脱氨基最主要的方式，故选 B。

2. D。转氨酶的辅基是维生素 B_6 的磷酸酯，即磷酸吡哆醛，故选 E。

3. A。在黑色素细胞中，酪氨酸经酪氨酸酶作用，羟化生成多巴，后者经氧化、脱羧等反应转变成吲哚醌，最后吲哚醌聚合为黑色素，故选 A。

4. D。尿素合成过程是 NH_3、CO_2 和 ATP 首先缩合生成氨基甲酰磷酸，氨基甲酰磷酸再与鸟氨酸生成瓜氨酸，瓜氨酸再与天冬氨酸反应生成精氨酸代琥珀酸，精氨酸代琥珀酸裂解生成精氨酸与延胡索酸，最后精氨酸水解释放尿素，故选 D。

5. A。谷氨酸可以通过转氨基作用转移掉 α-氨基生成 α-酮戊二酸，故选 A。

6. C。生酮氨基酸包括亮氨酸和赖氨酸，故选 C。

7. C。通过鸟氨酸循环生成的尿素中的 2 分子氨，一个来自游离氨，另一个来自天冬氨酸，故选 C。

8. C。体内氨的去路有合成尿素、合成谷氨酰胺、合成其他含氮化合物和在肾脏以铵盐形式排出，而最主要的去路是合成尿素，以尿素的形式从体内排出，故选 C。

9. C。体内需要而不能自身合成，必须由食物提供的氨基酸称为必需氨基酸，故选 C。

10. B。氨在体内时为有毒物质，各组织中产生的氨必须以无毒的方式经血液运输到肝合成尿素，或运输到肾以铵盐的形式排出体外，氨在血液中主要以丙氨酸和谷氨酰胺两种形式进行转运，故选 B。

11. E。苯酮酸尿症是苯丙氨酸羟化酶缺陷，苯丙氨酸不能正常转变为酪氨酸代谢，故选 E。

二、名词解释

1. 氮平衡：指每日氮的摄入量（食物的含氮量）与排出量（粪便和尿液的含氮量）之间的关系。

2. 转氨基作用：在转氨酶的作用下，某一氨基酸去掉 α-氨基生成相应的 α-酮酸，而另一种 α-酮酸得到此氨基生成相应的氨基酸的过程。

3. 一碳单位：某些氨基酸在分解代谢中产生的只含一个碳原子的有机基团。如甲基（$—CH_3$）、亚甲基（$—CH_2—$）、次甲基（$=CH—$）、甲酰基（—CHO）、亚胺甲基（—CH=NH）。

三、填空题

1. PAPS　SAM　PRPP
2. 小肠　主动
3. 肝　肾
4. γ-氨基丁酸　二氧化碳　半胱氨酸
5. 三羧酸　谷氨酸　α-酮戊二酸　三羧酸供能

四、问答题

1. 答：血氨的来源：①氨基酸脱氨基作用和胺类分解是体内氨的主要来源；②肠道细菌腐败作用产生氨；③肾小管上皮细胞分泌的氨。体内氨的主要去路：在肝合成尿素，只有少部分氨在肾脏以铵盐形式随尿排出。

2. 答：氨基酸脱氨后产生的氨的主要去路：在肝中合成尿素，少部分氨在肾脏以铵盐形式随尿排出。α-酮酸的主要去路：①可彻底氧化分解并提供能量；②经氨基化生成营养非必需氨基酸；③可转变成糖和脂类化合物。

3. 答：维生素 B_6 即吡哆醛，其以磷酸酯形式即磷酸吡哆醛作为氨基酸转氨酶和氨基酸脱羧酶的辅酶。在氨基酸转氨基作用和联合脱氨基作用中，磷酸吡哆醛是氨基传递体，参与氨基酸的脱氨基作用，同样也参与体内非必需氨基酸的生成。作为氨基酸脱羧酶的辅酶，磷酸吡哆醛参与各种氨基酸的脱羧基代谢，许多氨基酸脱羧基后产生具有生理活性的胺类，发挥重要的生理功能，如谷氨酸脱羧基生成的 γ-氨基丁酸是一种重要的抑制性神经递质，临床上常用维生素 B_6 对小儿惊厥及妊娠呕吐进行辅助性治疗；半胱氨酸先氧化后脱羧可生成牛磺酸，其是结合型胆汁酸的重要组成成分；组氨酸脱羧基后生成的组胺是一种强烈的血管扩张剂，参与炎症、过敏等病理过程并具有刺激胃蛋白酶和胃酸分泌的作用；色氨酸先羟化后脱羧生成 5-羟色胺，其在神经组织是一种抑制性神经递质，在外周组织具有收缩血管作用；由鸟氨酸脱羧后代谢生成的多胺是调节细胞生长、繁殖的重要物质。

（周娟）

第九章　核苷酸代谢

学习目标

1. 掌握　嘌呤核苷酸、嘧啶核苷酸合成的两种途径——从头合成途径及补救合成途径的原料、主要步骤及特点；嘌呤核苷酸、嘧啶核苷酸分解代谢的终产物；脱氧核苷酸的生成。

2. 熟悉　核苷酸的多种生物学功能；嘌呤、嘧啶核苷酸的抗代谢物及其抗肿瘤作用的生化机制。

3. 了解　嘌呤、嘧啶核苷酸从头合成途径及调节；了解嘌呤核苷酸的互相转变。

内容精讲

第一节　核苷酸代谢概述

一、核苷酸具有多种生物学功能

核苷酸是组成核酸的基本结构单位。细胞中核苷酸主要以5′-核苷酸形式存在，其中5′-ATP含量最多。通常情况下，细胞中核苷酸的量远远超过脱氧核苷酸的量。

核苷酸具有多种生物学功能：①作为核酸合成的原料，这是核苷酸最主要的功能。②体内能量的利用形式。ATP是细胞的主要能量形式。③参与代谢和生理调节。某些核苷酸或其衍生物是重要的调节分子，如第二信使cAMP。④组成辅酶，如腺苷酸可作为辅酶NAD、FAD等的组成成分。⑤活化中间代谢物，如UDPG是合成糖原的活性原料。

二、核苷酸经核酸酶水解后可被吸收

核酸酶是所有可以水解核酸的酶。依据其作用底物的不同分为DNA酶和RNA酶。依据对底物的作用方式可将核酸酶分为核酸外切酶和核酸内切酶。有些核酸内切酶的酶切位点具有核酸序列特异性，称为限制性核酸内切酶，由于它能特异性地识别酶切位点，已经成为分子生物学中重要的工具酶。

食物中的核酸多以核蛋白的形式存在。核蛋白在胃中受胃酸作用，分解成核酸（RNA和DNA）和蛋白质。核酸再经小肠中的核酸酶、核苷酸酶等的作用，可逐级水解成核苷酸、核苷、戊糖、磷酸和碱基。分解产生的戊糖被吸收而参与体内的戊糖代谢；嘌呤和嘧啶则主要被分解而排出体外。食物来源的嘌呤和嘧啶极少被机体利用。因此，核苷酸不属于营养必需物质。

三、核苷酸代谢包括合成和分解代谢

核苷酸合成代谢存在从头合成和补救合成两种途径。从头合成的碱基来源是利用氨基酸、一碳单位和CO_2等新合成含N的杂环；补救合成的碱基来源于体内游离的碱基。分解代谢中，嘌呤核苷酸的分解产物主要是尿酸；嘧啶核苷酸的分解产物是NH_3、CO_2和β-丙氨酸。

第二节　嘌呤核苷酸的合成与分解代谢

一、嘌呤核苷酸的合成存在从头合成和补救合成两种途径

体内嘌呤核苷酸的合成有两条途径。第一，由简单物质合成嘌呤核苷酸的途径，称从头合成途径（*de novo* synthesis）。第二，利用体内游离的嘌呤或嘌呤核苷，经过简单的反应过程，合成嘌呤核苷酸，称为补救合成途径（salvage pathway）。肝是体内从头合成嘌呤核苷酸的主要器官，其次是小肠黏膜及胸腺，而脑组织和骨髓则只能进行补救合成。

（一）嘌呤核苷酸的从头合成

1. 从头合成途径　核素示踪实验证明，嘌呤环是由一些简单的化合物合成的，甘氨酸提供C-4、C-5及N-7；谷氨酰胺提供N-3、N-9；N^{10}-甲酰四氢叶酸提供C-2，N^5,N^{10}-甲炔四氢叶酸提供C-8；CO_2提供C-6。磷酸戊糖则来自糖的磷酸戊糖旁路，当活化为5-磷酸核糖-1-焦磷酸（PRPP）后，可以接受碱基成为核苷酸。

合成的主要特点是在磷酸核糖的基础上把一些简单的原料逐步接上去而合成嘌呤环。而且首先合成的是次黄嘌呤核苷酸（IMP），由后者再转变为腺嘌呤核苷酸（AMP）和鸟嘌呤核苷酸（GMP）。

（1）IMP的合成　IMP的合成经过11步反应完成。①5-磷酸核糖经过磷酸核糖焦磷酸合成酶（PRPP合成酶）作用，活化生成磷酸核糖焦磷酸（PRPP）；②谷氨酰胺提供酰胺基取代PRPP上的焦磷酸，形成5-磷酸核糖胺（PRA），此反应由磷酸核糖酰胺转移酶催化；③由ATP供能，甘氨酸与PRA加合，生成甘氨酰胺核苷酸（GAR）；④N^5,N^{10}-甲炔四氢叶酸供给甲酰基，生成甲酰甘氨酰胺核苷酸（FGAR）；⑤谷氨酰胺提供酰胺氮，使FGAR生成甲酰甘氨脒核苷酸（FGAM），此反应消耗1分子ATP；⑥FGAM脱水环化形成5-氨基咪唑核苷酸（AIR），此反应也需要ATP参与。至此，合成了嘌呤环中的咪唑环部分；⑦CO_2连接到咪唑环上，作为嘌呤碱中C-6的来源，生成5-氨基咪唑-4-羧酸核苷酸（CAIR）；⑧在ATP的存在下，天冬氨酸与CAIR缩合，生成*N*-琥珀酰-5-氨基咪唑-4-甲酰胺核苷酸（SAICAR）；⑨SAICAR脱去1分子延胡索酸而裂解为5-氨基咪唑-4-甲酰胺核苷酸（AICAR）；⑩N^{10}-甲酰四氢叶酸提供一碳单位，使AICAR甲酰化，生成5-甲酰胺基咪唑-4-甲酰胺核苷酸（FAICAR）；⑪FAICAR脱水环化，生成IMP。

（2）AMP和GMP的合成　IMP是嘌呤核苷酸合成的重要中间产物，IMP可以分别转变成AMP和GMP。IMP在腺苷酸代琥珀酸合成酶和腺苷酸代琥珀酸裂解酶的作用下依次生成腺苷酸代琥珀酸和AMP。IMP在IMP脱氢酶和GMP合成酶的作用下依次生成XMP和GMP。AMP和GMP在激酶的作用下，经过两步磷酸化反应，进一步分别生成ATP和GTP。

需要说明的是，AMP和GMP是不能直接转换的，但AMP可在腺苷酸脱氨酶的催化下脱去氨基，生成IMP，然后再利用IMP合成GMP。

从头合成途径中，嘌呤核苷酸是在磷酸核糖分子上逐步合成的，而不是首先单独合成嘌呤碱然后再与磷酸核糖结合的。这是嘌呤核苷酸从头合成的一个重要特点。

2. 嘌呤核苷酸从头合成的调节　嘌呤核苷酸的合成受反馈抑制的调节。

（1）PRPP合成酶　PRPP浓度是从头合成过程最主要的决定因素。PRPP合成的速度又依赖磷酸戊糖的存在和PRPP合成酶的活性。PRPP合成酶受嘌呤核苷酸的别构调节。其中，IMP、AMP和GMP可对PRPP合成酶反馈抑制以调节PRPP的水平。

（2）谷氨酰胺磷酸核糖酰胺转移酶　IMP 对催化嘌呤核苷酸合成的定向步骤的酶即谷氨酰胺磷酸核糖酰胺转移酶有反馈抑制，而 AMP 和 GMP 对 IMP 的反馈抑制有协同作用；PRPP 增加可促进谷氨酰胺磷酸核糖酰胺转移酶活性，加速 PRA 生成。

（3）过量的 AMP 会抑制 IMP 转变成 AMP，而过量的 GMP 会抑制 IMP 转变成 GMP，从而使这两种核苷酸的合成速度保持平衡。另外，GTP 是 AMP 合成时必需的能源，而 ATP 是 GMP 合成时必需的能源，这种作用使腺嘌呤核苷酸和鸟嘌呤核苷酸的合成得以保持平衡。

（二）嘌呤核苷酸的补救合成

脑、骨髓中不存在嘌呤核苷酸从头合成酶系，细胞只能利用现成的嘌呤碱或嘌呤核苷重新合成嘌呤核苷酸，称为补救合成。补救合成的过程比从头合成简单得多，消耗 ATP 少，且可节省一些氨基酸的消耗。有两种酶参与嘌呤核苷酸的补救合成：腺嘌呤磷酸核糖转移酶（APRT）和次黄嘌呤-鸟嘌呤磷酸核糖转移酶（HGPRT）。由 PRPP 提供磷酸核糖，它们分别催化 AMP 和 IMP、GMP 的补救合成。补救合成同样由 PRPP 提供磷酸核糖。

APRT 受 AMP 的反馈抑制，HGPRT 受 IMP 与 GMP 的反馈抑制。

人体内嘌呤核苷的重新利用通过腺苷激酶催化的磷酸化反应，使腺嘌呤核苷生成腺嘌呤核苷酸。

（三）体内嘌呤核苷酸可以相互转变

体内嘌呤核苷酸可以相互转变，以保持彼此平衡。前已述及 IMP 可以转变成 XMP、AMP 及 GMP。其实，AMP、GMP 也可以转变成 IMP。因此，AMP 和 GMP 之间也是可以相互转变的。

（四）脱氧核苷酸的生成在二磷酸核苷水平进行

DNA 由各种脱氧核苷酸组成。细胞分裂旺盛时，脱氧核苷酸含量明显增加，以适应合成 DNA 的需要。脱氧核苷酸，包括嘌呤脱氧核苷酸和嘧啶脱氧核苷酸，其所含的脱氧核糖并非先形成后再与碱基、磷酸结合成为脱氧核苷酸，而是通过相应的核糖核苷酸的直接还原作用，以氢取代其核糖分子中 C-2 上的羟基而生成的。这种还原作用是在二磷酸核苷（NDP）水平上进行的（在这里 N 代表 A、G、U、C 等碱基），由核糖核苷酸还原酶催化。其次，这一反应的过程比较复杂，核糖核苷酸还原酶从 NADPH 获得电子时，需要一种硫氧化还原蛋白作为电子载体。硫氧化还原蛋白所含的巯基在核糖核苷酸还原酶的作用下氧化为二硫键。后者再经另一种称为硫氧化还原蛋白还原酶的催化，重新生成还原型的硫氧化还原蛋白，由此构成一个复杂的酶体系。核糖核苷酸还原酶是一种变构酶，包括两个亚基，只有两个亚基结合时才具有酶活性。在 DNA 合成旺盛、分裂速度较快的细胞中，核糖核苷酸还原酶体系的活性较强。

细胞除了控制还原酶的活性以调节脱氧核苷酸的生成之外，还可以通过各种三磷酸核苷对还原酶的变构作用来调节不同脱氧核苷酸的生成。因为某一种 NDP 被还原酶还原成 dNDP 时，需要特定 NTP 的促进，同时也受另一些 NTP 的抑制（见表 9-1）。通过这样的调节，使合成 DNA 的 4 种脱氧核苷酸得到适当的比例。

表 9-1　核糖核苷酸还原酶的变构调节

作用物	主要促进剂	主要抑制剂
CDP	ATP	dATP、dGTP、dTTP
UDP	ATP	dATP、dGTP
ADP	dGTP	dATP、ATP
GDP	dTTP	dATP

如上所述，与嘌呤脱氧核苷酸的生成一样，嘧啶脱氧核苷酸（dUDP、dCDP）也是通过相应的二磷酸嘧啶核苷的直接还原而生成的。

经过激酶的作用，上述 dNDP 再磷酸化成三磷酸脱氧核苷。

（五）嘌呤核苷酸的抗代谢物是一些嘌呤、氨基酸或叶酸类似物

嘌呤核苷酸的抗代谢物是一些嘌呤、氨基酸或叶酸的类似物。它们主要以竞争性抑制或“掺假”等方式干扰或阻断嘌呤核苷酸的合成代谢，从而进一步阻止核酸及蛋白质的生物合成。肿瘤细胞的核酸及蛋白质合成十分旺盛，因此，这些核苷酸抗代谢物具有抗肿瘤作用。具有此种作用的抗代谢物有 6-巯基嘌呤（6-MP）、6-巯基鸟嘌呤、8-氮杂鸟嘌呤等。6-巯基嘌呤，其化学结构与次黄嘌呤相似，只是后者 C-6 的羟基被巯基取代。它在体内可变成 6-MP 核苷酸，可以反馈抑制 PRPP 合成酶和谷氨酰胺磷酸核糖酰胺转移酶的活性，也能抑制 IMP 转变成 AMP 和 GMP，从而可抑制肿瘤生长。氮杂丝氨酸、6-重氮-5-氧正亮氨酸等的结构与谷氨酰胺相似，可干扰谷氨酰胺在嘌呤核苷酸合成中的作用，抑制嘌呤核苷酸的合成。氨蝶呤及甲氨蝶呤（MTX）是叶酸类似物，可抑制二氢叶酸还原酶，使叶酸不能还原为二氢叶酸和四氢叶酸，从而阻断嘌呤 C-2、C-8（来自一碳单位）的供应，抑制嘌呤核苷酸的合成。

二、嘌呤核苷酸的分解代谢终产物是尿酸

首先，细胞中的核苷酸在核苷酸酶的作用下水解成核苷，核苷经核苷磷酸化酶作用，分解成游离的嘌呤碱及 1-磷酸核糖。嘌呤碱既可参加核苷酸的补救合成，也可进一步水解。人体内，嘌呤碱最终分解生成尿酸（uric acid），随尿排出体外。AMP 生成次黄嘌呤，后者在黄嘌呤氧化酶的作用下氧化成黄嘌呤，最后生成尿酸。GMP 生成鸟嘌呤，后者转变成黄嘌呤，最后也生成尿酸。嘌呤脱氧核苷经相同途径进行分解代谢。

体内嘌呤核苷酸的分解代谢主要在肝、小肠及肾中进行，黄嘌呤氧化酶在这些脏器中的活性较强。

正常人血浆中尿酸含量为 0.12～0.36mmol/L（2～6mg/dL），男性略高于女性。尿酸的水溶性较差。痛风症患者血中尿酸含量升高，当超过 8mg/dL 时，尿酸盐晶体即可沉积于关节、软组织、软骨及肾等处，从而导致关节炎、尿路结石及肾疾病。临床上常用别嘌呤醇治疗痛风症。原理：别嘌呤醇与次黄嘌呤的结构类似，只是分子中 N-7 与 C-8 互换了位置，故可抑制黄嘌呤氧化酶，从而抑制尿酸生成。同时，别嘌呤醇与 PRPP 反应生成别嘌呤核苷酸，这样一方面消耗 PRPP 而使其含量减少，另一方面，别嘌呤核苷酸与 IMP 的结构相似，又可反馈抑制嘌呤核苷酸从头合成的酶。这两方面的作用均可使嘌呤核苷酸的合成减少。

第三节　嘧啶核苷酸的合成与分解代谢

一、嘧啶核苷酸的合成同样有从头合成与补救合成两条途径

与嘌呤核苷酸一样，体内嘧啶核苷酸的合成亦有两条途径，即从头合成及补救合成。

（一）嘧啶核苷酸的从头合成比嘌呤核苷酸简单

1. 从头合成途径　同位素示踪实验证明，嘧啶核苷酸中嘧啶碱合成的原料来自谷氨酰胺、CO_2 和天冬氨酸。

嘧啶核苷酸的合成是先合成嘧啶环，然后再与磷酸核糖相连而成。此过程主要在肝细胞的胞液中进行。除了二氢乳清酸脱氢酶位于线粒体内膜上外，其余均位于胞液中。嘧啶核苷酸合成的过程如下。

（1）尿嘧啶核苷酸的合成　嘧啶环的合成开始于氨基甲酰磷酸的生成。氨基甲酰磷酸也是尿素合成的原料。但是，尿素合成中所需的氨基甲酰磷酸是在肝线粒体中由氨基甲酰磷酸合成酶Ⅰ催化生成的，而嘧啶合成所用的氨基甲酰磷酸则是在细胞液中用谷氨酰胺为氮源，由氨基甲酰磷酸合成酶Ⅱ催化生成的。对于原核生物，只有一种氨基甲酰磷酸合成酶参与嘧啶和精氨酸的生物合成。这两种合成酶的性质不同（见表9-2）。

表9-2　氨基甲酰磷酸合成酶Ⅰ、Ⅱ的比较

项目	CPS-Ⅰ	CPS-Ⅱ
分布	肝细胞线粒体中	胞液（所有细胞）
底物	氨（氮源）、CO_2	谷氨酰胺（氮源）、CO_2
调节	受*N*-乙酰谷氨酸变构激活调节	受UMP的反馈抑制
作用	参与尿素合成	参与嘧啶合成

氨基甲酰磷酸在胞液中天冬氨酸氨基甲酰转移酶的催化下，与天冬氨酸化合生成氨甲酰天冬氨酸。后者经二氢乳清酸酶催化脱水，形成具有嘧啶环的二氢乳清酸，再经二氢乳清酸脱氢酶的作用，脱氢成为乳清酸。乳清酸在乳清酸磷酸核糖转移酶的催化下可与PRPP化合，生成乳清酸核苷酸，后者再由乳清酸核苷酸脱羧酶催化脱去羧基，即是组成核酸分子的尿嘧啶核苷酸（UMP）。嘧啶核苷酸的合成主要在肝进行。

在真核细胞中嘧啶核苷酸合成的前三个酶，即氨基甲酰磷酸合成酶Ⅱ、天冬氨酸氨基甲酰转移酶和二氢乳清酸酶，位于分子量约为200000的同一条多肽链上，是一个多功能酶；后两个酶也是位于同一条多肽链上的多功能酶。因此更利于嘧啶核苷酸的合成。

（2）CTP的合成　胞嘧啶核苷酸的合成是在核苷三磷酸水平上进行的，即由UTP在CTP合成酶的催化下从谷氨酰胺接受氨基而成为CTP。

（3）脱氧胸腺嘧啶核苷酸（dTMP或TMP）的生成　dTMP是由脱氧尿嘧啶核苷酸（dUMP）经甲基化而生成的。反应由胸苷酸合成酶（thymidylate synthetase）催化，N^5,N^{10}-甲烯四氢叶酸作为甲基供体。N^5,N^{10}-甲烯四氢叶酸提供甲基后生成的二氢叶酸又可以再经二氢叶酸还原酶的作用，重新生成四氢叶酸。dUMP可来自两个途径：一个是dUDP的水解脱磷酸，另一个是dCMP的脱氨基，以后一种为主。表9-3比较了嘧啶核苷酸与嘌呤核苷酸从头合成的异同点。

表9-3　嘧啶核苷酸与嘌呤核苷酸从头合成的异同点

不同点	嘌呤核苷酸	嘧啶核苷酸
程序	在PRPP基础上利用各种原料合成嘌呤环	各种原料先合成嘧啶环，再与核糖磷酸结合
首先合成的物质	IMP	UMP
一碳单位参与	嘌呤环的合成	dUMP生成dTMP
关键酶	PRPP合成酶、PRPP酰胺转移酶	氨基甲酰磷酸合成酶Ⅱ、天冬氨酸氨基甲酰转移酶
抗代谢物	6MP、6-巯基鸟嘌呤、氮杂丝氨酸、MTX等	5-FU、氮杂丝氨酸、MTX等
代谢产物	尿酸	β-丙氨酸、β-氨基异丁酸
相同点：①肝细胞胞液中；②PRPP参与；③原料都包含CO_2、Gln、Asp参与；先生成前体分子IMP或UMP；④催化第一、二步反应的酶是关键酶；⑤都是反馈调节：终产物反馈抑制磷酸核糖焦磷酸激酶；终产物反馈抑制合成过程某些酶的活性		

2. 从头合成的调节　原核生物和真核生物中，从头合成途径所需的酶不同，因而途径所受

的调控也不一样。第一个调节部位在原核生物中，是天冬氨酸氨基甲酰转移酶（asparate carbamoyl transferase，ACTase），CTP是其别构抑制剂，ATP是别构激活剂。氨甲酰基磷酸合成酶在真核生物及原核生物都是反馈抑制的调控点，受UTP的抑制，但可被PRPP激活。第二个调节部位是乳清酸脱羧酶处，受UMP抑制。

由于PRPP合成酶是嘧啶与嘌呤两类核苷酸合成过程中共同需要的酶，它可同时接受嘧啶核苷酸及嘌呤核苷酸的反馈抑制。

（二）嘧啶核苷酸的补救合成途径

由嘧啶磷酸核糖转移酶催化尿嘧啶、胸腺嘧啶等，与PRPP合成一磷酸尿嘧啶核苷酸（但不能利用胞嘧啶为底物）。

另外，嘧啶核苷激酶可使相应的嘧啶核苷磷酸化成核苷酸。

（三）嘧啶核苷酸的抗代谢物也是嘧啶、氨基酸或叶酸等的类似物

嘧啶核苷酸的抗代谢物是一些嘧啶、氨基酸或叶酸等的类似物。

5-氟尿嘧啶（5-FU），即尿嘧啶C-5的H被F取代，也是一种临床常见的抗癌剂，5-FU与胸腺嘧啶相似，在体内可转变成FdUMP，FdUMP能与胸苷酸合成酶结合成不解离的复合物，从而抑制dTMP的合成。

在氨基酸类似物、叶酸类似物中，由于氮杂丝氨酸类似谷氨酰胺，可抑制CTP的生成；氨甲蝶呤干扰叶酸代谢，使dUMP不能利用一碳单位甲基化而生成dTMP，进而影响DNA的合成。另外，某些核苷类似物，如阿糖胞苷和环胞苷也是重要的抗癌药物。阿糖胞苷能抑制CDP还原成dCDP，也能影响DNA的合成。一些抗核酸代谢物及其作用机制归纳见表9-4。

表9-4 抗核酸代谢物及其作用机制

分类	名称	作用机制
抗谷氨酰胺类	氮杂丝氨酸	结构与Gln相似，干扰嘌呤、嘧啶环的氮源
抗嘌呤类	6-巯基嘌呤	生成PRPP酰胺转移酶和HGPRT，干扰嘌呤合成
抗嘧啶类	5-氟尿嘧啶	生成的dFUMP干扰TMP合成，并以FUTP形式掺入RNA分子中
抗叶酸类	甲氨蝶呤、氨蝶呤	结构与叶酸相似，竞争抑制二氢叶酸还原酶
核苷类似物	阿糖胞苷	抑制CDP还原成dCDP，影响DNA合成

二、嘧啶核苷酸的分解代谢

嘧啶核苷酸的分解可先脱去磷酸及核糖，余下的嘧啶碱进一步开环分解，最终产物为NH_3、CO_2、β-丙氨酸及β-氨基异丁酸，这些产物均易溶于水，可随尿排出体外。

同步练习

一、单项选择题

1. 嘌呤核苷酸从头合成时首先生成的是（ ）。

A. GMP　B. AMP　C. IMP
D. ATP　E. GTP

2. 人体内嘌呤核苷酸分解的终产物是（ ）。

A. 尿素　B. 肌酸　C. 肌酸酐
D. 尿酸　E. β-丙氨酸

3. 下列（　　）不是嘌呤核苷酸从头合成的直接原料。
A. 甘氨酸　B. 天冬氨酸　C. 谷氨酸
D. CO_2　E. 一碳单位

4. 下列关于氨基甲酰磷酸的叙述（　　）是正确的。
A. 主要用来合成谷氨酰胺　B. 用于尿酸的合成
C. 合成胆固醇　D. 为嘧啶核苷酸合成的中间产物
E. 为嘌呤核苷酸合成的中间产物

5. 临床上常用（　　）治疗痛风症。
A. 消胆胺　B. 5-氟尿嘧啶　C. 6-巯基嘌呤
D. 氨甲蝶呤　E. 别嘌呤醇

6. 体内进行嘌呤核苷酸从头合成最主要的组织是（　　）。
A. 骨髓　B. 肝　C. 脾
D. 小肠黏膜　E. 肾

7. 嘌呤核苷酸从头合成的特点是（　　）。
A. 先合成碱基，再与磷酸核糖相结合
B. 直接利用现成的嘌呤碱基与 PRPP 结合
C. 嘌呤核苷酸是在磷酸核糖的基础上逐步合成的
D. 消耗较少的能量
E. 与嘧啶合成过程一样

8. dTMP 合成的直接前体是（　　）。
A. dUMP　B. TMP　C. TDP
D. dUDP　E. dCMP

9. 下列哪对物质是合成嘌呤环和嘧啶环都必需的？（　　）
A. Gln/Asp　B. Gln/Gly　C. Gln/Pro
D. Asp/Arg　E. Gly/Asp

10. 痛风症患者血中含量升高的物质是（　　）。
A. 尿酸　B. 肌酸　C. 尿素
D. 胆红素　E. NH_3

11. 嘌呤核苷酸分解代谢的共同中间产物是（　　）。
A. IMP　B. XMP　C. 黄嘌呤
D. 次黄嘌呤　E. 尿酸

12. IMP 转变成 GMP 时，发生了（　　）。
A. 还原反应　B. 硫化反应　C. 氧化反应
D. 生物氧化　E. 脱水反应

13. 动物体内嘧啶代谢的终产物不包括（　　）。
A. CO_2　B. NH_3　C. β-丙氨酸
D. 尿酸　E. β-氨基异丁酸

14. 参与嘌呤合成的氨基酸是（　　）。
A. 组氨酸　B. 甘氨酸　C. 腺苷酸
D. 胸苷酸　E. 胞苷酸

15. DNA 合成的底物分子 dNTP 在细胞内的合成方式为（　　）。

A. NMP→dNMP→dNDP→dNTP
B. NDP→dNDP→dNTP
C. NTP→dNTP
D. NMP→dNMP→dNTP
E. UTP→dTTP

二、名词解释

1. 从头合成
2. 补救合成

三、填空题

1. 体内脱氧核苷酸是由________直接还原而生成的，催化此反应的酶是________。
2. 在嘌呤核苷酸从头合成中最重要的调节酶是________和________。
3. 别嘌呤醇治疗痛风症的原理是由于其结构与________相似，并抑制________的活性。
4. 人体内嘌呤核苷酸分解代谢的最终产物是____________，与其生成有关的重要酶是____________。
5. 嘌呤核苷酸与嘧啶核苷酸的合成均有两条途径，它们为________与________。
6. 嘌呤核苷酸的从头合成分两阶段，先生成________，再转变成________与________。
7. 嘧啶核苷酸的从头合成分两阶段，先生成________，再转变成________与________。
8. dNDP 经激酶催化磷酸化为________。
9. 嘌呤核苷酸与嘧啶核苷酸的抗代谢物是一些________的类似物、________的类似物或________的类似物。
10. 核苷酸转变成脱氧核苷酸是在________水平上进行的。

四、问答题

1. 核苷酸具有哪些生物学功用?
2. 简述合成嘌呤核苷酸、嘧啶核苷酸的原料来源与差别；说明为什么核苷酸不属于营养必需物质?
3. 试比较嘌呤与嘧啶分解终产物的特点。

参考答案

一、单项选择题

1. C。嘌呤核苷酸的从头合成首先合成 IMP，然后 IMP 再转变为 AMP 和 GMP，故选 C。

2. D。尿酸是人体嘌呤分解代谢的终产物，水溶性较差，故选 D。

3. C。嘌呤核苷酸从头合成的直接原料包括谷氨酰胺、甘氨酸、天冬氨酸和二氧化碳及甲酰基（一碳单位），故选 C。

4. D。嘧啶环的合成始于氨基甲酰磷酸的生成；氨基甲酰磷酸也是尿素合成的原料，故选 D。

5. E。别嘌呤醇与次黄嘌呤的结构类似，可抑制黄嘌呤氧化酶，从而抑制尿酸的生成，故选 E。

6. B。从头合成嘌呤核苷酸的主要器官是肝，其次是小肠黏膜和胸腺，故选 B。

7. C。嘌呤核苷酸从头合成途径是在磷酸核糖分子上逐步合成嘌呤环，反应步骤比较复杂，消耗能量较多，故选 C。

8. A。除 dTMP 是从 dUMP 转变而来以外，其他脱氧核苷酸都是在 NDP（N 代表 A、G、U、C 等碱基）水平上，由核苷酸还原酶催化生成 dNDP，故选 A。

9. A。嘌呤环和嘧啶环的合成均需要谷氨酰胺和天冬氨酸，故选 A。

10. A。痛风症主要是由于嘌呤代谢异常，尿酸生成过多而引起的，故选 A。

11. C。嘌呤核苷酸在体内先代谢成黄嘌呤，最后生成尿酸，故选 C。

12. C。IMP 经 IMP 脱氢酶的作用被氧化生成 XMP，再经 GMP 合成酶作用生成 GMP，故选 C。

13. D。嘧啶核苷酸分解最终可生成 NH_3、CO_2、

β-丙氨酸及β-氨基异丁酸，故选D。

14. B。参与嘌呤合成的氨基酸有谷氨酰胺、甘氨酸以及天冬氨酸，故选B。

15. B。除dTMP是从dUMP转变而来以外，其他脱氧核苷酸都是在NDP（N代表A、G、U、C等碱基）水平上，由核苷酸还原酶催化生成dNDP，再经激酶作用生成dNTP，故选B。

二、名词解释

1. 从头合成：生物体利用简单的前体物质合成生物分子的途径，如利用氨基酸、5-磷酸核糖、一碳单位及CO_2等代谢物前体物质为原料，经过一系列酶促反应合成嘌呤核苷酸的途径即从头合成。

2. 补救合成：利用生物分子分解途径的中间代谢产物再合成该物质的过程，如生物体利用核酸或核苷酸分解释放的游离的碱基或核苷合成核苷酸的过程即是补救合成。

三、填空题

1. 核糖核苷酸　核糖核苷酸还原酶

2. 磷酸核糖焦磷酸合成酶　谷氨酰胺磷酸核糖酰胺转移酶

3. 次黄嘌呤　黄嘌呤氧化酶

4. 尿酸　黄嘌呤氧化酶

5. 从头合成　补救合成

6. IMP　AMP　GMP

7. UMP　CTP　dTMP

8. dNTP

9. 嘌呤碱与嘧啶碱　氨基酸　叶酸

10. 二磷酸核苷

四、问答题

1. 答：核苷酸具有多种生物学功能：①作为核酸合成的原料，这是核苷酸最主要的功能。②体内能量的利用形式。ATP是细胞的主要能量形式。③参与代谢和生理调节。某些核苷酸或其衍生物是重要的调节分子，如第二信使cAMP。④组成辅酶，如腺苷酸可作为辅酶NAD、FAD等的组成成分。⑤活化中间代谢物，如UDPG是合成糖原的活性原料。

2. 答：嘌呤核苷酸的合成特点：①不是先形成游离的嘌呤碱，再与核糖、磷酸生成核苷酸，而是直接形成次黄嘌呤核苷酸，再转变为其他嘌呤核苷酸；②合成首先从5′-磷酸核糖开始，形成PRPP；③由PRPPC 1′原子开始先形成咪唑五元环，再形成六元环，生成IMP。原料来源：CO_2、天冬氨酸、甘氨酸、一碳单位、谷氨酰胺。

嘧啶核苷酸的合成特点：①先形成嘧啶环，再与磷酸核糖结合，生成尿苷酸，由此转变为其他嘧啶核苷酸；②氨甲酰磷酸与Asp先形成乳清酸；③乳清酸与PRPP结合生成乳清酸核苷酸，脱羧后生成UMP。原料来源：谷氨酰胺、CO_2、天冬氨酸。

人体内的核苷酸主要由机体细胞自身合成，因此与氨基酸不同，核苷酸不属于营养必需物质。

3. 答：在人体内，嘌呤分解的终产物为尿酸；嘧啶分解的终产物为β-氨基酸、NH_3与CO_2。后者为开环化合物，比前者更易溶于水。

（叶桂林）

第十章 代谢的整合与调节

学习目标

1. **掌握** 代谢的整体性；代谢调节的方式；重要组织或器官的代谢特点。
2. **熟悉** 细胞内物质代谢的调节方式；饱食、空腹、饥饿状态下的整体代谢。
3. **了解** 激素调节靶细胞的代谢；营养过剩和应激状态下的整体代谢。

内容精讲

第一节 代谢的整体性

一、体内代谢过程互相联系形成一个整体

(1) 代谢的整体性 各种物质代谢之间互有联系，相互依存，构成统一的整体。

(2) 体内各种代谢物都具有各自共同的代谢池。

(3) 体内代谢处于动态平衡。

(4) 氧化分解产生的 NADPH 为合成代谢提供所需的还原当量。

二、物质代谢与能量代谢相互关联

从能量供应的角度看，三大营养物质可以互相代替，互相补充，但也互相制约。一般情况下，机体优先利用燃料的次序是糖（50%～70%）、脂肪（10%～40%）和蛋白质。供能以糖及脂肪为主，并尽量减少蛋白质的消耗。

三、糖、脂质和蛋白质代谢通过中间代谢物而相互联系

体内糖、脂质、蛋白质和核酸等的代谢不是彼此孤立的，而是通过共同的中间代谢物、三羧酸循环和生物氧化等彼此联系、相互转变。

一种物质的代谢障碍可引起其他物质的代谢紊乱，如糖尿病时糖代谢的障碍，可引起脂代谢、蛋白质代谢甚至水盐代谢紊乱。

(1) 葡萄糖可转变为脂肪酸。

(2) 葡萄糖与大部分氨基酸可以相互转变 大部分氨基酸脱氨基后，生成相应的 α-酮酸，可转变为糖；糖代谢的中间产物可氨基化生成某些非必需氨基酸。

(3) 氨基酸可转变为多种脂质，但脂质几乎不能转变为氨基酸。

(4) 一些氨基酸、磷酸戊糖是合成核苷酸的原料。

第二节 代谢调节的主要方式

对于高等生物而言，物质代谢调节可分为三级水平。

1. 细胞水平代谢调节 主要通过对关键酶的调节来实现。

2. 激素水平代谢调节 高等生物在进化过程中，出现了专司调节功能的内分泌细胞及内分泌器官，其分泌的激素可对其他细胞发挥代谢调节作用。

3. 整体水平代谢调节 在中枢神经系统的控制下，或通过神经纤维及神经递质对靶细胞直接发生影响，或通过某些激素的分泌来调节某些细胞的代谢及功能，并通过各种激素的互相协调而对机体代谢进行综合调节。

一、细胞内物质代谢主要通过对关键酶活性的调节来实现

细胞水平的代谢调节主要是酶水平的调节。细胞内酶呈隔离分布。代谢途径的速度、方向由其中的关键酶的活性决定。代谢调节主要是通过对关键酶活性的调节而实现的。

（一）各种代谢在细胞内区隔分布是物质代谢及其调节的亚细胞结构基础

酶的这种区隔分布（见表10-1），能避免不同代谢途径之间彼此干扰，使同一代谢途径中的系列酶促反应能够更顺利地连续进行，既提高了代谢途径的进行速度，也有利于调控。

表 10-1 物质代谢在细胞内的发生部位及相关酶的区隔分布

多酶体系	分布	多酶体系	分布
DNA、RNA 合成	细胞核	糖酵解	细胞质
蛋白质合成	内质网、细胞质	磷酸戊糖途径	细胞质
糖原合成	细胞质	糖异生	细胞质、线粒体
脂肪酸合成	细胞质	脂肪酸氧化	细胞质、线粒体
胆固醇合成	内质网、细胞质	多种水解酶	溶酶体
磷脂合成	内质网	三羧酸循环	线粒体
血红素合成	细胞质、线粒体	氧化磷酸化	线粒体
尿素合成	细胞质、线粒体		

（二）关键酶活性决定整个代谢途径的速度和方向

关键酶（key enzymes）是代谢过程中具有调节作用的酶。

关键酶催化的反应特点如下。

（1）常常催化一条代谢途径的第一步反应或分支点上的反应，速度最慢，其活性能决定整个代谢途径的总速度。

（2）常催化单向反应或非平衡反应，其活性能决定整个代谢途径的方向。

（3）酶活性除受底物控制外，还受多种代谢物或效应剂的调节。

某些重要代谢途径的关键酶的总结见表10-2。

表 10-2 某些重要代谢途径的关键酶

代谢途径	关键酶
糖酵解	己糖激酶 磷酸果糖激酶-1 丙酮酸激酶
丙酮酸氧化脱羧	丙酮酸脱氢酶复合体
三羧酸循环	异柠檬酸脱氢酶 α-酮戊二酸脱氢酶复合体 柠檬酸合酶
糖原分解	糖原磷酸化酶

续表

代谢途径	关键酶
糖原合成	糖原合酶
糖异生	丙酮酸羧化酶 磷酸烯醇式丙酮酸羧激酶 果糖-1,6-二磷酸酶 葡萄糖-6-磷酸酶
脂肪酸合成	乙酰 CoA 羧化酶
脂肪酸分解	肉碱脂酰转移酶 Ⅰ
胆固醇合成	HMG-CoA 还原酶

关键酶活性的调节有两种方法：第一种是快速调节（改变酶分子结构），这种调节速度快，只需数秒或几分钟。第二种是迟缓调节（改变酶含量），需要数小时、几天，通过调节酶的合成与降解速度实现。

二、激素通过特异性受体调节靶细胞的代谢

内、外环境改变导致机体相关组织分泌激素，激素与靶细胞上的受体结合，导致靶细胞产生生物学效应，适应内外环境改变。激素又可根据其在细胞内分布位置的不同分为膜受体激素和胞内受体激素。

三、机体通过神经系统及神经-体液途径协调整体的代谢

整体水平调节：在神经系统的主导下，调节激素释放，并通过激素整合不同组织器官的各种代谢，实现整体调节，以适应饱食、空腹、饥饿、营养过剩、应激等状态，维持整体代谢平衡。

（一）饱食状态下机体三大物质代谢与膳食组成有关

1. 混合膳食→胰岛素水平中度升高

（1）机体主要分解葡萄糖供能。

（2）未被分解的葡萄糖，部分合成肝糖原和肌糖原储存；部分在肝内合成三酰甘油，以 VLDL 的形式输送至脂肪等组织。

（3）吸收的三酰甘油，部分经肝转换成内源性三酰甘油，大部分输送到脂肪组织、骨骼肌等转换、储存或利用。

2. 高糖膳食→胰岛素水平明显升高，胰高血糖素降低

（1）部分葡萄糖合成肌糖原、肝糖原和 VLDL。

（2）大部分葡萄糖直接被输送到脂肪组织、骨骼肌、脑等组织转换成三酰甘油等非糖物质储存或利用。

3. 高蛋白膳食→胰岛素水平中度升高，胰高血糖素水平升高

（1）肝糖原分解补充血糖。

（2）肝利用氨基酸异生为葡萄糖补充血糖。

（3）部分氨基酸转化成三酰甘油。

（4）还有部分氨基酸直接输送到骨骼肌。

4. 高脂膳食→胰岛素水平降低，胰高血糖素水平升高

（1）肝糖原分解补充血糖。

（2）肌组织氨基酸分解，转化为丙酮酸，输送至肝异生为葡萄糖，补充血糖。

（3）吸收的三酰甘油主要输送到脂肪、肌组织等。

（4）脂肪组织在接受吸收的三酰甘油的同时，也部分分解脂肪成脂肪酸，输送到其他组织。

（5）肝氧化脂肪酸，产生酮体。

（二）空腹时机体物质代谢以糖原分解、糖异生和中度脂肪动员为特征

空腹：通常指餐后12h以后，此时体内胰岛素水平降低，胰高血糖素水平升高。

（1）餐后6～8h　肝糖原即开始分解补充血糖。

（2）餐后16～18h　肝糖原即将耗尽，糖异生补充血糖。脂肪动员中度增加，释放脂肪酸。肝氧化脂肪酸，产生酮体，主要供应肌组织。骨骼肌部分氨基酸分解，补充肝糖异生的原料。

（三）饥饿时机体主要氧化分解脂肪供能

短期饥饿：通常指1～3d未进食。短期饥饿后糖氧化供能减少而脂肪动员加强，短期饥饿时由于糖原消耗，血糖趋于降低，胰岛素分泌减少，胰高血糖素分泌增加，引起一系列代谢变化。

（1）机体从葡萄糖氧化供能为主转变为脂肪氧化供能为主　除脑组织细胞和红细胞外，组织细胞减少摄取利用葡萄糖，增加摄取利用脂肪酸和酮体。

（2）脂肪动员加强且肝酮体生成增多　脂肪动员释放的脂肪酸约25%在肝氧化生成酮体。

（3）肝糖异生作用明显增强（150g/d）　以饥饿16～36h增加最多。原料主要来自氨基酸，部分来自乳酸及甘油。

（4）骨骼肌蛋白质分解加强　略迟于脂肪动员加强。氨基酸异生成糖。

（四）应激使机体分解代谢加强

应激（stress）是机体或细胞为应对内、外环境刺激做出的一系列非特异性反应。这些刺激包括中毒、感染、发热、创伤、疼痛、大剂量运动或恐惧等。应激反应可以是“一过性”的，也可以是持续性的。应激状态下，交感神经兴奋，肾上腺髓质、皮质激素分泌增多，血浆胰高血糖素、生长激素水平增加，而胰岛素分泌减少，引起一系列代谢改变。

（1）应激使血糖升高　这对保证大脑、红细胞的供能有重要意义。

（2）应激使脂肪动员增强　为心肌、骨骼肌及肾等组织供能。

（3）应激使蛋白质分解加强　骨骼肌释出丙氨酸等氨基酸增加，氨基酸分解增强，负氮平衡。

（五）肥胖是多因素引起代谢失衡的结果

肥胖是一种由食欲和能量调节紊乱引起的疾病，与遗传、环境、膳食结构及体力活动等因素均有关。肥胖者常表现为胰岛素分泌、功能异常和糖脂代谢紊乱。

第三节　体内重要组织或器官的代谢特点

满足机体各组织、器官基本细胞功能需要的代谢基本相同，但人体各组织、器官高度分化，功能各异，这些组织、器官的代谢具有各自的特点。在这些组织、器官的细胞中形成了特定的酶谱，即不同的酶系种类和含量，使这些组织、器官除了具有一般的基本代谢外，还具有特点鲜明的代谢途径，以适应相应的功能需要。

现将重要器官或组织的主要供能代谢特点总结于表10-3。

表 10-3　重要组织或器官中的主要供能代谢特点

器官或组织	主要代谢途径	主要代谢物	主要代谢产物	特定的酶	主要功能
肝	糖异生、脂肪酸β-氧化、脂肪合成、酮体合成、糖有氧氧化	乳酸、甘油、氨基酸、脂肪酸、葡萄糖	葡萄糖、VLDL、HDL、酮体	葡糖激酶、葡萄糖-6-磷酸酶、甘油激酶、磷酸烯醇式丙酮酸羧激酶	物质代谢的枢纽
脑	糖有氧氧化、糖酵解、氨基酸代谢	葡萄糖、氨基酸、酮体	乳酸、CO_2、H_2O		神经中枢
心肌	有氧氧化	乳酸、脂肪酸、酮体、葡萄糖	CO_2、H_2O	脂蛋白脂肪酶	泵出血液
骨骼肌	糖酵解、有氧氧化	葡萄糖、脂肪酸、酮体	乳酸、CO_2、H_2O	脂蛋白脂肪酶	肌肉收缩
脂肪组织	酯化脂肪酸、脂肪动员、合成脂肪	VLDL、CM	游离脂肪酸、甘油	脂蛋白脂肪酶、激素敏感性脂肪酶	储存脂肪
肾	糖异生、糖酵解	脂肪酸、葡萄糖、乳酸、甘油	葡萄糖	甘油激酶、磷酸烯醇式丙酮酸羧激酶	泌尿

一、肝是人体物质代谢的中心和枢纽

肝具有特殊的组织结构和组织化学构成，是机体物质代谢的枢纽，是人体的中心生化工厂。在糖、脂、蛋白质、水、无机盐和维生素代谢中均具有独特而重要的作用。

肝的耗氧量占全身耗氧量的 20%，可以消耗葡萄糖、脂肪酸、甘油和氨基酸等以供能，但不能利用酮体。肝合成和储存糖原可达肝重的 5%，约 75～100g，而肌糖原仅占肌重的 1%。肝还具有糖异生、酮体生成等独特的代谢方式。肝虽可大量合成脂肪，但不能储存脂肪，肝细胞合成的脂肪随即合成 VLDL 释放入血。

二、脑主要利用葡萄糖供能且耗氧量大

1. 葡萄糖和酮体是脑的主要能量物质　葡萄糖为主要能源，每天消耗约 100g。不能利用脂肪酸，葡萄糖供应不足时，利用酮体。

2. 脑耗氧量高达全身耗氧总量的 1/4　人脑是静息状态下单位重量组织耗氧量最大的器官。

3. 脑具有特异的氨基酸及其代谢调节机制　可维持脑内特有游离氨基酸含量谱。

三、心肌可利用多种能源物质

1. 心肌可利用多种营养物质及其代谢中间产物为能源　心主要通过有氧氧化脂肪酸、酮体和乳酸获得能量，极少进行糖酵解。心肌在饱食状态下不排斥利用葡萄糖，餐后数小时或饥饿时利用脂肪酸和酮体，运动中或运动后则利用乳酸。

2. 心肌细胞分解营养物质供能的方式以有氧氧化为主　心肌细胞富含 LDH1、肌红蛋白、细胞色素及线粒体。

四、骨骼肌以肌糖原和脂肪酸作为主要的能量来源

骨骼肌在静息时以氧化脂肪酸为主，在剧烈运动时肌糖原的无氧酵解大大增强。

五、脂肪组织是储存和动员三酰甘油的重要组织

脂肪组织是体内储存脂肪的重要组织，脂肪细胞内脂肪的代谢速率高。正常肝合成大部分脂肪，但不储存脂肪。

六、肾可进行糖异生和酮体生成

肾髓质无线粒体，主要靠糖酵解供能；肾皮质主要靠脂肪酸、酮体有氧氧化供能。

一般情况下，肾糖异生只有肝糖异生葡萄糖量的10%。长期饥饿（5～6周），肾糖异生可达每天40g，与肝糖异生的量几乎相等。

同步练习

一、单项选择题

1. 下列哪一代谢途径不在胞质中进行？（　　）

A. 糖酵解　　B. 磷酸戊糖途径　　C. 糖原合成与分解

D. 脂肪酸β-氧化　　E. 脂肪酸合成

2. 作用于细胞膜受体的激素是（　　）。

A. 肾上腺素　　B. 类固醇激素　　C. 前列腺素

D. 甲状腺素　　E. 1,25-$(OH)_2$-D_3

3. 作用于细胞内受体的激素是（　　）。

A. 肾上腺素　　B. 类固醇激素　　C. 生长因子

D. 蛋白类激素　　E. 肽类激素

4. 有关酶的化学修饰，错误的是（　　）。

A. 一般都存在有活性（高活性）和无活性（低活性）两种形式

B. 有活性和无活性两种形式在酶作用下可以互相转变

C. 化学修饰的方式主要是磷酸化和去磷酸化

D. 一般不需要消耗能量

E. 催化化学修饰的酶受激素调节

5. 下列哪条途径是在胞液中进行的？（　　）

A. 丙酮酸羧化　　B. 三羧酸循环　　C. 氧化磷酸化

D. 脂肪酸β-氧化　　E. 脂肪酸合成

6. 糖异生、酮体生成及尿素合成都可发生于（　　）。

A. 心　　B. 肾　　C. 脑

D. 肝　　E. 肌肉

7. 下列关于关键酶的概念，错误的是（　　）。

A. 关键酶常位于代谢途径的起始反应

B. 关键酶在整个代谢途径中活性最高，故对整个代谢途径的速度及强度起决定作用

C. 关键酶常催化不可逆反应

D. 受激素调节的酶常是关键酶

E. 某一代谢物参与几条代谢途径，在分叉点的第一个反应常由关键酶催化

8. 饥饿时，机体的代谢变化错误的是（　　）。

A. 糖异生增加　　B. 脂肪动员加强　　C. 酮体生成增加

D. 胰岛素分泌增加　　E. 胰高血糖素分泌增加

9. 有关变构调节，错误的是（　　）。

A. 变构酶常由两个或两个以上的亚基组成

B. 变构剂常是小分子代谢物

C. 变构剂通常与变构酶活性中心以外的某一特定部位结合

D. 代谢途径的终产物通常是催化该途径起始反应的酶的变构抑制剂

E. 变构调节具有放大作用

10. 有关酶含量的调节，错误的是（　　）。

A. 酶含量的调节属细胞水平调节　　B. 底物常可诱导酶的合成

C. 产物常抑制酶的合成　　D. 酶含量调节属于快速调节

E. 激素或药物也可诱导某些酶的合成

二、填空题

1. 长期饥饿时，大脑的能源主要是________。
2. 变构效应剂与酶结合的部位是________。
3. 代谢调节的三级水平调节为________、________、________。
4. 酶的调节包括________和________。
5. 酶的化学修饰常见的方式有________与________，________与________等。
6. 应激时糖、脂、蛋白质代谢的特点是________增强，________受到抑制。
7. 机体饥饿时，肝内糖代谢途径加强的是________。

三、问答题

1. 总结从葡萄糖到三羧酸循环，糖原合成与分解及糖异生过程中所涉及的关键酶。
2. 简述物质代谢的特点。
3. 比较变构调节与酶的化学修饰的特点。

参考答案

一、单项选择题

1. D。脂肪酸β-氧化在线粒体中进行，故选D。

2. A。作用于细胞膜受体的激素是肾上腺素，故选A。

3. B。作用于细胞内受体的激素是类固醇激素，故选B。

4. D。酶的化学修饰一般需要消耗能量，故选D。

5. E。脂肪酸合成在胞液中进行，故选E。

6. D。糖异生、酮体生成及尿素合成都可发生于肝，故选D。

7. B。关键酶在整个代谢途径中活性最低，对整个代谢途径的速度及强度起决定作用，故选B。

8. D。饥饿时，胰岛素分泌减少，故选D。

9. E。变构调节具有正性及负性调节作用，故选E。

10. D。酶含量调节属于慢速调节，故选D。

二、填空题

1. 酮体
2. 活性中心的结合基团
3. 细胞水平代谢调节　激素水平代谢调节　整体水平代谢调节
4. 酶结构　酶含量
5. 磷酸化　去磷酸化　乙酰化　去乙酰化
6. 分解代谢　合成代谢
7. 糖异生

三、问答题

1. 答：从葡萄糖到三羧酸循环，糖原合成与分解及糖异生过程中所涉及的关键酶总结见下表。

代谢途径	关键酶
糖酵解	己糖激酶 磷酸果糖激酶-1 丙酮酸激酶
丙酮酸氧化脱羧	丙酮酸脱氢酶复合体
三羧酸循环	异柠檬酸脱氢酶 α-酮戊二酸脱氢酶复合体 柠檬酸合酶
糖原分解	糖原磷酸化酶
糖原合成	糖原合酶
糖异生	丙酮酸羧化酶 磷酸烯醇式丙酮酸羧激酶 果糖-1,6-二磷酸酶 葡萄糖-6-磷酸酶

2. 答：物质代谢的特点：①整体性，体内各种物质的代谢不是彼此孤立的，而是同时进行的，彼此相互联系、相互转变、相互依存，构成统一的整体。②代谢调节。机体调节机制调节物质代谢的强度、方向和速度以适应内外环境的改变。③各组织、器官的物质代谢各具特色。④各种代谢物均具有各自共同的代谢池。⑤ATP是机体能量利用的共同形式。⑥NADPH是合成代谢所需的还原当量。

3. 答：变构调节与酶的化学修饰的特点归纳见下表。

项目	调节物质	酶结构变化	特点及生理意义
变构调节	小分子化合物	酶构象改变	使底物有效利用，产物反馈抑制
化学修饰	酶	共价改变	有放大作用，适应应激的需要

（吴素珍）

第十一章　真核基因与基因组

学习目标

1. 掌握　基因的概念；断裂基因的概念；真核基因的基本结构；顺式作用元件的概念；启动子、增强子、沉默子、绝缘子的概念；基因组的概念；真核基因组的结构特点；人的基因组在染色体上的分布特征。

2. 熟悉　线粒体DNA的结构。

3. 了解　多基因家族与假基因。

内容精讲

第一节　真核基因的结构与功能

基因（gene）是指编码蛋白质或RNA等具有特定功能产物的、负载遗传信息的基本单位。除了某些以RNA为基因组的RNA病毒外，基因通常是指染色体或基因组的一段DNA序列。

一、真核基因的基本结构

（1）真核基因包含编码蛋白质或RNA的编码序列及与之相关的非编码序列。

（2）真核基因结构最突出的特点是其不连续性，被称为断裂基因。

（3）高等真核生物绝大部分编码蛋白质的基因都有内含子，但组蛋白编码基因例外。编码rRNA和一些tRNA的基因也都有内含子。

（4）外显子与内含子接头处有一段高度保守的序列，即内含子5′-端大多数以GT开始，3′-端大多数以AG结束，这一共有序列是真核基因中RNA剪接的识别信号。

（5）人们约定将一个基因的5′-端称为上游，3′-端称为下游；将基因序列中开始RNA链合成的第一个核苷酸所对应的碱基记为+1，向5′-端依次为−1、−2等，向3′-端依次为+2、+3等。

二、基因编码区编码多肽链和特定的RNA分子

（1）基因编码区中的DNA碱基序列决定一个特定的成熟RNA分子的序列。

（2）有的基因仅编码一些有特定功能的RNA，如rRNA、tRNA及其他小分子RNA等；大多数基因通过mRNA进一步编码蛋白质多肽链。

（3）编码序列中一个碱基的改变或突变，可能使基因丧失原有功能或获得新功能。

（4）有些相同的DNA序列由于其起始位点的变化或mRNA不同的剪接产物可以编码不同的蛋白质多肽链。

三、调控序列参与真核基因表达调控

位于基因转录区前后并与其紧邻的DNA序列通常是基因的调控区，又称为旁侧序列（flanking sequence）。这些调控序列又被称为顺式作用元件（cis-acting element），包括启动子、上游调控元件、增强子、绝缘子、加尾信号和一些细胞信号反应元件等。

1. 启动子提供转录起始信号 启动子是DNA分子上能够介导RNA聚合酶结合并形成转录起始复合体的序列。大部分真核细胞基因的启动子位于基因转录起点的上游，启动子本身通常不被转录；但有一些启动子（如编码tRNA基因的启动子）位于转录起点的下游，这些DNA序列可以被转录。真核生物主要有3类启动子。

（1）Ⅰ类启动子富含GC碱基对 具有Ⅰ类启动子的基因主要是编码rRNA的基因。Ⅰ类启动子包括核心启动子（core promoter）和上游启动子元件（upstream promoter element，UPE）两部分。

（2）Ⅱ类启动子具有TATA盒特征结构 具有Ⅱ类启动子的基因主要是能转录出mRNA且编码蛋白质的基因和一些snRNA基因。Ⅱ类启动子通常是由TATA盒、上游调控元件组成的。有的Ⅱ类启动子在TATA盒的上游还可存在CAAT盒、GC盒等特征序列。

（3）Ⅲ类启动子包括A盒、B盒和C盒 具有Ⅲ类启动子的基因包括5S rRNA、tRNA、U6 snRNA等RNA分子的编码基因。

2. 增强子增强邻近基因的转录 增强子是可以增强真核基因启动子工作效率的顺式作用元件，是真核基因中最重要的调控序列。其能够在相对于启动子的任何方向和任何位置（上游或者下游）上发挥增强作用。增强子序列距离所调控基因距离近者几十个碱基对，远的可达几千个碱基对。通常数个增强子序列形成一簇。有时增强子序列也可位于内含子之中。不同的增强子序列结合不同的调节蛋白。

3. 沉默子是负调节元件 沉默子（silencer）是可抑制基因转录的特定DNA序列，当其结合一些反式作用因子时对基因的转录起阻遏作用，使基因沉默。

4. 绝缘子阻碍增强子的作用 绝缘子（insulator）是基因组上对转录调控起重要作用的一种元件，可以阻碍增强子对启动子的作用，或者保护基因不受附近染色质环境（如异染色质）的影响。绝缘子阻碍增强子对启动子的作用可能是通过影响染色质的三维结构如DNA发生弯曲或形成环状结构。

第二节 真核基因组的结构与功能

细胞或生物体的一套完整单倍体遗传物质的总和称为基因组。病毒、原核生物以及真核生物所储存的遗传信息量有着巨大的差别，其基因组的结构与组织形式上也各有特点，包括基因组中基因的组织排列方式以及基因的种类、数目和分布等。人类基因组包含了细胞核染色体DNA（常染色体和性染色体）及线粒体DNA所携带的所有遗传物质。

一、真核基因组具有独特的结构

（1）真核基因组中基因的编码序列所占的比例远小于非编码序列。

（2）高等真核生物基因组含有大量的重复序列。

（3）真核基因组中存在多基因家族和假基因。

（4）大多数基因转录后发生可变剪接，80%的可变剪接会使蛋白质的序列发生改变。

（5）真核基因组DNA与蛋白质结合形成染色体，储存于细胞核内，除配子细胞外，体细胞的基因组为二倍体（diploid）。

人染色体上基因分布的特征：基因在染色体上并不是均匀分布的。基因密度最大的是第19号染色体，密度最小的是第13号和Y染色体；染色体上存在着无基因的“沙漠区”，即在500kb区域内，没有任何基因的编码序列。

二、真核基因组中存在大量的重复序列

真核细胞基因组中存在着大量的重复序列。人基因组中，重复序列占基因组长度的50%以上。重复序列的长度不等，短的仅含两个碱基，长的多达数百乃至上千个碱基。重复序列的重复频率也不尽相同。

1. 高度重复序列（highly repetitive sequence） 高度重复序列是真核基因组中存在的、重复频率可达10^6次以上的短核苷酸重复序列，不编码蛋白质或RNA。高度重复序列按其结构特点可分为反向重复序列和卫星DNA。

2. 中度重复序列（moderately repetitive sequence） 中度重复序列指在真核基因组中重复数十至数千次的核苷酸序列，通常占整个单倍体基因组的1%～30%。少数在基因组中成串排列在一个区域，大多数与单拷贝基因间隔排列。依据重复序列的长度，中度重复序列分为短分散重复片段（如*Alu*家族、*Kpn*Ⅰ家族和*Hinf*家族）和长分散重复片段两种类型。真核生物基因组中的rRNA基因也属于中度重复序列。

3. 单拷贝序列（single copy sequence）或低度重复序列 单拷贝序列在单倍体基因组中只出现一次或数次，大多数编码蛋白质的基因属于这一类。在基因组中，单拷贝序列的两侧往往为散在分布的重复序列。单拷贝序列编码的蛋白质在很大程度上体现了生物的各种功能。

三、真核基因组中存在大量的多基因家族和假基因

1. 多基因家族（multigene family） 指由某一祖先基因经过重复和变异所产生的一组在结构上相似、功能相关的基因。

（1）基因家族成簇地分布在某一条染色体上，它们可同时发挥作用，合成某些蛋白质，如组蛋白基因家族就成簇地集中在第7号染色体长臂3区2带到3区6带区域内。

（2）一个基因家族的不同成员成簇地分布于不同的染色体上，编码一组功能上紧密相关的蛋白质，如人类珠蛋白基因家族分为α珠蛋白和β珠蛋白两个基因簇，分别位于第16号和第11号染色体上。

2. 基因超家族（superfamily gene） 一些DNA序列相似，但功能不一定相关的若干个单拷贝基因或若干组基因家族的总称，例如免疫球蛋白基因超家族、*ras*基因超家族。

3. 亚家族（subfamily） 一个多基因家族中可有多个基因，根据结构与功能的不同又可以分为亚家族。例如G蛋白中属*ras*超家族的约有50多个成员，根据其序列同源性程度又可进一步分为Ras、Rho和Rab三个主要的亚家族。

4. 假基因（pseudogene） 基因组中存在的一段与正常基因非常相似但一般不能表达的DNA序列，用ψ来表示。假基因根据其来源分为经过加工的假基因和未经过加工的假基因2种类型。人基因组中大约有2万个假基因，其中约2000个为核糖体蛋白的假基因。近些年发现，假基因也表达有功能的ncRNAs。

四、线粒体DNA的结构

线粒体是细胞内一种重要的细胞器，是生物氧化的场所，一个细胞可拥有数百至上千个线粒体。线粒体DNA（mitochondrial DNA，mtDNA）可以独立编码线粒体中的一些蛋白质，是核外遗传物质。mtDNA的结构与原核生物的DNA类似，是环状分子。

人的线粒体基因组全长16569bp，共编码37个基因，包括13个编码构成呼吸链多酶体系的一些多肽的基因、22个编码mt-tRNA的基因、2个编码mt-rRNA（16S和12S）的基因。

五、人基因组约有两万个蛋白质编码基因

（1）人的基因组最大，复杂程度也最高，但所含的基因数量并不是最多的。

（2）人的基因数目为 2 万个左右，仅比果蝇基因数量的 1.5 倍稍多，与线虫的基因数量大致相当；人具有而鼠没有的基因只有 300 个。

（3）人类基因组的基因密度较低，因为基因组中转座子、内含子和调控序列较多，这些序列在进化过程中对遗传多样性的产生至关重要。

同步练习

一、单项选择题

1. 真核生物染色体基因组是（　　）。

A. 线性双链 DNA 分子　　B. 环状双链 DNA 分子
C. 线性单链 DNA 分子　　D. 线性单链 RNA 分子
E. 环状单链 DNA 分子

2. 下列描述Ⅱ类启动子正确的是（　　）。

A. 富含 GC 碱基对　　B. 主要是编码 rRNA 的基因
C. 具有 TATA 盒特征结构　　D. 包括 A 盒、B 盒和 C 盒
E. 5S rRNA、tRNA、U6 snRNA 等 RNA 分子的编码基因

3. 人类基因密度最大的染色体是（　　）染色体。

A. 第 1 号　　B. 第 10 号　　C. 第 19 号
D. 第 22 号　　E. X

4.（　　）是可抑制基因转录的特定 DNA 序列，当其结合一些反式作用因子时对基因的转录起阻遏作用。

A. 启动子　　B. 增强子　　C. 沉默子
D. 绝缘子　　E. 调节蛋白

二、名词解释

1. 基因组
2. 假基因

三、填空题

1. *Alu* 家族属于____重复序列。
2. 人类基因密度最小的染色体是________和________染色体。

四、问答题

1. 真核基因组的结构特点是什么？
2. 举例说明是否可以根据基因组大小或基因数量判断生物体的复杂程度。

参考答案

一、单项选择题

1. A。真核生物染色体基因组是线性双链 DNA 分子，故选 A。

2. C。Ⅰ类启动子富含 GC 碱基对，具有Ⅰ类启动子的基因主要是编码 rRNA 的基因；Ⅱ类启动子具有 TATA 盒特征结构，具有Ⅱ类启动子的基因主要是能转录出 mRNA 且编码蛋白质的基因和一些 snRNA 基因。Ⅲ类启动子包括 A 盒、B 盒和 C 盒，具有Ⅲ类启动子的基因包括 5S rRNA、tRNA、U6 snRNA 等 RNA 分子的编码基因。故选 C。

3. C。人类基因密度最大的染色体是第 19 号染色体，故选 C。

4. C。启动子是DNA分子上能够介导RNA聚合酶结合并形成转录起始复合体的序列。增强子是可以增强真核基因启动子工作效率的顺式作用元件，是真核基因中最重要的调控序列。沉默子是可抑制基因转录的特定DNA序列，当其结合一些反式作用因子时对基因的转录起阻遏作用。绝缘子（insulator）是基因组上对转录调控起重要作用的一种元件，可以阻碍增强子对启动子的作用，或者保护基因不受附近染色质环境（如异染色质）的影响。调节蛋白不是DNA序列，而是蛋白质。故选C。

二、名词解释

1. 基因组：细胞或生物体的一套完整单倍体遗传物质的总和称为基因组。

2. 假基因：基因组中存在的一段与正常基因非常相似但一般不能表达的DNA序列。

三、填空题

1. 中度

2. 第13号 Y

四、问答题

1. 答：真核基因组的结构特点：①真核基因组中基因的编码序列所占的比例远小于非编码序列；②高等真核生物基因组中含有大量的重复序列；③真核基因组中存在多基因家族和假基因；④大多数基因转录后发生可变剪接，80%的可变剪接会使蛋白质的序列发生改变；⑤真核基因组DNA与蛋白质结合形成染色体，储存于细胞核内，除配子细胞外，体细胞的基因组为二倍体。

2. 答：通过基因组测序，人们对数种生物的基因组大小和所含有的基因数量有所了解。总体上来讲，在进化过程中随着生物个体复杂性的增加，基因组的总趋势是由小变大，基因数也是由少变多。但决定生物复杂性的因素除了基因组大小和基因数以外，还有基因密度等因素，不能仅仅根据基因组大小或基因数量判断生物体的复杂程度。以人类为例，人的基因组最大，复杂程度也最高，但所含的基因数量并不是最多的。人的基因数目为2万个左右，仅比果蝇基因数量的1.5倍稍多，与线虫的基因数量大致相当；人具有而鼠没有的基因只有300个。人类基因组的基因密度较低，因为基因组中转座子、内含子和调控序列较多，这些序列在进化过程中对遗传多样性的产生至关重要。

（罗晓婷）

第十二章　DNA 的合成

学习目标

1. 掌握　遗传信息传递的中心法则；DNA 复制的基本规律；DNA 复制的概念、方式及主要酶；逆转录的概念与过程。

2. 熟悉　复制起点、冈崎片段、引发体、负超螺旋的概念；DNA 复制的过程，原核生物 DNA 复制与真核生物 DNA 复制的主要区别；DNA 复制过程及各阶段的特点。

3. 了解　逆转录的发现发展了中心法则；半保留复制的实验依据和意义；真核生物复制的起始、延长、终止过程；逆转录研究的意义；真核生物 DNA 端粒及端粒酶。

内容精讲

第一节　DNA 复制的基本规律

DNA 复制的特征主要包括半保留复制（semi-conservative replication）、双向复制（bidirectional replication）、半不连续复制（semi-discontinuous replication）。同时，DNA 的复制还具有高保真性（high fidelity）。

一、DNA 以半保留方式进行复制

半保留复制指的是在复制时，亲代双链 DNA 解开为两股单链，各自作为模板，依据碱基配对规律，合成序列互补的子代 DNA 双链。依据半保留复制的方式，子代 DNA 中保留了亲代的全部遗传信息，亲代与子代 DNA 之间碱基序列的高度一致遗传的保守性，是物种稳定性的分子基础，但不是绝对的。

二、DNA 复制从起点双向进行

原核生物基因组是环状 DNA，只有一个复制起点（origin）。复制从起点开始，向两个方向进行解链，进行的是单点起始双向复制。真核生物每个染色体又有多个起点，呈多起点双向复制特征。每个起点产生两个移动方向相反的复制叉，复制完成时，复制叉相遇并汇合连接。从一个 DNA 复制起点起始的 DNA 复制区域称为复制子（replicon）。复制子是含有一个复制起点的独立完成复制的功能单位。

三、DNA 复制以半不连续方式进行

沿着解链方向生成的子链 DNA 的合成是连续进行的，这股链称为前导链（leading strand），另一股链因为复制方向与解链方向相反，不能连续延长，只能随着模板链的解开，逐段地从 5′→3′生成引物并复制子链。模板被打开一段，起始合成一段子链；再打开一段，再起始合成另一段子链，这一不连续复制的链称为后随链（lagging strand），沿着后随链的模板链合成的新 DNA 片段被命名为冈崎片段（Okazaki fragment）。

四、DNA 复制具有高保真性

半保留复制确保亲代和子代 DNA 分子之间信息传递的绝对保真性，高保真度 DNA 聚合酶利用严格的碱基配对原则是保证复制保真性的机制之一；体内复制叉的复杂结构提高了复制的准确性；DNA 聚合酶的核酸外切酶活性和校读功能以及复制后修复系统对错配加以纠正。

第二节　DNA 复制的酶学和拓扑学

参与 DNA 复制的体系包含：①4 种不同的底物（substrate）：dATP、dGTP、dCTP、dTTP；②聚合酶（polymerase）：依赖 DNA 的 DNA 聚合酶，简写为 DNA-pol；③模板（template）：解开成两条单链的 DNA 母链；④引物（primer）：提供 3′-OH 末端，使 dNTP 可以依次聚合；⑤其他的酶和蛋白质因子。

一、DNA 聚合酶催化脱氧核苷酸间的聚合

DNA 聚合酶具有 5′→3′的聚合活性和核酸外切酶活性。原核生物有 3 种 DNA 聚合酶，分别为 DNA-pol Ⅰ、DNA-pol Ⅱ、DNA-pol Ⅲ，其中 DNA-pol Ⅰ对复制中的错误进行校对，对复制和修复中出现的空隙进行填补；DNA-pol Ⅱ对模板的特异性不高，即使在已发生损伤的 DNA 模板上，它也能催化核苷酸聚合，因此认为，它参与 DNA 损伤的应急状态修复；DNA-pol Ⅲ是在复制过程中真正起延长作用的酶。

二、DNA 聚合酶的碱基选择和校对功能

DNA 复制的保真性至少要依赖三种机制：①遵守严格的碱基配对规律；②聚合酶在复制延长时对碱基的选择功能；③复制出错时有即时校对功能。

三、复制中 DNA 分子拓扑学变化

DNA 分子的碱基埋在双螺旋内部，只有把 DNA 解成单链，它才能起模板作用。解螺旋酶（helicase）使 DNA 双链解开成为两条单链。引物酶（primase）是复制起始时催化生成 RNA 引物的酶。单链 DNA 结合蛋白（single stranded DNA binding protein，SSB）可在复制中维持模板处于单链状态并保护单链的完整。拓扑异构酶可使 DNA 处于松弛状态。

四、DNA 连接酶连接复制中产生的单链缺口

DNA 连接酶可连接 DNA 链 3′-OH 末端和相邻 DNA 链 5′-P 末端，使二者生成磷酸二酯键，从而把两段相邻的 DNA 链连接成一条完整的链。在复制中起最后接合缺口的作用，在 DNA 修复、重组及剪接中也起缝合缺口的作用，是基因工程中重要的工具酶之一。

第三节　原核生物 DNA 复制过程

原核生物 DNA 复制的过程分为起始、延长和终止。

一、复制的起始

DNA 复制的起始是复制中较为复杂的环节，在此过程中，各种酶和蛋白质因子在复制起点处装配引发体，形成复制叉并合成 RNA 引物。

二、DNA 链的延长

复制的延长指在 DNA-pol 的催化下，dNTP 以 dNMP 的方式逐个加入引物或延长中的子链上，其化学本质是磷酸二酯键的不断生成。领头链的子链沿着 5′→3′方向可以连续地延长，后随

链的合成是不连续的。

三、复制的终止

原核生物的基因是环状 DNA，双向复制的复制片段在复制的终止点（ter）处汇合。

第四节 真核生物 DNA 复制过程

一、真核生物复制的起始与原核生物基本相似

真核生物与原核生物 DNA 复制的差异：真核生物复制子多、冈崎片段短、复制叉前进速度慢等，DNA 复制从引发进入延伸阶段发生 DNA 聚合酶转换，切除冈崎片段 RNA 引物的是核酸酶 RNAse H 和 FEN1 等。

二、真核生物复制的延长发生 DNA 聚合酶转换

现在认为 DNA-pol α 主要催化合成引物，然后迅速被具有连续合成能力的 DNA-pol δ 和 DNA-pol ε 所替换，这一过程称为聚合酶转换。DNA-pol δ 负责合成后随链，DNA-pol ε 负责合成前导链。

三、真核生物 DNA 合成后立即组装成核小体

原有的组蛋白及新合成的组蛋白结合到复制叉后的 DNA 链上，真核生物 DNA 合成后立即组装成核小体。

四、端粒酶参与解决染色体末端复制问题

真核生物染色体 DNA 呈线状，复制在末端停止。染色体两端 DNA 子链上最后复制的 RNA 引物去除后会留下空隙，如果没有端粒酶参与解决染色体末端复制问题，DNA 每复制一次，子代的链就缩短一次。

端粒酶（telomerase）是一种核糖核蛋白（RNP），由 RNA 和蛋白质组成，端粒酶以自己的 RNA 组分作为模板，以染色体的 3′-端 ssDNA（后随链模板）为引物，将端粒序列添加于染色体的 3′-端。这些新合成的 DNA 为单链。

五、真核生物染色体 DNA 在每个细胞周期中只能复制一次

真核生物所有染色体 DNA 复制仅仅出现在细胞周期的 S 期，而且只能复制一次。

第五节 逆转录

一、逆转录病毒的基因组 RNA 以逆转录机制复制

RNA 病毒的基因组是 RNA，而不是 DNA，其复制方式是逆转录。以 RNA 为模板合成 DNA，催化该反应的酶是逆转录酶，全称为依赖 RNA 的 DNA 聚合酶。

二、逆转录的发现发展了中心法则

逆转录酶和逆转录现象，是分子生物学研究中的重大发现，逆转录现象说明至少在某些生物，RNA 同样兼有遗传信息传代与表达功能，对逆转录病毒的研究，拓宽了 20 世纪初已注意到的病毒致癌理论。

同步练习

一、单项选择题

1. 合成 DNA 的原料是（　　）。
   A. dAMP，dGMP，dCMP，dTMP
   B. dATP，dGTP，dCTP，dTTP
   C. dADP，dGDP，dCDP，dTDP
   D. ATP，GTP，CTP，UPT
   E. AMP，GMP，CMP，UMP
2. DNA 复制时，以序列 5′-TpApGpAp-3′为模板将合成的互补结构是（　　）。
   A. 5′-pTpCpTpA-3′
   B. 5′-pApTpCpT-3′
   C. 5′-pUpCpUpA-3′
   D. 5′-pGpCpGpA-3′
   E. 3′-pTpCpTpG-5′
3. 端粒酶是一种（　　）。
   A. DNA 聚合酶
   B. RNA 聚合酶
   C. DNA 水解酶
   D. 逆转录酶
   E. 连接酶
4. 在 DNA 复制中 RNA 引物的作用是（　　）。
   A. 使 DNA 聚合酶Ⅲ活化
   B. 使 DNA 双链解开
   C. 提供 5′-P 末端作合成新 DNA 链的起点
   D. 提供 3′-OH 末端作合成新 DNA 链的起点
   E. 提供 5′-OH 末端作合成新 DNA 链的起点
5. 关于大肠杆菌 DNA 聚合酶Ⅰ的说法正确的是（　　）。
   A. 具有 3′→5′核酸外切酶活性
   B. 具有 5′→3′核酸内切酶活性
   C. 是唯一参与大肠杆菌 DNA 复制的聚合酶
   D. dUTP 是它的一种作用物
   E. 可催化引物的合成
6. 关于大肠杆菌 DNA 聚合酶Ⅲ的说法错误的是（　　）。
   A. 催化 dNTP 连接到 DNA 片段的 5′-羟基末端
   B. 催化 dNTP 连接到引物链上
   C. 需要四种不同的 dNTP 为作用物
   D. 是由多种亚基组成的不对称二聚体
   E. 在 DNA 复制链的延长中起主要作用
7. 关于真核生物 DNA 聚合酶的说法错误的是（　　）。
   A. DNA-pol α 与引发酶共同参与引发作用
   B. DNA-pol δ 催化链的生成
   C. DNA-pol β 催化线粒体 DNA 的生成
   D. PCNA 参与 DNA-pol δ 的催化作用
   E. 真核生物 DNA-pol 有 α、β、γ、δ 和 ε 5 种
8. DNA 复制时，下列酶中不需要的是（　　）。
   A. DNA 指导的 DNA 聚合酶
   B. DNA 连接酶
   C. 拓扑异构酶
   D. 解链酶
   E. 限制性内切酶
9. DNA 复制时，子代 DNA 的合成方式是（　　）。
   A. 两条链均为不连续合成
   B. 两条链均为连续合成
   C. 两条链均为不对称转录合成
   D. 两条链均为 5′→3′合成
   E. 一条链 5′→3′，另一条链 3′→5′
10. DNA 复制需要①解链酶②引物酶③DNA 聚合酶④拓扑异构酶⑤DNA 连接酶。其作用的顺序是（　　）。

A. ①，②，④，③，⑤　　B. ④，①，②，③，⑤
C. ①，④，③，②，⑤　　D. ①，④，②，③，⑤
E. ④，③，②，⑤，①

二、名词解释

1. 核酸外切酶
2. 半保留复制

三、填空题

1. DNA 在复制时，子链继承母链遗传信息的方式是________。
2. DNA 复制的主要特征有________、________、________、________。
3. 常见的真核细胞 DNA 聚合酶有 5 种，分别是________、________、________、________、________。
4. 原核生物的 DNA 聚合酶________参与了 DNA 损伤的应激修复。

四、问答题

1. 参与 DNA 复制的物质有哪些？
2. 试述逆转录的基本过程。

参考答案

一、单项选择题

1. B。合成 DNA 的原料是 dNTP，故选 B。

2. A。DNA 复制时，以序列 5′-TpApGpAp-3′为模板将合成的互补结构是 5′-pTpCpTpA-3′，故选 A。

3. D。端粒酶是一种逆转录酶，故选 D。

4. D。在 DNA 复制中 RNA 引物的作用是提供 3′-OH 末端作合成新 DNA 链的起点，故选 D。

5. A。大肠杆菌 DNA 聚合酶Ⅰ具有 3′→5′核酸外切酶活性，故选 A。

6. A。大肠杆菌 DNA 聚合酶Ⅲ催化 dNTP 连接到 DNA 片段的 3′-羟基末端，A 项错误，故选 A。

7. C。真核生物 DNA 聚合酶 γ 催化线粒体 DNA 的生成，C 项错误，故选 C。

8. E。DNA 复制时，下列酶中不需要的是限制性内切酶，故选 E。

9. D。DNA 复制时，子代 DNA 的合成方式是两条链均为 5′→3′合成，故选 D。

10. B。DNA 复制所需酶的作用顺序是拓扑异构酶、解链酶、引物酶、DNA 聚合酶、DNA 连接酶，故选 B。

二、名词解释

1. 核酸外切酶：是指能从核酸链的末端把核苷酸依次水解出来的酶，外切酶是有方向性的。

2. 半保留复制：在复制时，亲代双链 DNA 解开为两股单链，各自作为模板，依据碱基配对规律，合成序列互补的子代 DNA 双链。

三、填空题

1. 半保留复制

2. 半保留复制　双向复制　半不连续复制　高保真性复制

3. DNA-pol α　DNA-pol β　DNA-pol γ　DNA-pol δ　DNA-pol ε

4. Ⅱ

四、问答题

1. 答：参与 DNA 复制的物质有如下所述的几种。①底物：dATP、dGTP、dCTP、dTTP；②聚合酶：依赖 DNA 的 DNA 聚合酶，简写为 DNA-pol；③模板：解开成两条单链的 DNA 母链；④引物：提供 3′-OH 末端，使 dNTP 可以依次聚合；⑤其他的酶和蛋白质因子。

2. 答：逆转录的基本过程分为三步：首先，逆转录酶以 RNA 为模板催化 dNTP 聚合生成 DNA 互补链，形成杂化双链；然后，杂化双链的 RNA 被逆转录酶水解；逆转录酶再以剩下的单链为模板，合成第二条 DNA 互补链，产物是双链 DNA。

（吴素珍）

第十三章　DNA 损伤和修复

学习目标

1. **掌握**　DNA 损伤的概念；DNA 损伤的类型及修复方式。
2. **熟悉**　诱发 DNA 损伤的物理和化学因素。
3. **了解**　DNA 损伤修复的类型；DNA 损伤及其修复的意义。

内容精讲

第一节　DNA 损伤

一、多种因素通过不同机制导致 DNA 损伤

各种体内外因素所导致的 DNA 组成与结构的变化称为 DNA 损伤（DNA damage）。诱发 DNA 损伤的因素有体内因素和体外因素。体内因素有机体自身代谢物、DNA 短重复序列（复制打滑）、碱基互构异变、4 种 dNTP 浓度不平衡、DNA 本身的热不稳定性；体外因素有药物、环境辐射、化学毒物、病毒感染。

二、DNA 损伤有多种类型

DNA 损伤的类型有如下几种：碱基损伤、糖基破坏、碱基错配、DNA 断裂、DNA 交联。

第二节　DNA 损伤修复

DNA 损伤修复的类型有直接修复、切除修复、重组修复和跨越损伤修复。直接修复有嘧啶二聚体的直接修复、甲基化碱基的直接修复、单链断裂切口的直接修复。切除修复有碱基切除修复、核苷酸切除修复、转录偶联修复。重组修复主要有同源重组修复。跨越损伤修复有重组跨越损伤修复、合成跨越损伤修复。

第三节　DNA 损伤及其修复的意义

一、DNA 损伤具有双重效应

DNA 损伤的生物学后果：一是给 DNA 带来永久性的改变，即突变，可能改变基因的编码序列或者基因的调控序列；二是 DNA 的这些改变使得 DNA 不能用作复制和转录的模板，使细胞的功能出现障碍，重则死亡。

二、DNA 损伤修复缺陷与多种疾病相关

与 DNA 损伤修复系统缺陷有关的人类疾病见表 13-1。

表 13-1 与 DNA 损伤修复系统缺陷有关的人类疾病

类别	易患疾病
着色性干皮病	皮肤癌、黑色素瘤
遗传性非息肉性结肠癌	结肠癌、卵巢癌
遗传性乳腺癌	乳腺癌、卵巢癌
Bloom 综合征	白血病、淋巴瘤
范科尼贫血	再生障碍性贫血、白血病、生长迟缓
Cockyne 综合征	视网膜萎缩、侏儒、耳聋、早衰、对 UV 敏感
毛发硫营养不良症	毛发易断、生长迟缓

同步练习

一、单项选择题

1. 在紫外线照射对 DNA 分子的损伤中最常见形成的二聚体是（　　）。
   A. C-C　　B. C-T　　C. T-T
   D. T-U　　E. U-C
2. DNA 损伤后切除修复的说法中错误的是（　　）。
   A. 修复机制中以切除修复最为重要
   B. 切除修复包括有重组修复及 SOS 修复
   C. 切除修复包括糖基化酶起始作用的修复
   D. 切除修复中有以 Uvr ABC 进行的修复
   E. 是对 DNA 损伤部位进行切除，随后进行正确合成的修复
3. 胸腺嘧啶二聚体阻碍 DNA 合成的机制是（　　）。
   A. DNA 的合成将停止在二聚体并使合成受阻
   B. 使 DNA 聚合酶失活
   C. 使 DNA 模板链断裂
   D. 使两股 DNA 链间形成负超螺旋
   E. 使 dNTP 无法进入 DNA 合成链
4. 减少染色体 DNA 端区降解和缩短的方式是（　　）。
   A. 重组修复　　B. Uvr ABC　　C. SOS 修复
   D. DNA 甲基化修饰　　E. TG 重复序列延长

二、填空题

1. DNA 损伤的类型有如下几种：________、________、________、DNA 断裂、DNA 交联。
2. Uvr A、Uvr B、Uvr C 三种蛋白质在 DNA 损伤修复中的作用是________，其中________有酶的作用。

参考答案

一、单项选择题

1. C。在紫外线照射对 DNA 分子的损伤中最常见形成的二聚体是 T-T，故选 C。

2. B。切除修复不包括重组修复及 SOS 修复，B

项错误，故选 B。

3. A。胸腺嘧啶二聚体阻碍 DNA 合成的机制是 DNA 的合成将停止在二聚体并使合成受阻，故选 A。

4. E。减少染色体 DNA 端区降解和缩短的方式是 TG 重复序列延长，故选 E。

二、填空题

1. 碱基损伤　糖基破坏　碱基错配
2. 切除损伤的 DNA　Uvr B

（吴素珍）

第十四章　RNA 的合成

学习目标

1. 掌握　转录的概念；参与转录所需物质及其功能；原核生物和真核生物 RNA 聚合酶的种类、组成及功能；真核生物 mRNA 的转录后加工。

2. 熟悉　转录的过程。

3. 了解　tRNA 和 rRNA 的转录后加工。

内容精讲

生物体以 DNA 为模板，在 RNA 聚合酶的催化作用下以 5′-三磷酸核苷酸为原料合成与模板互补的 RNA，这个过程称为转录（transctiption），细胞内的各类 RNA 都是通过转录生成的，信使 RNA（messenger RNA，mRNA）是蛋白质合成的直接模板，DNA 分子上的遗传信息是决定蛋白质氨基酸序列的原始模板，转录实际上就是把 DNA 的碱基序列转抄成 RNA 的碱基序列，通过 RNA 的合成，遗传信息从染色体的储存状态转送至细胞质，从功能上衔接 DNA 和蛋白质这两种生物大分子。

转录产物除编码 mRNA、tRNA 和 rRNA 外，在真核细胞还有核仁小 RNA（small nucleolar，snoRNA）、核小 RNA（small nuclear RNA，snRNA）、微 RNA（microRNA，miRNA）、干扰小 RNA（small interfering RNA，siRNA）等非编码 RNA，这些非编码 RNA 是保障遗传信息传递的关键因子，有些在基因表达调控过程中表现出重要的生物学功能。经转录生成的各类 RNA（原核 mRNA 除外）还需加工才能成为具有生物学功能的成熟的 RNA。

此外，某些 RNA 病毒是通过 RNA 复制的方式合成 RNA，在宿主细胞内以病毒的单链 RNA 为模板合成 RNA，如 SARS 病毒、乙型肝炎病毒、禽流感病毒（H_5N_1、H_7N_9 等）等。

第一节　原核生物转录的模板和酶

RNA 的合成属于酶促反应，转录反应体系中包括 DNA 模板、4 种三磷酸核苷酸（ATP、GTP、CTP、UTP）、DNA 依赖的 RNA 聚合酶（RNA-dependent RNA polymerase，RNA-pol）、某些蛋白质因子及必要的无机离子如 Mg^{2+} 等。合成方向为 5′→3′，核苷酸间的连接方式为 3′,5′-磷酸二酯键。

一、原核生物转录的模板

在遗传信息传递的过程中，生物体为保留全部的遗传信息，DNA 基因组全部进行复制；但是转录却不同，只有少部分基因按细胞的不同发育时期、生理需要和生存环境进行转录。通常将能编码 RNA 或蛋白质的编码基因称为结构基因，在结构基因的 DNA 双链上，一股链作为模板，按碱基互补规律指导转录生成 RNA，这股转录时作为 RNA 合成模板的单链称为模板链（template strand），相对应的另一股单链称为编码链（coding strand）。转录产物若是 mRNA，则可用作翻译的模板，决定蛋白质的氨基酸序列，模板链既与编码链互补，又与mRNA互补，可见mRNA的碱基序列除用U代替T外，与编码链是一致的。文献刊出的各个基因的碱基序列，为避免烦琐和便于查对遗传密码子，一般只写出编码链。在原核生物，一个包含多基因的DNA双链分子中，一个基因只有一股链可转录生成其编码产物，各个基因的模板链并不总在同一条链上，在某个基因节段以其中某一条链为模板进行转录，而在另一个基因节段上可能是以与其对应的单链为模板。

二、原核生物的RNA聚合酶

RNA-pol催化RNA的合成反应，该反应以DNA为模板，以4种三磷酸核苷酸（ATP、GTP、CTP、UTP）为基本原料，还需要Mg^{2+}的参与。RNA合成的化学机制与DNA的复制合成相似，RNA聚合酶催化RNA的合成反应可以表示为：$(NMP)_n + NTP \rightarrow (NMP)_{n+1} + PPi$，RNA-pol和双链DNA结合时活性最高，以其中一股链为模板，新加入的核苷酸以Watson-Crick碱基配对原则和模板的碱基互补。注意在转录过程中与模板DNA链中A配对的是U而不是T。RNA-pol能够在转录起点处直接启动转录，催化两个核苷酸之间生成磷酸二酯键，因而转录不需要引物。

原核生物中的RNA聚合酶在组成、分子量及功能上极其相似。大肠杆菌（*E.coli*）的RNA-pol是目前研究得比较透彻的分子，它是由5种亚基（α、β、β′、ω、σ）组成的六聚体（$\alpha_2\beta\beta'\omega\sigma$），分子量达450000，各亚基的功能见表14-1。

表14-1 大肠杆菌的RNA聚合酶

亚基	分子量	亚基数目	功能
α	36500	2	决定哪些基因被转录
β	150600	1	与转录全过程有关(催化)
β′	155600	1	结合DNA模板(开链)
ω	11000	1	β′亚基的折叠和稳定性；募集σ亚基
σ	70200	1	辨认转录起点

核心酶（core enzyme）由$\alpha_2\beta\beta'\omega$亚基组成，σ亚基（又称σ因子，sigma factor）加上核心酶称为RNA聚合酶全酶。σ亚基能辨认DNA模板上的转录起始部位（启动子），在转录起始时需要RNA聚合酶全酶，转录延长阶段则仅需要核心酶。*E.coli*中含有多种σ因子，能够识别不同基因的启动子，从而使RNA聚合酶能特异地启动不同基因的转录。

抗结核药物利福平可以特异性抑制原核生物的RNA-pol，它特异性地结合RNA聚合酶的β亚基，从而影响核糖核酸的合成和蛋白质的代谢，导致细菌生长繁殖停止而达到杀菌作用。

第二节 原核生物的转录过程

原核生物的转录过程可分为转录起始、转录延长和转录终止三个阶段。

一、原核生物的转录起始

RNA-pol以全酶的形式结合在DNA的转录起始部位，促使DNA双链解开，催化核苷酸间的聚合反应，启动转录。

第一步是RNA聚合酶识别并结合启动子，形成闭合转录复合体，其中的DNA仍保持完整的双链结构。在起始阶段需要RNA聚合酶全酶，依靠全酶中的σ亚基辨认转录起始区和转录起点。首先被辨认的是−35区的TTGACA序列，在这一区段，酶与模板的结合松弛，接着RNA聚合酶移到−10区的TATAAT序列，并跨过了转录起点，形成了与DNA模板的稳定结合。

第二步是DNA双链解开，闭合转录复合体成为开放转录复合体。开放转录复合体中DNA分子接近−10区的部分双螺旋解开后转录开始。无论是转录起始还是延长过程中，DNA双链解开的长度保持在17bp左右。

第三步是RNA聚合酶全酶催化第一个磷酸二酯键的生成。转录不需要引物，两个与模板配对的相邻核苷酸，在RNA聚合酶的催化下生成磷酸二酯键。转录起点配对生成的RNA的第一位核苷酸以GTP或ATP较为常见。当5′-端第一位核苷酸与第二位核苷酸聚合生成磷酸二酯键后，仍保留第一位核苷酸的3个磷酸基团，生成的聚合物是5′-pppGpN-OH-3′，释放焦磷酸，第二位核苷酸掺入NMP，保留其3′-端的游离羟基，这样就可以接收新的NTP并发生聚合反应，不断生成磷酸二酯键，使RNA链延长下去。

RNA合成开始时会发生流产式起始（abortive initiation）的现象。发生流产式起始的时候，RNA-pol合成长度小于10个核苷酸的RNA分子，并将这些短片段RNA从聚合酶上释放而终止转录。这个过程在进入转录延长阶段前重复多次，从而产生多个短片段RNA。流产式起始被认为是启动子校对的过程。

当一个聚合酶成功合成一条超过10个核苷酸的RNA时，便形成一个稳定的三重复合体（DNA模板、RNA-pol、RNA片段），σ亚基从转录起始复合物上脱落，并离开启动子，RNA聚合酶变构为核心酶，转录进入延长阶段。

二、原核生物的转录延长

σ亚基脱落，RNA聚合酶从全酶形式变构为核心酶后，转录进入延长阶段，脱落的σ亚基又可以再参与形成另一个全酶，反复使用。RNA聚合酶核心酶结合在模板DNA链上，四种NTP按与DNA模板的碱基互补配对关系逐一进入，并在核心酶的催化下，后进入NTP的5′-P端与前面已生成的RNA链的3′-OH端生成磷酸二酯键，从而催化RNA链按5′→3′方向逐渐延长。

RNA链延长时，核心酶会沿着模板DNA不断向下游移动。聚合反应局部前方的DNA双链不断解链，合成完成后的部分又会重新恢复双螺旋结构。核心酶覆盖的DNA区段大概在40bp左右，但是DNA链的解链范围始终保持在17bp的长度，在转录延长过程中转录复合物的外观类似空泡状，被称为“转录泡”。

转录出的RNA与模板链之间遵循碱基配对原则，GC配对，UA配对，但是如果模板链上出现A时，转录产物RNA中就配以U，形成的DNA/RNA杂化双链中碱基配对的稳定性中，G≡C之间形成三个氢键的稳定性是最强的，其次是T═A，而A═U配对的稳定性是最差的，所以随着RNA聚合酶的核心酶在模板链上的移动，转录产物RNA链不断延长，RNA链的5′-端从杂化双链上脱离下来，向空泡外伸展，仅在它的3′-端保留着8bp长度的RNA-DNA杂合双链，已完成转录的局部DNA双链又重新恢复双螺旋结构，模板DNA的双螺旋结构随着核心酶的移动不断地发生解链和再重新恢复双螺旋的动态变化。

在同一个DNA模板分子上，有许多个转录复合体同时在进行着RNA的合成；在新合成的mRNA链上还可以观察到上面结合了许多个核糖体，这些现象表明在原核生物RNA链的转录合成还没有完成的时候，蛋白质的合成就已经开始了，原核生物中转录和翻译同步进行是比较普遍的现象，保证了转录和翻译都以高效率进行，满足它们快速增殖的需要。

三、原核生物的转录终止

当RNA聚合酶核心酶滑行到DNA模板链的转录终止部位时，停顿下来不再前进，转录产物 RNA 链从转录复合物上脱落下来，转录终止。依据是否需要蛋白质因子的参与，原核生物的转录终止分为非依赖 ρ（Rho）因子和依赖 ρ 因子两种类型。

（一）非依赖 ρ 因子的转录终止

在 RNA 链延长过程中，DNA 模板上靠近转录终止的地方有一些特殊的碱基序列，转录出 RNA 后，RNA 产物可以形成特殊的结构来终止转录，这种转录终止方式中可导致终止的 RNA 产物的 3′-端常常出现很多个连续的 U，它上游的一段特殊碱基序列又可以形成茎环或者发夹形式的二级结构，这些结构的形成是非依赖 ρ 因子的转录终止信号。

RNA 链延长到接近终止区时，转录出的 RNA 片段随即形成茎环结构。这种二级结构是阻止转录继续进行的关键。一方面，由于这种二级结构的形成，势必会影响到 RNA 聚合酶的构象，因为 RNA 聚合酶不仅覆盖着转录延长区，也覆盖着部分 3′-端新合成的 RNA 链，包括刚形成的茎环结构，RNA 聚合酶构象发生改变了，进而就会影响 RNA 聚合酶和 DNA 模板的结合，RNA 聚合酶不再向下游移动，在 DNA 模板链上停顿下来。另一方面，也是因为 RNA 茎环结构的形成，使原本就不稳定的 DNA/RNA 杂化双链更加不稳定，RNA 从 DNA 模板链上脱离，单链 DNA 复原为双链结构，转录泡关闭，转录就终止了。另外，RNA 链上的多聚 U 也是促使 RNA 链从模板上脱落的重要因素。

（二）依赖 ρ 因子的转录终止

ρ 因子是由相同亚基组成的六聚体蛋白质，亚基分子量为 46000，ρ 因子能够结合 RNA，又以对 poly C 的结合力最强，ρ 因子还具有 ATP 酶活性和解旋酶活性。在依赖 ρ 因子的转录终止中，产物 RNA 的 3′-端会依照 DNA 模板，产生比较丰富而且有规律的 C 碱基，ρ 因子正是识别并结合转录产物 RNA 上的这些终止信号序列，ρ 因子与 RNA 结合后会引起 ρ 因子和 RNA 聚合酶构象的变化，从而使 RNA 聚合酶在模板链上停顿下来不再前进，ρ 因子的解旋酶活性，能够使 DNA/RNA 杂化双链拆离，RNA 产物从转录复合物中释放出来，转录就终止了。

第三节 真核生物 RNA 的合成

真核生物转录过程与原核生物相似，但远远比原核生物复杂。真核生物和原核生物的转录都需要 DNA 模板，均由 RNA 聚合酶催化磷酸二酯键的生成，转录的方向都是 5′→3′，但是真核生物和原核生物的 RNA-pol 种类不同，结合模板的特性不一样。原核生物的 RNA-pol 可直接结合 DNA 模板，而真核生物的 RNA-pol 需要转录因子（transcription factors，TF）的参与才能与模板结合，所以两者在转录起始过程中有较大区别，转录终止也不相同。真核基因组中转录生成的 RNA 中有 20%以上存在反义 RNA（antisense RNA），揭示某些 DNA 双链区域中在不同的时间点两条链都可以作为模板进行转录。

一、真核生物的 RNA 聚合酶

真核生物至少具有 3 种主要的 RNA 聚合酶，分别是 RNA 聚合酶Ⅰ、RNA 聚合酶Ⅱ和 RNA 聚合酶Ⅲ，它们选择性转录不同的基因，产生不同的产物（表 14-2）。三种 RNA 聚合酶在相应的转录因子的协助下分别结合到三种不同类型的启动子，启动子是指 DNA 分子上能够介导 RNA 聚合酶结合并形成转录起始复合体的序列。RNA 聚合酶Ⅱ是真核生物最活跃的 RNA 聚合酶，RNA 聚合酶Ⅱ在细胞核内转录生成 hnRNA，然后加工成为成熟的 mRNA 并转运到细胞质中作为翻译的模板参与蛋白质的生物合成过程。

表 14-2 真核生物的 RNA 聚合酶

种类	定位	转录产物	对鹅膏蕈碱的反应
Ⅰ	核仁	45S rRNA(加工生成 28S、5.8S 和 18S rRNA)	耐受
Ⅱ	核内	前体 mRNA,lncRNA,piRNA,miRNA	极敏感
Ⅲ	核内	tRNA,5S rRNA,snRNA	中度敏感

二、真核生物 RNA 的转录过程

RNA 聚合酶Ⅱ催化基因转录的过程分为 3 个期：起始期、延长期和终止期。起始期和延长期都有相关的蛋白质参与。

（一）真核生物的转录起始

真核生物的起始过程比原核生物复杂，真核生物的转录起始上游区段比原核生物多样化，不同物种、不同细胞或不同的基因，转录起点上游可以有不同的 DNA 序列，这些序列都可以称为顺式作用元件。顺式作用元件按功能分主要有启动子、增强子、沉默子和绝缘子等。

真核生物转录起始时，除需要 RNA 聚合酶外，还需要多种转录因子的参与，通常把能直接、间接辨认和结合转录上游区段 DNA 或增强子的蛋白质，统称为反式作用因子，反式作用因子包括通用转录因子和特异转录因子。其中通用转录因子也称为基本转录因子，是直接或间接结合 RNA 聚合酶的一类转录调控因子。相应于 RNA 聚合酶Ⅰ、Ⅱ、Ⅲ的 TF，分别称为 TFⅠ、TFⅡ、TFⅢ。

真核转录起始的时候，首先是 TFⅡD 的 TATA 盒结合蛋白（TATA binding protein，TBP）结合Ⅱ类启动子的 TATA 盒，其他转录因子 TFⅡA、TFⅡB、TFⅡF、TFⅡE、TFⅡH 的陆续加入组装形成闭合复合体，装配形成转录前复合物，其中 TFⅡH 具有解旋酶活性，能使转录起点附近的 DNA 双螺旋解开，使闭合复合体成为开放复合体，启动转录。当合成一段含有 30 个左右核苷酸的 RNA 时，TFⅡE 和 TFⅡH 释放，RNA 聚合酶Ⅱ进入转录延长期。参与 RNA 聚合酶Ⅱ转录的 TFⅡ见表 14-3。

表 14-3 参与 RNA 聚合酶Ⅱ转录的 TFⅡ

转录因子	功能
TFⅡA	辅助和加强 TBP 与 DNA 的结合
TFⅡB	稳定 TFⅡD-DNA 复合物,介导 RNA-polⅡ的募集
TFⅡD	含 TBP 亚基,结合启动子的 TATA 盒
TFⅡE	募集 TFⅡH;结合单链 DNA,稳定解链状态
TFⅡF	结合 RNA-polⅡ并随其进入转录延长阶段,防止其与 DNA 的接触
TFⅡH	解旋酶和 ATP 酶活性;作为蛋白激酶参与 CTD 磷酸化

（二）真核生物的转录延长

真核生物的转录延长过程与原核生物大致相似，但与原核生物的转录延长不同的是，真核细胞因有核膜相隔，转录在核内完成，翻译在胞质中进行，所以真核生物没有转录与翻译同步的现象。真核生物基因组 DNA 在双螺旋结构的基础上，与多种组蛋白组成核小体，所以在真核生物转录延长过程中 RNA 聚合酶前移处都能遇上核小体，转录延长可以观察到核小体移位和解聚的现象。

（三）真核生物的转录终止

真核生物的转录终止，是和转录后修饰密切相关的。研究发现，真核生物结构基因的下游，常常有一组共有序列 AATAAA，再下游还有相当多的 GT 序列，这些序列称为转录终止修饰点。转录越过修饰点，mRNA 在修饰点处被切断，随即加入 3′-端多聚腺苷酸（poly A）尾巴结构及 5′-端帽子结构；下游的 RNA 虽然继续转录，但很快被 RNA 酶降解。

第四节 真核生物转录后的加工修饰

真核生物转录生成的 RNA 分子是前体 RNA，也称为初级 RNA 转录物，它们没有生物学活性，几乎所有的初级 RNA 转录物都要经过加工，才能成为具有功能的成熟的 RNA。加工主要在细胞核中进行，主要有剪接、剪切、修饰和添加等方式。

一、真核前体 mRNA 的加工

真核生物 mRNA 的初级转录产物为核不均一 RNA（heterogeneous nuclear RNA，hnRNA）。真核生物前体 mRNA 在细胞核内合成后，需要进行 5′-端和 3′-端的修饰以及剪接等转录后加工修饰，才能成为成熟的 mRNA，被转运到细胞质中指导蛋白质的合成。

（一）5′-端加入“帽子”结构

大多数真核 mRNA 的 5′-端有 7-甲基鸟嘌呤的帽结构。RNA 聚合酶Ⅱ催化合成的新生 RNA 在长度达 25～30 个核苷酸时，新生 RNA 的 5′-端的核苷酸可以和 7-甲基鸟嘌呤核苷通过不常见的 5′,5′-三磷酸连接键相连。加帽过程由加帽酶和甲基转移酶催化完成，加帽酶具有磷酸酶和鸟苷酸转移酶活性，先利用它的磷酸酶活性水解去除新生 RNA 的 5′-端核苷酸的 γ-磷酸，利用它的 mRNA 鸟苷酸转移酶活性，将一个 GTP 分子中的 GMP 部分和新生 RNA 的 5′-端结合，形成 5′,5′-三磷酸结构；然后由 *S*-腺苷甲硫氨酸提供甲基，在相应的甲基转移酶的催化下，使加上去的 GMP 中鸟嘌呤的 N-7 和原来新生 RNA 的 5′-端核苷酸的核糖 2′-*O* 甲基化，形成帽子结构 m^7Gp-ppNm，5′-帽结构的作用主要是保护 mRNA 免遭核酸酶的水解，在翻译起始时也能与帽结合蛋白结合，并参与 mRNA 和核糖体的结合，从而促进蛋白质的合成。

（二）3′-端加入多聚腺苷酸“尾”结构

真核 mRNA 的 3′末端的多聚腺苷酸“尾”结构也是转录加工过程中形成的，除了组蛋白的 mRNA，在 3′-端都有多聚腺苷酸（poly A）尾结构，大约有 80～250 个腺苷酸。目前认为，在加入 poly A 尾之前，先由核酸内切酶切去前体 mRNA 3′-端的一些核苷酸，然后加入 poly A 尾。前体 mRNA 上的断裂点也是聚腺苷酸化的起点，尾部修饰是和转录终止同时进行的。一般认为 poly A 尾的长度与 mRNA 的寿命成正相关，随着 poly A 尾的缩短，以该 mRNA 作为模板的翻译活性下降。因此，认为 poly A 的有无和长短与维持 mRNA 本身的稳定性和 mRNA 作为翻译模板的活性高低有关。

（三）hnRNA 的剪接

真核基因通常是断裂基因（split gene），由若干个编码区和非编码区相互间隔又连续镶嵌而成，断裂基因和转录的初级产物中具有表达活性的编码序列称为外显子（exon），位于外显子之间、与 mRNA 剪接过程中被删除部分相对应的间隔序列则称为内含子（intron）。每个基因的内含子数目比外显子要少 1 个。内含子和外显子同时出现在最初合成的 mRNA 前体中，在合成后内含子被切除，把外显子连接为成熟 mRNA 的过程就是 hnRNA 的剪接。剪接过程中内含子形成套索 RNA 被剪除，内含子在剪接接口处剪除，剪接过程需要两次转酯反应，剪接发生在剪接体。

（四）前体 mRNA 的可变剪接

前体 mRNA 的加工除了进行剪接，有些还可以进行剪切。剪切则是在加工过程中剪去某些内含子后，在上游的外显子 3′-端再进行多聚腺苷酸化，不进行相邻外显子之间的连接反应；而剪接是指剪切后又将相邻的外显子片段连接起来。有些前体 mRNA 分子可剪切或剪接加工成结构有所不同的 mRNA，这一现象称为可变剪接，又称选择性剪接。可变剪接提高了有限的基因数目的利用率，是增加生物蛋白质多样性的机制之一。

（五）RNA 编辑

某些基因转录产生的 mRNA 经过局部编辑加工后可以发生改变，导致基因最终的蛋白质产物的氨基酸序列与基因的初级转录产物序列并不完全对应，mRNA 上的一些序列在转录后发生了改变，称为 RNA 编辑（RNA editing）。经 RNA 编辑使同一基因能产生不同的 mRNA，并指导多条多肽链的合成。如人类基因组上的载脂蛋白 B 基因转录可产生两种载脂蛋白：ApoB100 和 ApoB48，RNA 编辑作用说明，基因的编码序列经过转录后加工，是可有多用途分化的，因此也称为分化加工（differential RNA processing）。

二、真核前体 rRNA 的加工

真核前体 rRNA 经过剪切形成不同类别的 rRNA，真核生物基因组的 rRNA 基因中，转录出的 45S rRNA 经过某些核糖核酸内切酶和核糖核酸外切酶的剪切，去除内含子等序列，产生成熟的 18S、5.8S 以及 28S rRNA。rRNA 成熟后，就在核仁上装配，与核糖体蛋白质一起形成核糖体，输送到胞质，参与蛋白质的合成过程。

三、真核前体 tRNA 的加工

真核前体 tRNA 分子需要多种转录后加工才能成为成熟的 tRNA，主要包括前体 tRNA 分子 5′-端核苷酸前导序列的切除、3′-端氨基酸臂添加上特有的 CCA 末端、茎环结构中碱基修饰为稀有碱基等，前体 tRNA 分子折叠成特殊的二级结构后，还会发生剪接反应，切除茎环结构中部的内含子。经过一系列加工，前体 tRNA 分子成为成熟的 tRNA，再输送到胞质，作为氨基酸的运载工具参与蛋白质的合成过程。

同步练习

一、单项选择题

1. 原核生物 RNA 聚合酶 σ 的作用是（　　）。

A. 决定哪些基因被转录　B. 解链　C. 辨认转录起点
D. 稳定其他亚基　E. 催化 NTP 聚合

2. 有关原核生物 RNA 聚合酶的叙述，不正确的是（　　）。

A. σ 因子参与启动　B. 全酶含有 σ 因子
C. 核心酶由 $\alpha_2\beta\beta'\omega$ 组成　D. 全酶与核心酶的差别在于 β 亚基的存在
E. 直接与启动子结合

3. 比较复制与转录，下列说法错误的是（　　）。

A. 新生链的合成都遵循碱基配对的原则　B. 新生链的合成方向均为 5′→3′

C. 聚合酶均催化3′，5′-磷酸二酯键的形成　D. 模板都是DNA分子
E. 都需要NTP为原料

4. 真核生物催化转录生成前体mRNA的酶是（　）。
A. DNA聚合酶Ⅲ　B. RNA聚合酶Ⅰ　C. RNA聚合酶Ⅱ
D. RNA聚合酶Ⅲ　E. DNA聚合酶Ⅰ

5. 有关原核生物RNA的合成下列哪项描述是错误的？（　）
A. RNA聚合酶与DNA双链结合活性最高　B. 转录起始需要引物
C. RNA链的合成方向为5′→3′　D. 原料是NTP
E. 以DNA双链中的一股链作模板

6. 对鹅膏蕈碱最敏感的酶是（　）。
A. RNA聚合酶Ⅰ　B. RNA聚合酶Ⅱ　C. RNA聚合酶Ⅲ
D. DNA聚合酶Ⅰ　E. DNA聚合酶Ⅱ

7. RNA聚合酶核心酶的组成是（　）。
A. $\alpha\beta\beta'$　B. $\alpha\beta'\beta'$　C. $\alpha\beta\beta$
D. $\alpha_2\beta\beta'\omega$　E. $\alpha_2\beta\beta'\sigma$

8. 前体mRNA转录后的加工不包括（　）。
A. 5′-端加帽子结构　B. 3′-端加poly A尾　C. 切除内含子
D. 连接外显子　E. 3′-端加CCA尾

9. 原核生物RNA聚合酶的特异性抑制剂是（　）。
A. 链霉素　B. 氯霉素　C. 鹅膏蕈碱
D. 亚硝酸盐　E. 利福平

10. 真核生物参与RNA聚合酶Ⅱ转录的转录因子中，能结合TATA盒的是（　）。
A. TFⅡA　B. TFⅡB　C. TFⅡD
D. TFⅡE　E. TFⅡF

二、名词解释

1. 转录
2. 外显子
3. 内含子

三、问答题

1. 简述参与原核生物转录所需的物质及其功能。
2. 真核生物前体mRNA要经过哪些加工才能成为有功能的成熟的mRNA？

参考答案

一、单项选择题

1. C。原核生物RNA聚合酶是由5种亚基（α、β、β′、ω、σ）组成的六聚体（$\alpha_2\beta\beta'\omega\sigma$），其中σ的作用是辨认转录起点，故选C。

2. D。原核生物RNA聚合酶各亚基的功能：α决定哪些基因被转录；β与转录全过程有关（催化）；β′结合DNA模板（开链）；ω参与β′亚基的折叠和稳定性，募集σ亚基；σ辨认转录起点。核心酶（core enzyme）由$\alpha_2\beta\beta'\omega$亚基组成，σ亚基加上核心酶称为RNA聚合酶全酶，故选D。

3. E。转录以NTP为原料，复制以dNTP为原料，故选E。

4. C。真核生物RNA聚合酶Ⅱ催化转录生成前体mRNA，故选C。

5. B。RNA聚合酶能催化游离的NTP聚合，因此转录不需要引物，故选B。

6. B。RNA 聚合酶Ⅱ对鹅膏蕈碱极敏感，RNA 聚合酶Ⅰ对鹅膏蕈碱耐受，RNA 聚合酶Ⅲ对鹅膏蕈碱中度敏感，故选 B。

7. D。RNA 聚合酶核心酶由 $\alpha_2\beta\beta'\omega$ 亚基组成，故选 D。

8. E。前体 mRNA 转录后的加工主要有 5′-端加帽子结构、3′-端加 poly A 尾、剪接（切除内含子，连接外显子）等，故选 E。

9. E。利福平特异性地结合 RNA 聚合酶的 β 亚基，特异性抑制原核生物的 RNA-pol，从而影响核糖核酸的合成和蛋白质的代谢，导致细菌生长繁殖停止而达到杀菌作用，故选 E。

10. C。真核转录起始的时候，首先是 TFⅡD 的 TATA 盒结合蛋白结合Ⅱ类启动子的 TATA 盒，故选 C。

二、名词解释

1. 转录：生物体以 DNA 为模板合成 RNA 的过程，意指将 DNA 的碱基序列转抄为 RNA 序列。

2. 外显子：断裂基因和转录的初级产物中具有表达活性的编码序列。

3. 内含子：位于外显子之间、与 mRNA 剪接过程中被删除部分相对应的间隔序列。

三、问答题

1. 答：RNA 转录体系及其功能如下：①DNA：转录模板；②4 种三磷酸核苷酸（ATP、GTP、CTP、UTP）：RNA 合成的原料；③RNA 聚合酶：催化 3′, 5′-磷酸二酯键生成；④蛋白质因子：如 ρ（Rho）因子参与转录终止；⑤无机离子：如 Mg^{2+} 等。

2. 答：真核生物前体 mRNA 转录后加工主要有：①5′-端加入“帽子”结构，最常见的是帽子结构 $m^7GpppNm$；②3′-端加入多聚腺苷酸“尾”结构；③hnRNA的剪接：切除内含子，连接外显子。

（许春鹏）

第十五章　蛋白质的合成

学习目标

1. **掌握**　翻译的概念；参与蛋白质合成所需物质及其功能；遗传密码的特点；蛋白质的合成过程。
2. **熟悉**　蛋白质生物合成的干扰和抑制。
3. **了解**　翻译后加工。

内容精讲

蛋白质的合成也称为翻译（translation），是指以 mRNA 为模板，按照 mRNA 分子中的遗传信息通过密码破译成蛋白质的氨基酸排列顺序的过程。从低等生物细菌到高等哺乳动物，蛋白质合成机制高度保守。

新合成的多肽链并不具有生物活性，它们必须经过翻译后的加工修饰，才能成为有生物学功能的天然蛋白质。许多蛋白质合成后还需要被输送到适当的亚细胞部位才能行使各自的生物学功能。蛋白质生物合成是许多药物和毒素的作用靶点，真核生物与原核生物的翻译过程既相似又有差别，这些差别在临床医学中有重要的应用价值。

第一节　蛋白质的合成体系

蛋白质的合成是细胞最为复杂的活动之一。20 种编码氨基酸是翻译的原料，mRNA 是翻译的直接模板，tRNA 是氨基酸的“搬运工具”，而核糖体作为蛋白质合成的场所，此外，在氨基酸活化及翻译的起始、延长和终止阶段还需要多种酶和蛋白质因子参与反应，并且需要 ATP 或 GTP 提供能量。

一、氨基酸——蛋白质合成的基本原料

蛋白质分子是由许多氨基酸通过肽键相连形成的生物大分子，参与蛋白质合成的基本原料是 20 种编码氨基酸。近年发现硒代半胱氨酸和吡咯赖氨酸在某些情况下也可作为编码氨基酸用于合成蛋白质。

二、mRNA——蛋白质合成的直接模板

mRNA 是蛋白质合成的直接模板。在 mRNA 的编码区（可读框）中，以每 3 个相邻的核苷酸为一组，代表一种氨基酸或其他信息，这种三联体形式的核苷酸序列称为遗传密码（genetic code）或密码子（codon）。mRNA 编码区的核苷酸序列在蛋白质合成过程中被翻译成蛋白质分子中的氨基酸序列。

生物体内共有 64 个密码子，其中的 61 个代表 20 种编码氨基酸，AUG 既编码多肽链中的甲硫氨酸，又作为多肽链合成的起始信号，称为起始密码子，而 UAA、UAG、UGA 这三个遗传密码是不编码任何氨基酸的，而是代表多肽链合成的终止信号，称为终止密码子。遗传密码具有以下重要特点。

1. 方向性 翻译时阅读方向只能是 5′→3′，必须从 5′-端的起始密码子开始，按方向逐个阅读，直到终止密码子为止。与此相对应的是多肽链的合成从 N 端向 C 端延长。

2. 连续性 mRNA 中两个相邻的遗传密码之间没有间隔，翻译时从起始密码子开始，连续地将 mRNA 可读框中的密码子一个接一个地连续阅读，直至终止密码子。mRNA 可读框中非 3 的倍数的碱基缺失或者插入都会造成密码子的阅读框架改变，由此产生移码突变（frameshift mutation），从而导致翻译出的氨基酸序列发生改变，使其编码的蛋白质改变或彻底丧失原有的功能。

3. 简并性 20 种编码氨基酸中大部分氨基酸都由 2 个或 2 个以上遗传密码编码，这种现象称为遗传密码的简并性。同一氨基酸的不同密码子称为简并性密码子或同义密码子。多数情况下，简并密码子的前 2 位碱基相同，仅第 3 位碱基不同，即遗传密码的特异性主要由前 2 位碱基决定，如丝氨酸的密码子是 UCU、UCC、UCA、UCG，第 3 位碱基的突变一般不改变蛋白质分子中的氨基酸序列。因此，遗传密码的简并性可减少有害突变，保证遗传的稳定性。

4. 摆动性 蛋白质合成时 mRNA 密码子与 tRNA 反密码子配对辨认结合，但是有时也会出现不完全遵守碱基配对原则的现象，此为遗传密码的摆动性。摆动现象经常发生在密码子的第 3 位碱基和反密码子的第 1 位碱基之间，如 tRNA 分子中的反密码子第 1 位碱基为次黄嘌呤（inosine，I），可与 mRNA 分子中的遗传密码第 3 位的 A、C 或 U 配对，遗传密码的摆动性能使一种 tRNA 识别 mRNA 中的多种简并性密码子。

5. 通用性 从低等生物如细菌到人类几乎都使用同一套遗传密码，此为遗传密码的通用性，但是也存在少数例外情况，如在某些哺乳动物的线粒体内 AUA 不再代表异亮氨酸，而是编码甲硫氨酸。

三、tRNA——氨基酸的载体

tRNA 作为氨基酸的载体参与蛋白质的合成，在蛋白质合成过程中 tRNA 具有双重功能，一方面是携带氨基酸，另一方面是识别 mRNA 分子上的密码子，使它所携带的氨基酸在核糖体上准确地对号入座合成多肽链。tRNA 上有两个重要的功能部位：一个是氨基酸结合部位，另一个是 mRNA 结合部位。与氨基酸结合的部位是 tRNA 的氨基酸臂的-CCA 末端的腺苷酸 3′-OH；与 mRNA 结合的部位是 tRNA 反密码环中的反密码子。参与肽链合成的氨基酸需要与相应的 tRNA 结合，形成各种氨酰-tRNA，再运载至核糖体，通过其反密码子与 mRNA 中对应的密码子互补结合，从而按照 mRNA 的密码子顺序依次加入氨基酸。

四、核糖体——蛋白质合成的场所

rRNA 与核糖体蛋白共同构成核糖体，它将蛋白质合成所需要的 mRNA、tRNA 以及多种蛋白质因子募集在一起，为蛋白质合成提供了必要的场所。各种 rRNA 与不同的核糖体蛋白结合形成了核糖体的大、小两个亚基（表 15-1）。

表 15-1 核糖体的组成

项目	原核细胞(70S 核糖体)	真核细胞(80S 核糖体)
大亚基	50S 5S rRNA 23S rRNA 31 种蛋白质	60S 28S rRNA 5.8S rRNA 5S rRNA 49 种蛋白质
小亚基	30S 16S rRNA 21 种蛋白质	40S 18S rRNA 和 33 种蛋白质

原核生物和真核生物的核糖体上均存在A位、P位和E位这3个重要的功能部位。A位结合氨酰-tRNA，称为氨酰位；P位结合肽酰-tRNA，称为肽酰位；E位释放已经卸载了氨基酸的tRNA，称为排出位。肽链合成结束后，核糖体立刻离开mRNA分子。

五、酶和蛋白质分子

蛋白质合成过程还需要氨酰-tRNA合成酶、肽酰转移酶、转位酶等多种酶参与，此外，起始、延长及终止各阶段还需要多种因子参与。①起始因子（initiation factor，IF），原核生物和真核生物的起始因子分别以IF和eIF表示；②延长因子（elongation factor，EF），原核生物和真核生物的延长因子分别以EF和eEF表示；③释放因子（releasing factor，RF），又称为终止因子（termination factor），原核生物和真核生物的释放因子分别以RF和eRF表示。

六、能量物质及无机离子

蛋白质合成过程需要ATP或GTP供能，还需要无机离子Mg^{2+}等参与反应。

第二节 蛋白质的合成过程

蛋白质的生物合成从mRNA可读框的起始密码子AUG开始，按5′→3′逐个阅读，直至终止密码子。合成的多肽链从起始甲硫氨酸开始，从N端向C端延长。

一、氨基酸的活化

参与肽链合成的氨基酸必须先与特异的tRNA结合，生成氨酰-tRNA，此过程称为氨基酸的活化，由氨酰-tRNA合成酶催化完成。氨酰-tRNA合成酶对底物氨基酸和tRNA都有高度的特异性，氨酰-tRNA合成酶分别与各种编码氨基酸一一对应，准确识别相应的tRNA，每个氨基酸活化为氨酰-tRNA时需要消耗ATP的2个高能磷酸键，总反应式如下：

$$\text{氨基酸+tRNA} \xrightarrow[\text{ATP} \quad \text{AMP+PPi}]{\text{氨酰-tRNA合成酶}} \text{氨酰-tRNA}$$

已结合了不同氨基酸的氨酰-tRNA用氨基酸的三字符简写表示，如Thr-$tRNA^{Thr}$表示tRNA的氨基酸臂上已经结合有苏氨酸。

氨酰-tRNA合成酶还有校对活性，能将错误结合的氨基酸水解释放，再换上正确的氨基酸，以纠正合成过程中出现的错配，从而保证氨基酸和tRNA的正确结合。结合在起始密码子处的氨酰-tRNA，在原核生物是fMet-$tRNA^{fMet}$，其中的甲硫氨酸被甲酰化，成为*N*-甲酰甲硫氨酸，在真核生物则是Met-$tRNA_i^{Met}$。

二、蛋白质合成过程

翻译过程包括起始、延长和终止三个阶段。这三个阶段都是在核糖体上完成的。真核生物的翻译过程与原核生物的翻译过程基本相似，只是反应更复杂、涉及的蛋白质分子更多。

（一）原核生物的翻译过程

1. 翻译的起始 翻译的起始是指mRNA、起始氨酰-tRNA分别与核糖体结合形成翻译起始复合物的过程。原核生物翻译起始复合物的形成的主要步骤如下。

（1）核糖体大小亚基的分离 IF1和IF3结合到核糖体小亚基上，改变核糖体的构象，从而促进大、小亚基解离，暴露出A位和P位，为结合mRNA和fMet-$tRNA^{fMet}$做好准备。

（2）mRNA与核糖体小亚基结合 原核生物mRNA起始密码子AUG上游存在一段富含嘌

呤核苷酸的序列，此序列距 AUG 上游约 10 个核苷酸处通常为-AGGAGG-（Shine-Dalgarno 序列，称为 SD 序列），此序列能与小亚基 16S rRNA 3′-端富含嘧啶的序列碱基配对而与核蛋白体结合，所以又称核蛋白体结合位点（ribosome-binding site，RBS）。依靠 SD 序列，mRNA 准确地在小亚基上定位结合，使起始密码子正好对应着核糖体 P 位。

（3）fMet-tRNA^{fMet}结合在核糖体 P 位　这个步骤需要 IF2 的作用，IF2 具有 GTP 酶的活性，能够结合并水解 GTP，IF2 可能促进 fMet-tRNA^{fMet}小亚基结合，fMet-tRNA^{fMet}与结合了 GTP 的 IF2 一起，识别并结合对应于小亚基 P 位的 mRNA 的 AUG 处。此时，A 位被 IF1 占据，不与任何氨酰-tRNA 结合。

（4）核糖体大小亚基结合，形成翻译起始复合物　结合于 IF2 的 GTP 被水解，释放的能量促使 3 种 IF 释放，大亚基重新又和结合了 mRNA、fMet-tRNA^{fMet}的小亚基结合，形成翻译起始复合物。

翻译起始复合物形成后，mRNA、fMet-tRNA^{fMet}都结合到核糖体上，mRNA 起始密码子对应着核糖体 P 位，而 A 位是空着的，对应着 mRNA 开放阅读框里的第 2 个遗传密码，为下一个氨酰-tRNA 的进入及肽链的延长做准备。

2. 翻译的延长　翻译起始复合物形成后，核糖体从 mRNA 的 5′-端向 3′-端移动，依据密码子顺序，从 N 端开始向 C 端合成多肽链。这是一个在核糖体上重复进行的循环过程，每次循环历经进位、成肽和转位三个步骤，每循环 1 次肽链上可以增加一个氨基酸残基。延长过程除了需要 mRNA、tRNA、核糖体外，还需要延长因子及 GTP 等物质的参与。

（1）进位　进位是指按照 mRNA 遗传密码的指引，氨酰-tRNA 进入并结合到核糖体 A 位的过程，又称注册。翻译起始复合物形成之后，A 位是空着的，并且对应着 mRNA 可读框里的第 2 个遗传密码，根据第 2 个遗传密码的指引，相应的氨酰-tRNA 进入 A 位，完成进位。

进位过程中需要延长因子 T（EFT）的作用，原核生物延长因子 T 有 Tu 和 Ts 两种，EF-Tu 的功能是促进氨酰-tRNA 进入 A 位，结合分解 GTP，EF-Ts 是 EF-Tu 的调节亚基，EF-Tu 和 EF-Ts 结合形成二聚体时无活性。氨酰-tRNA 先与 GTP-EF-Tu 结合形成复合物，然后进入 A 位，随后 GTP 水解成 GDP，GTP-EF-Tu 从核糖体释放。

进位过程是个耗能过程，需要水解 GTP 的 1 个高能磷酸键。核糖体对氨酰-tRNA 的进位有校正作用，这是翻译过程中肽链合成的高度保真性的机制之一。

（2）成肽　成肽是指在肽酰转移酶的催化作用下，核糖体 A 位和 P 位上的 tRNA 所携带的氨基酸缩合成肽的过程。成肽发生在 A 位，由 P 位上的甲酰甲硫氨酸提供羧基末端，A 位上的氨酰 tRNA 携带的氨基酸提供氨基末端缩合生成肽键，第 1 个肽键生成后，二肽酰-tRNA 占据核糖体的 A 位，P 位上则是卸载了氨基酸的 tRNA。肽酰转移酶认为是核糖体大亚基的功能，是一种核酶，在原核生物为 23S rRNA，在真核生物则是 28S rRNA。

（3）转位　成肽反应后，在转位酶的催化作用下，核糖体往 mRNA 的 3′-端移动一个遗传密码的距离，A 位上的二肽酰-tRNA 移入 P 位，这个过程被称为转位。延长因子 EF-G 具有转位酶活性，可结合并水解 1 分子 GTP，促进核蛋白体向 mRNA 的 3′-端移动。转位之后，原来 P 位上卸载的 tRNA 进入 E 位，然后从核糖体脱落，A 位空出，并且准确定位在 mRNA 的第 3 个遗传密码，以接受下一个氨酰-tRNA 进位，开始下一轮循环。转位是一个耗能过程，需要水解 GTP 的 1 个高能磷酸键。

经过第 2 轮进位—成肽—转位之后，P 位上出现三肽酰-tRNA，A 位空着并对应 mRNA 的第 4 个密码子，接着又是下一轮的进位—成肽—转位，如此循环重复，核糖体从 mRNA 的 5′-端向 3′-端按顺序将可读框内的密码子逐个破译成氨基酸，进位—成肽—转位三步反应循环进行，每循环一次向肽链C端添加一个氨基酸残基，肽链从N端向C端逐渐延长。

在肽链的延长阶段，每生成一个肽键，在进位和转位两步中各需要水解1个高能磷酸键，若出现不正确的氨基酸进入肽链，也需要消耗能量去水解清除，加上氨基酸活化为氨酰-tRNA时需要消耗2个高能磷酸键，所以，在蛋白质合成过程中，每生成1个肽键，至少需要消耗4个高能磷酸键。

3. 翻译的终止 翻译的延长历经进位、成肽和转位三步重复循环过程，每循环1次肽链C端可增加一个氨基酸残基，如此反复，直至核糖体A位上出现终止密码子，就进入肽链合成的终止阶段。

肽链的终止需要有释放因子RF（或者叫终止因子）的参与。终止密码子不能被任何氨酰-tRNA识别，这个时候需要释放因子识别终止密码子进入A位，多肽链从肽酰-tRNA上脱落下来，生成新生肽链，随后mRNA、tRNA以及释放因子都从核糖体上脱离，核糖体大小亚基分离。

原核生物的转录和翻译过程紧密联系，因为原核生物没有细胞核，原核生物的转录初级产物也很少加工修饰，所以原核生物转录还没有完成的时候，就已经有核糖体结合到mRNA分子的5′-端开始翻译，可以看到转录和翻译同步的现象。

（二）真核生物的翻译过程

真核生物的翻译过程分成起始、延长和终止三个阶段，其过程与原核生物基本相似。与原核生物不同的是，起始阶段原核生物是形成70S的翻译起始复合物，而真核生物是形成80S的翻译起始复合物；真核生物起始因子的种类更多更复杂；真核生物起始甲硫氨酸不需要被甲酰化；翻译的准确起始依赖于真核生物成熟mRNA 5′-端帽子结构和3′-端多聚腺苷酸尾。

真核生物翻译起始复合物的装配过程更复杂。与原核生物翻译起始复合物的装配过程相比，真核生物起始氨酰-tRNA先结合于小亚基，然后才是mRNA与小亚基的结合。真核翻译起始复合物形成后，mRNA、起始氨酰-tRNA都结合到核糖体上，mRNA起始密码子对应着核糖体P位，而A位是空着的，对应着mRNA可读框里的第2个遗传密码，为下一个氨酰-tRNA的进入及肽链的延长做准备。

真核生物肽链的延长机制与原核生物基本相同，但是需要不同的延长因子，真核生物的延长因子有eEF1α、eEF1βγ和eEF2三种，它们的功能分别对应于原核生物的EF-Tu、EF-Ts和EF-G。

真核生物翻译终止过程与原核生物相似，但是真核生物只有eRF一种释放因子，识别所有的终止密码子，完成原核生物各种RF的功能，真核生物的转录发生在细胞核，翻译在细胞质，而且真核生物几乎所有的初级RNA转录物都要经过加工，才能成为具有功能的成熟的RNA，然后才能参与到真核生物的翻译过程中去。

无论是在原核细胞还是在真核细胞内，通常有10～100个核糖体附着在同一条mRNA模板链上。这些核糖体依次结合起始密码子并沿mRNA 5′→3′方向移动，同时进行同一条肽链的合成。这样多个核糖体结合在1条mRNA链上所形成的聚合物称为多聚核糖体。多聚核糖体的形成可以提高蛋白质合成的速度和mRNA的利用率。

三、蛋白质合成后的加工和靶向输送

翻译终止后从核糖体释放出来的新生肽链还不具备生物活性，它们必须经过复杂的加工修饰才能转变成具有天然构象和功能的蛋白质。常见的加工修饰包括多肽链折叠为天然的三维构象、对一级结构的修饰和空间结构的修饰，以及将新合成的蛋白质靶向输送到特定的细胞部位发挥作用等。

（一）新生肽链的折叠

细胞中大多数蛋白质的折叠并不是自发完成的，蛋白质的折叠过程都需要分子伴侣的辅助，如热激蛋白70家族和伴侣蛋白等。除了分子伴侣协助肽链折叠外，一些蛋白质的折叠还需要蛋白质二硫键异构酶和肽脯氨酰顺-反异构酶。

（二）一级结构的修饰

新生肽链的水解是肽链加工的重要形式。新生肽链N端的甲硫氨酸残基，在肽链离开核糖体后，大部分由特异的蛋白水解酶切除。在原核细胞中约半数成熟蛋白质的N端经脱甲酰基酶切除*N*-甲酰基而保留甲硫氨酸，另一部分被氨基肽酶水解去除*N*-甲酰甲硫氨酸，真核细胞分泌蛋白质和跨膜蛋白质的前体分子的N端都含有信号肽序列，在蛋白质成熟过程中信号肽序列需要被切除。有些情况下，C端的氨基酸残基也需要被酶切除，从而使蛋白质呈现特定的功能。

另外，还有许多蛋白质在初合成的时候是分子量比较大的活性的前体分子，如胰岛素原，这些前体分子需要经过水解作用切除部分肽段，才能成为有活性的蛋白质分子或功能肽。有些多肽链经水解可以产生好几种小分子的活性肽，比如阿黑皮素原被水解后生成了促肾上腺皮质激素、β-促脂解素、α-激素、γ-促脂解素、β-内啡肽等9种活性物质。

许多蛋白质可以进行不同类型的化学基团的共价修饰，修饰后可以表现为激活状态，也可以表现为失活状态。如：磷酸化。磷酸化多发生在多肽链丝氨酸、苏氨酸的羟基上，偶尔也发生在酪氨酸残基上，这种磷酸化的过程受细胞内一种蛋白激酶催化，磷酸化后的蛋白质可以增加或降低它们的活性。

（三）空间结构的修饰

在生物体内，许多具有特定功能的蛋白质由2条以上的肽链构成，各肽链之间通过非共价键或二硫键维持一定的空间构象，有些还需要与辅基聚合才能形成具有活性的蛋白质。如成人血红蛋白由两条α链、两条β链及四分子血红素所组成，大致过程如下：α链在多聚核糖体合成后自行释下，并与尚未从多聚核糖体上释下的β链相连，然后一并从多聚核糖体上脱下来，变成α、β二聚体。此二聚体再与线粒体内生成的两个血红素结合，最后形成一个由四条肽链和四个血红素构成的有功能的血红蛋白分子。

（四）蛋白质的靶向输送

蛋白质在细胞质合成后，还必须被靶向输送到它发挥功能的亚细胞区域，或者分泌到细胞外，所有需要靶向输送的蛋白质，在它的一级结构中都存在一段信号序列，信号序列就决定了蛋白质的靶向输送特性，依照信号序列的指引，蛋白质定向输送到最终发挥生物功能的目标地点。

第三节　蛋白质合成的干扰和抑制

真核生物和原核生物的翻译过程既相似又有差别，而这些差别在临床医学中有着非常重要的应用价值。许多药物和毒素通过阻断真核生物或者原核生物蛋白质合成体系某组分的功能，进而干扰和抑制其蛋白质的生物合成过程。

研究新抗菌药物的时候，尽量利用真核生物、原核生物蛋白质合成体系的任何差异，针对蛋白质生物合成必需的关键组分作为药物作用的靶点，以设计、筛选出对人体无毒的药物。某些毒素也可影响蛋白质的合成过程，对毒素作用机制的研究，不仅有助于理解其致病机制，还可以为探索研发新药提供新的思路。

一、抗生素

许多抗生素可作用于蛋白质合成的各个环节，包括抑制起始因子、延长因子及核糖体的作用等，仅仅作用于原核细胞蛋白质合成的抗生素可以作为抗菌药抑制细菌的生长和繁殖，预防和治疗感染性疾病。作用于真核细胞蛋白质合成的抗生素可以作为抗肿瘤药。

多种抗生素可作用于蛋白质合成过程从而发挥药理作用，如四环素特异性结合30S亚基的A位，从而抑制氨酰-tRNA的进位，抑制肽链延长过程；氯霉素能与原核生物大亚基结合，通过阻止肽酰转移从而抑制肽键形成，菌体蛋白质不能合成，高浓度时对真核生物线粒体内的蛋白质合成有抑制作用，造成对人的毒性；链霉素能与原核生物核蛋白体小亚基结合，改变其构象，引起读码错误，使毒素类细菌蛋白失活；嘌呤霉素的结构与酪氨酰-tRNA相似，从而取代一些氨酰-tRNA进入核糖体的A位，当延长中的肽转入此异常A位时，容易脱落，终止肽链合成。由于嘌呤霉素对原核生物和真核生物的翻译过程均有干扰作用，故难于用作抗菌药物，可试用于肿瘤治疗。

二、毒素

某些毒素可以通过干扰真核生物的蛋白合成而呈现毒性。如白喉霉素是由白喉杆菌所产生的，可抑制真核细胞蛋白质的合成，其作用机制是白喉毒素对真核生物的延长因子-2（EF-2）起共价修饰作用，使EF-2失活，进而抑制细胞整个蛋白质的合成，最终导致细胞死亡。

蓖麻蛋白是蓖麻籽中所含的植物糖蛋白，由A、B两条肽链组成，两条肽链之间由一个二硫键相连。A链是一种蛋白酶，可作用于真核生物核糖体大亚基的28S rRNA，特异催化其中一个腺苷酸发生脱嘌呤反应，导致28S rRNA降解而使核糖体大亚基失活。B链对A链发挥毒性起重要的促进作用。

同步练习

一、单项选择题

1. 下列哪种氨基酸为非编码氨基酸？（　　）

A. 瓜氨酸　　B. 色氨酸　　C. 半胱氨酸
D. 缬氨酸　　E. 苏氨酸

2. 翻译起始复合物中，mRNA上占据核糖体P位的密码子是（　　）。

A. AGU　　B. AUG　　C. UAA
D. UAG　　E. UGA

3. 下列哪项不是遗传密码的特点？（　　）

A. 连续性　　B. 简并性　　C. 方向性
D. 摆动性　　E. 时间性

4. 氨基酸的活化需要（　　）。

A. ATP　　B. UTP　　C. GTP
D. CTP　　E. TTP

5. 与mRNA上GAC密码子相应的tRNA反密码子是（　　）。

A. GUC　　B. TGC　　C. GCA
D. CGU　　E. CGT

6. 翻译过程中进位是指（　　）。

A. 氨酰-tRNA 进入核糖体 A 位　B. 肽酰-tRNA 进入核糖体 A 位
C. 氨酰-tRNA 进入核糖体 P 位　D. 肽酰-tRNA 进入核糖体 P 位
E. 释放因子进入核糖体 A 位

7. 原核生物中，多肽链合成时的起始氨基酸是（　　）。
A. 蛋氨酸　B. 甲酰蛋氨酸　C. 半胱氨酸
D. 胱氨酸　E. 色氨酸

8. 下列哪项与蛋白质生物合成无关？（　　）
A. 起始因子　B. 释放因子　C. 延长因子
D. GTP　E. ρ 因子

9. tRNA 与氨基酸连接的是哪个部位？（　）
A. 3′-端 CCA-OH　B. 反密码子环　C. DHU 环
D. TΨC 环　E. 稀有碱基

10. 下列哪一项是翻译后加工？（　　）
A. 加 5′-端帽子结构　B. 加 3′-端 poly A 尾　C. 酶的激活
D. 酶的变构　E. 氨基酸残基的糖基化

二、名词解释

1. 翻译
2. 遗传密码

三、问答题

1. 简述参与蛋白质合成所需的物质及其功能。
2. 何为遗传密码的简并性？有何意义？

参考答案

一、单项选择题

1. A。瓜氨酸无遗传密码为其编码，故选 A。

2. B。翻译起始复合物中，mRNA 上占据核糖体 P 位的密码子是起始密码子 AUG，故选 B。

3. E。遗传密码的特点有连续性、简并性、方向性、摆动性，故选 E。

4. A。氨基酸的活化过程需要消耗 ATP 的 2 个高能磷酸键，故选 A。

5. A。密码子与反密码子反向互补，因此，与 mRNA 上 GAC 密码子相应的 tRNA 反密码子是 GUC，故选 A。

6. A。翻译过程中进位是指氨酰-tRNA 进入核糖体 A 位，故选 A。

7. B。原核生物中，多肽链合成时的起始氨基酸是甲酰甲硫氨酸，即甲酰蛋氨酸，故选 B。

8. E。蛋白质生物合成需要起始因子、延长因子、释放因子，还需要 ATP 和 GTP 供能，故选 E。

9. A。tRNA 通过其氨基酸臂与氨基酸相连，氨基酸臂在 tRNA 3′-端 CCA-OH，故选 A。

10. E。常见的翻译后加工修饰包括多肽链折叠为天然的三维构象、对一级结构的修饰和空间结构的修饰，以及将新合成的蛋白质靶向输送到特定的细胞部位发挥作用等，故选 E。

二、名词解释

1. 翻译：蛋白质的合成也称为翻译，是指以 mRNA 为模板，按照 mRNA 分子中的遗传信息通过密码破译成蛋白质的氨基酸排列顺序的过程。

2. 遗传密码：在 mRNA 的编码区（可读框）中，以每 3 个相邻的核苷酸为一组，代表一种氨基酸或其他信息，这种三联体形式的核苷酸序列称为遗传密码或密码子。

三、问答题

1. 答：蛋白质合成所需的物质及其作用如下：①mRNA：翻译模板；②氨基酸：蛋白质合成的基本原料；③tRNA：转运氨基酸；④核糖体：蛋白质合成的场所；⑤酶和蛋白质分子：氨酰-tRNA 合成酶、

肽酰转移酶、转位酶等，此外，起始、延长及终止各阶段还需要多种因子参与，如起始因子、延长因子、释放因子；⑥能量物质及无机离子：蛋白质合成过程需要 ATP 或 GTP 供能，还需要无机离子 Mg^{2+} 等参与反应。

2. 答：大部分氨基酸都由2个或2个以上遗传密码编码的现象称为遗传密码的简并性。多数情况下，简并密码子的前2位碱基相同，仅第3位碱基不同，因此，第3位碱基的突变一般不改变蛋白质分子中的氨基酸序列，遗传密码的简并性可减少有害突变，保证遗传的稳定性。

（许春鹏）

第十六章　基因表达调控

学习目标

1. 掌握　基因表达和基因表达调控的基本概念；基因表达的特点；基因表达的方式；原核基因表达调控的方式。

2. 熟悉　原核生物和真核生物基因表达调控的特点。

3. 了解　原核生物和真核生物基因表达的基本过程。

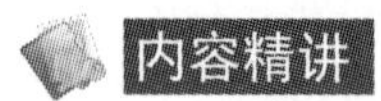

基因是负载遗传信息的基本单位，基因组中的基因是否表达、如何表达，以及表达水平如何，都受到机体的精确调控。了解基因表达调控对认识生命体和疾病有着非常重要的意义。

第一节　概　述

从遗传学角度来说，基因就是位于染色体上的遗传基本单位，也称为遗传因子，是控制性状的基本遗传单位；从生物化学意义上来说，基因是能够编码蛋白质或 RNA 等具有特定功能产物的、负载遗传信息的基本单位。除了某些以 RNA 为基因组的 RNA 病毒外，基因通常是指染色体或基因组的一段 DNA 序列。基因通过指导这些生物活性产物的合成来表达自己所携带的遗传信息，从而控制生物个体的性状表现。

一、基因表达和基因表达调控的基本概念

基因表达（gene expression）通常是指基因转录及翻译的过程，是遗传信息表达的过程，tR-NA 或 rRNA 的基因经转录和转录后加工产生成熟的 rRNA 或 tRNA，蛋白质的编码基因经转录生成 mRNA，继而翻译成多肽链，并装配加工成最终的蛋白质产物。这些都属于基因表达。

不同生物的基因组含有不同数量的基因，而且生物基因组的遗传信息并不是同时全部都表达出来的，即使是极简单的生物（如最简单的病毒），其基因组所含的全部基因也不是以同样的强度同时表达的。

在一个组织细胞中通常只有一部分基因表达，多数基因处在沉默状态。基因表达水平的高低也不是固定不变的，会随时间、环境而变化。

基因表达调控（regulation of gene expression）是指细胞或生物体在接受环境信号刺激时或适应环境变化的过程中在基因表达水平上做出应答的分子机制。基因组的基因如何表达？在何时何处表达？表达水平如何等，这些都属于基因表达调控的内容。

二、基因表达的特点

所有生物的基因表达都具有严格的规律性，表现为时间特异性和空间特异性。生物物种愈高级，基因表达规律愈复杂和精细，这也是生物进化的需要。

（一）时间特异性

按功能需要，某一特定的基因的表达严格按一定的时间顺序发生，这就是基因表达的时间特异性。多细胞生物基因表达的时间特异性又称阶段特异性。

（二）空间特异性

在个体生长、发育过程中，一种基因产物在个体的不同组织或器官表达，即在个体的不同空间出现，这就是基因表达的空间特异性。细胞在器官的分布差异决定了基因在不同空间的表达不同，因此，基因表达的空间特异性又称细胞特异性或组织特异性。

三、基因表达的方式

正常情况下，原核生物和真核生物基因组中高表达活性的基因只占基因组的一小部分，而且这些基因在内外环境信号的刺激下表达水平可以有很大差异。

（一）组成性表达

有些基因几乎在所有细胞中持续表达，不易受环境条件的影响，这种基因表达方式称为组成性表达（constitutive gene expression）或基本基因表达。其中某些基因的表达产物是细胞或生物体整个生命过程中都持续需要而必不可少的，这类基因可称为管家基因（house keeping gene），这些基因中不少是在生物个体其他组织细胞、甚至在同一物种的细胞中持续表达的，可以看成是细胞的基本基因的表达。基本基因表达也不是一成不变的，其表达强弱也是受一定机制调控的。

（二）诱导和阻遏

有些基因的表达则很容易受环境变化的影响，随着环境信号的变化，这类基因的表达水平可以出现升高或降低，在特定环境信号的刺激下，相应的基因被激活，基因表达产物增加，也就是说，这种基因的表达是可诱导的，此类基因称为可诱导基因，可诱导基因在一定环境中表达增强的过程称为诱导；相反，随环境条件变化而使基因表达产物水平降低的基因称为可阻遏基因，其过程称为阻遏。诱导和阻遏在生物界普遍存在，是同一事物的两种表现形式，基因的表达随环境变化而变化，最终以利于生物体适应环境。

在一定机制的控制下，功能上相关的一组基因，无论它是何种表达方式，都需要协调表达。基因的协调表达体现在多细胞生物体的生长发育全过程。生物体通过协调调节不同基因的表达以适应环境、维持生长和增殖。

基因表达调控是发生在多级水平的复杂过程，基因的结构活化、转录起始、转录后加工及转运、mRNA降解、翻译及翻译后加工和蛋白质降解都是基因表达调控的控制点。转录是基因表达调控最重要的一个层次，发生在转录水平，尤其是转录起始水平的调节对基因表达起着至关重要的作用，是基因表达的基本控制点。原核生物与真核生物的基因表达调控体现在基因表达的全过程中，但是两者也存在很大差异。

第二节 原核基因表达调控

原核生物的基因组结构相对简单，其主要结构特点有：①基因组为环状闭合的DNA分子，只有一个复制起点；②重复序列很少，结构基因连续编码，多为单拷贝序列；③大多数基因表达调控通过操纵子机制实现。

一、原核基因表达调控的特点

转录是原核生物基因表达调控的基本控制点，操纵子（operon）是原核生物转录的基本单位，在原核基因表达调控中具有普遍意义。操纵子主要包括：①结构基因：结构基因通常包括几个功能上有关联的基因，它们串联排列，共同构成编码区。②调控序列：调控序列主要包括启动子和操纵元件。启动子是RNA聚合酶结合的部位，是决定基因表达效率的关键元件，各种原核基因启动序列特定区域内，通常在转录起点上游−10区存在TATAAT，在−35区域存在TT-GACA的共有序列。操纵元件是一段能够被特异的阻遏蛋白识别和结合的DNA序列，并非结构基因，操纵序列与启动序列相邻或是接近，其DNA序列常与启动子交错、重叠，它是原核阻遏蛋白的结合位点。③调节基因：调节基因编码能够与操纵元件结合的阻遏蛋白。阻遏蛋白可以识别、结合特异的操纵元件，抑制基因转录，从而介导原核基因表达的负性调节。

二、原核基因表达调控的方式

操纵子在原核基因表达调控中具有普遍意义。以大肠杆菌的乳糖操纵子为例介绍原核生物的操纵子模式。

乳糖操纵子（*lac* operon）是最早发现的原核生物转录调控模式，细菌的生长环境复杂，若葡萄糖和乳糖同时存在时，细菌优先利用葡萄糖作为碳源和能源，若无葡萄糖有乳糖时，乳糖操纵子才被诱导开放，合成代谢乳糖所需要的酶，因此，乳糖操纵子强诱导作用的环境是既需要乳糖存在同时又缺乏葡萄糖。

大肠杆菌的乳糖操纵子含 *Z*（编码 β-半乳糖苷酶）、*Y*（编码通透酶）及 *A*（编码乙酰基转移酶）3个结构基因、1个操纵序列O、1个启动序列P及1个调节基因 *I*。*I* 基因具有独立的启动子（PI），编码一种阻遏蛋白，该阻遏蛋白与O序列结合，使操纵子受阻遏而处于转录失活状态。在启动序列P上游还有一个分解（代谢）物基因激活蛋白（catabolite gene activatior protein，CAP）的结合位点，由P序列、O序列和CAP结合位点共同构成乳糖操纵子的调控区，三个酶的编码基因由同一调控区调节，实现基因产物的协调表达。

（一）阻遏蛋白对乳糖操纵子的负性调节

乳糖操纵子是可诱导操纵子，其表达受环境中乳糖是否存在影响。在没有乳糖存在时，乳糖操纵子处于阻遏状态。此时，*I* 基因在P启动序列操纵下表达的乳糖阻遏蛋白与O序列结合，故阻断转录启动。阻遏蛋白的阻遏作用并非绝对的，偶有阻遏蛋白与O序列解聚。因此，每个细胞中可能会有少量 β-半乳糖苷酶生成。如果环境中出现乳糖，β-半乳糖苷酶会大量合成，其主要机制是乳糖经通透酶催化、转运进入细胞，再在原先存在于细胞中的少数 β-半乳糖苷酶的催化下，转变为别乳糖。别乳糖可与阻遏蛋白结合，引起阻遏蛋白构型的改变，从而导致阻遏蛋白与O序列的亲和力大大降低，阻遏蛋白与O序列解离，转录立即开始，乳糖操纵子被诱导，*Z*、*Y*、*A* 基因表达。此过程中乳糖操纵子的真正诱导物是别乳糖，别乳糖的结构类似物也有类似的作用，如在分子生物学实验室中广泛应用的异丙基硫代半乳糖苷（isopropyl thiogalactoside，IPTG）就是一种作用极强的诱导剂。

（二）CAP对乳糖操纵子的正性调节

乳糖操纵子不仅受到阻遏蛋白的负性调节，还受分解（代谢）物基因激活蛋白的正性调节。CAP是同二聚体，受到cAMP的别构调节，而环境中葡萄糖的浓度决定了细菌的cAMP浓度。当葡萄糖存在时，葡萄糖代谢过程中的某些中间产物会抑制腺苷酸环化酶的活性，从而降低细菌内的cAMP浓度，当缺乏葡萄糖时，腺苷酸环化酶活性恢复，催化ATP大量生成cAMP，cAMP别构激活CAP，CAP结合在乳糖操纵子的CAP结合位点，使RNA聚合酶活性增强，乳糖操纵子表达增强，此为乳糖操纵子的正性调节。

无论是分解物基因激活蛋白（CAP）的正性调节，还是乳糖阻遏蛋白的负性调节，两种调节机制需要根据细菌所处环境的碳源及水平协调调节乳糖操纵子的表达。

大肠杆菌在没有葡萄糖而只有乳糖的条件下，阻遏蛋白与O序列解聚，CAP结合cAMP后作用于乳糖操纵子的CAP位点，激活转录，使得细菌利用乳糖作为能量来源；当葡萄糖存在，没有乳糖存在时，阻遏蛋白封闭转录，CAP不能发挥作用；当乳糖存在时，去阻遏，但是因为有葡萄糖的存在，CAP不能发挥作用；当葡萄糖不存在，乳糖存在时，既去阻遏，CAP又能发挥作用，对乳糖操纵子有强诱导作用。

第三节　真核基因表达调控

真核生物的基因组结构远比原核生物基因组复杂，主要有以下特点：①真核生物的基因组庞大，细菌的基因组一般约含4000个基因；多细胞生物的基因可达数万个，人类基因组的基因数目约为2万个左右；②真核基因组中基因的编码序列远远小于非编码序列，人类基因组中编码蛋白质的序列只占1.5%；③真核基因组中存在大量的重复序列，人基因组中重复序列占基因组长度的50%以上，在某些高等真核生物基因组中，重复序列甚至可达80%以上，但是这些重复序列的功能尚不清楚，可能与基因表达调控有关；④真核生物编码蛋白质的基因是断裂基因，转录后剪接过程中会切除内含子，连接外显子，可进行选择性剪接，从而提高基因的利用率，增加生物蛋白质的多样性；⑤真核生物细胞核内DNA以染色质形式存在，染色质的复杂结构影响着基因表达；⑥真核生物基因组中存在大量的多基因家族和假基因；⑦真核生物的遗传信息不仅存在于细胞核内DNA，还存在于线粒体DNA，线粒体DNA的基因表达与细胞核内DNA的基因表达密切相关。

真核基因组的结构如此复杂，因此，真核基因表达的调控机制也远比原核生物复杂得多。真核基因表达调控可发生在染色质激活、转录起始、转录后加工、翻译的起始及翻译后加工修饰多级水平，其中转录起始的调控是较为关键的环节。

一、染色质的活化

在真核生物，染色质的结构决定了DNA片段是否能被转录。当基因被激活时，染色质会出现一些结构与性质的改变，如出现对核酸酶敏感的超敏位点、组蛋白结构发生改变、CpG岛甲基化水平降低等，这些具有转录活性的染色质称为活性染色质（active chromatin）。

二、转录水平的调节

真核生物的RNA聚合酶需要与多个转录因子相互作用，才能完成转录起始复合物的装配，装配速度决定着基因表达的水平。

真核生物基因表达调控是通过特异的DNA序列与特异的蛋白质相互作用来实现的。这些特异的DNA序列称为顺式作用元件，特异的蛋白质称为转录因子。

顺式作用元件是指可以影响自身基因表达活性的DNA序列。真核生物基因组中每一个基因都有它们各自特异的顺式作用元件，顺式作用元件通常是非编码序列，有的位于转录起点上游，也有些位于转录起点下游。根据顺式作用元件在基因中的位置、转录激活作用的性质及发挥作用的方式，可以将真核基因的这些功能元件分为启动子、增强子、沉默子和绝缘子等。

1. 启动子　真核生物的启动子是RNA聚合酶结合位点周围的一组转录控制组件，一般位于转录起点上游，大概100～200bp序列长度，包含有若干个具有独立功能的DNA序列元件，每个元件长7～30bp。这些功能组件中最典型的就是TATA盒，它的共有序列是TATAAA。TATA盒是基本转录因子TFⅡD的结合位点，通常位于转录起点上游－25～30bp区域，控制着转录起始的准确性及频率。除TATA盒外，GC盒（共有序列为GGGCGC）和CAAT盒（共有序列为GCCAAT）也是很多基因中常见的功能组件。此外，还发现有很多其他类型的功能组件。

但是也有很多启动子并不含TATA盒，真核生物有三种RNA聚合酶，它们分别结合在不同的启动子上，负责转录不同的RNA。

2. 增强子 增强子是一种能够提高转录效率的顺式作用元件，增强子与被调控的基因位于同一条DNA链上，长度大约是200bp，增强子不仅能够在基因的上游或下游起作用，还可以远距离进行调节，增强子必须和特异性转录因子结合才能发挥活性，增强子的作用与序列的方向性无关，将增强子的方向倒置后依然能起作用，但是启动子的方向倒置就不能起作用，增强子需要有启动子才能发挥作用，增强子和启动子常常是交替覆盖或者是连续排列的，没有启动子的存在，增强子是不能表现出活性的，但是增强子对启动子没有严格的专一性，同一个增强子可以影响不同类型启动子的转录。增强子是基因表达的正调控元件。

3. 沉默子 沉默子是一类基因表达的负调控元件，当特异蛋白因子结合到沉默子的时候，对基因的转录就起阻遏作用。沉默子的作用也不受序列方向的影响，能够远距离发挥作用，并且可以对异源基因的表达起作用。

4. 绝缘子 绝缘子最初在酵母中发现，能够阻碍其他调控元件的作用，一般位于增强子或沉默子与启动子之间，发挥作用与序列的方向无关，绝缘子与特异蛋白因子结合后，可以阻碍增强子或沉默子对启动子的作用。

真核基因的转录调节蛋白又称转录调节因子或转录因子。绝大多数转录因子以反式调节为主，所以转录因子也称反式作用蛋白或反式作用因子。绝大多数真核转录调节因子由其编码基因表达后转运进入细胞核，通过识别并结合特异的顺式作用元件而增强或者是降低相应基因的表达。

转录因子按功能分为通用转录因子和特异转录因子两大类。①通用转录因子（也称为基本转录因子）：这些转录因子是RNA聚合酶结合启动子所必需的一类辅助蛋白质，帮助聚合酶与启动子结合并起始转录，对所有基因都是必需的。②特异转录因子：是个别基因转录所必需的，决定这些基因表达的时间空间特异性。有些特异转录因子是起转录激活作用的，被称为转录激活因子，有些是起转录抑制作用的，被称为转录抑制因子。

真核转录调节蛋白和顺式作用元件成为调控真核基因转录起始的一个开关，在真核转录起始阶段，在众多基本转录因子的参与下，真核RNA聚合酶结合到启动子上，形成转录起始复合物，DNA元件和调节蛋白对转录激活的调节最终体现在RNA聚合酶活性上，这些基本转录因子和一些特异转录因子通过与相应的顺式作用元件的结合，影响着RNA聚合酶的活性，调节相应基因的表达。

三、翻译及翻译后加工修饰的调节

基因表达调控是在多级水平上发生的复杂事件，翻译及翻译后加工修饰过程中均受到机体严密的调控。如在翻译起始阶段翻译起始因子活性的调节、RNA结合蛋白（RNA binding protein，RBP）参与基因表达调控等，许多蛋白质合成后要经过特定的加工修饰，有些还要靶向输送到特定的部位才能发挥功能，在这些过程中，机体可通过对翻译产物水平及活性的调节来实现快速调节基因表达。此外，一些小分子RNA，如微RNA（microRNA，miRNA）、干扰小RNA（small interfering RNA，siRNA）、长非编码RNA（long non-coding RNA，lncRNA）等在真核基因表达调控中的作用也日益受到重视。

同步练习

一、单项选择题

1. 启动子是指（　　）。

A. DNA分子中能转录的序列
B. 与RNA聚合酶结合的DNA序列
C. 与阻遏蛋白结合的DNA序列
D. 有转录终止信号的DNA序列
E. 与反式作用因子结合的RNA序列

2. 关于管家基因叙述错误的是（　　）。

A. 在生物个体的几乎所有细胞中持续表达
B. 在生物个体的几乎各个生长阶段持续表达
C. 在一个物种的几乎所有个体中持续表达
D. 在生物个体的某一生长阶段持续表达
E. 在生物个体的全生命过程中几乎所有细胞中表达

3. 目前认为基因表达调控的主要环节是（　　）。

A. 基因活化　B. 转录起始　C. 转录后加工
D. 翻译起始　E. 翻译后加工

4. 操纵子的基因表达调节系统属于（　　）。

A. 复制水平的调节　B. 转录水平的调节　C. 翻译水平的调节
D. 逆转录水平的调节　E. 翻译后水平的调节

5. 增强子的作用是（　　）。

A. 促进结构基因转录　B. 抑制结构基因转录　C. 抑制阻遏蛋白
D. 抑制操纵基因表达　E. 抑制启动子

6. *lac* 操纵子的诱导剂是（　　）。

A. 乳糖　B. 别乳糖　C. 葡萄糖
D. 阿拉伯糖　E. 蔗糖

7. *lac* 操纵子阻遏蛋白结合操纵子的（　　）。

A. P序列　B. O序列　C. *I* 基因
D. CAP位点　E. UPS序列

8. *lac* 操纵子的阻遏蛋白是由（　　）。

A. *Z* 基因编码　B. *Y* 基因编码　C. *A* 基因编码
D. *I* 基因编码　E. *P* 基因编码

9. cAMP对原核生物转录起始的调控作用是（　　）。

A. 单独与操纵基因结合，封闭基因转录
B. 与CAP结合，使基因开放
C. 与RNA-polⅡ结合，促进酶的活性
D. 与阻遏蛋白结合，去阻遏作用
E. 与增强子结合，促进转录

10. 沉默子属于（　　）。

A. 顺式作用元件　B. 反式作用因子　C. 操纵子
D. 调节蛋白　E. 传感器

二、名词解释

1. 基因表达

2. 管家基因

三、问答题

以乳糖操纵子为例阐述原核生物转录的调节机制。

参考答案

一、单项选择题

1. B。启动子是指与 RNA 聚合酶结合的 DNA 序列，故选 B。

2. D。管家基因在一个生物个体的几乎所有细胞中持续表达，不易受环境条件的影响，其表达产物对生命全过程都是必需或必不可少的，故选 D。

3. B。基因表达调控是多级水平进行的，其主要环节是转录起始，故选 B。

4. B。操纵子的基因表达调节系统属于转录水平的调节，故选 B。

5. A。增强子是一种能够提高转录效率的顺式作用元件，故选 A。

6. B。*lac* 操纵子的真正诱导剂是别乳糖，故选 B。

7. B。大肠杆菌的乳糖操纵子含 Z（编码 β-半乳糖苷酶）、Y（编码通透酶）及 A（编码乙酰基转移酶）3个结构基因、1个操纵序列 O、1个启动序列 P 及 1 个调节基因 I。I 基因具有独立的启动子（PI），编码一种阻遏蛋白，该阻遏蛋白与 O 序列结合，使操纵子受阻遏而处于转录失活状态，故选 B。

8. D。解析见第 7 题，故选 D。

9. B。cAMP 别构激活 CAP，CAP 结合在乳糖操纵子的 CAP 结合位点，使 RNA 聚合酶活性增强，乳糖操纵子表达增强，此为乳糖操纵子的正性调节，故选 B。

10. A。顺式作用元件可分为启动子、增强子、沉默子和绝缘子等。沉默子是一类基因表达的负调控元件，当特异蛋白因子结合到沉默子的时候，对基因的转录就起阻遏作用，故选 A。

二、名词解释

1. 基因表达：基因表达通常是指基因转录及翻译的过程，是遗传信息表达的过程。

2. 管家基因：在一个生物个体的几乎所有细胞中持续表达，不易受环境条件的影响的基因称为管家基因，其表达产物对生命全过程都是必需或必不可少的。这类基因表达称为基本（或组成性）表达。

三、问答题

答：在没有乳糖存在时，乳糖操纵子处于阻遏状态。乳糖操纵子不仅受到阻遏蛋白的负性调节，还受分解（代谢）物基因激活蛋白的正性调节。无论是分解物基因激活蛋白（CAP）的正性调节，还是乳糖阻遏蛋白的负性调节，两种调节机制需要根据细菌所处环境的碳源及水平协调调节乳糖操纵子的表达。（详见本章第二节）

（许春鹏）

第十七章　细胞信号转导的分子机制

学习目标

1. 掌握　受体的概念及其分类、化学本质；膜表面受体介导的信号转导途径；受体与配体相互作用的特点。

2. 熟悉　细胞外化学信号、细胞内信号转导分子和第二信使的概念。

3. 了解　细胞外化学信号的分类及其特点；细胞内受体介导的信号转导途径；细胞信号转导异常与疾病的关系。

第一节　细胞信号转导概述

细胞信号转导是细胞对胞外各种信号（主要是化学信号）的感受、转导并引发细胞内各种效应的过程。细胞信号转导的主要组分包括细胞外信号分子、受体和细胞内信号转导分子。细胞内存在许多信号转导途径，它们相互作用形成复杂的信号网络。

一、细胞外化学信号

细胞外信号分子通常又称为第一信使，分子多达几百种。

（一）细胞外化学信号的种类

1. 根据存在方式的分类　根据它们存在的方式分为可溶性信号分子和膜结合性信号分子。可溶性信号分子又根据溶解性分为脂溶性信号分子和水溶性信号分子。相邻细胞可通过接触将膜表面信号分子进行传递，这种细胞通讯方式称为膜表面分子接触通讯，如相邻细胞间黏附因子的相互作用等。

2. 根据来源和作用特点的分类　根据它们的来源和作用特点可分为以下几类。

（1）激素　如胰岛素、醛固酮、甲状腺素和前列腺素等。

（2）神经递质　如多巴胺、谷氨酸和乙酰胆碱等。

（3）细胞因子　如干扰素、集落刺激因子和各种细胞生长因子等。

（二）细胞外化学信号的传递方式

根据信号分子的传递距离，可将它们的传递方式分为以下三种。

1. 内分泌途径　绝大多数的激素类信号分子通过体液循环运输至靶细胞，这是一种长距离的传递方式。

2. 旁分泌途径　绝大多数的细胞因子只通过局部扩散，作用于邻近的靶细胞或自身细胞（自分泌），其作用距离介于内分泌途径和突触传递途径之间。

3. 突触传递途径　神经递质类的信号分子通过神经突触进行传递，其作用距离最短。

二、受体

受体（receptor）是细胞膜上或细胞内能特异识别信号分子并与之结合，进而引起生物学效应的特殊蛋白质，个别可为糖脂。与受体特异性结合的分子称为配体（ligand）。

（一）受体分类

受体按在细胞内的位置分细胞内受体和细胞膜表面受体，两者的配体分别是脂溶性信号分子和水溶性信号分子。

（二）受体与配体相互作用的特点

1. 高度专一性 保证了信号转导的准确性。

2. 高度亲和力 由于受体与配体结合时浓度极低。

3. 可饱和性 由于细胞受体的数量有限。

4. 可逆性 由于受体与配体是通过非共价键结合的。

5. 特定的作用模式 由于受体的数量和分布具有组织和细胞特异性。

三、细胞内信号转导分子

根据作用特点，细胞内信号转导分子主要有三大类：第二信使、酶类和调节蛋白。

1. 第二信使 第二信使是细胞内被激活后可扩散、并调节信号转导蛋白活性的小分子或离子。细胞内第二信使常见的种类有：①环核苷酸类，如 cAMP 和 cGMP 等；②脂质衍生物，如 DAG 和 IP_3 等；③无机离子，如 Ca^{2+} 等；④一些气体小分子，如 NO、CO 和 H_2S 等。

2. 酶类 催化小分子信使生成和转化的酶类，如腺苷酸环化酶（AC）、鸟苷酸环化酶（GC）、磷脂酶 C（PLC）和磷脂酶 D（PLD）等。蛋白激酶主要有蛋白丝氨酸/苏氨酸激酶和蛋白酪氨酸激酶。

3. 调节蛋白 G 蛋白、支架蛋白和衔接蛋白等。

四、细胞内多条信号转导途径形成信号转导网络

一条信号转导途径中的信号转导分子可与其他途径中的信号转导分子相互作用，从而形成复杂的信号转导调控网络。

第二节　细胞信号转导的基本途径

细胞信号转导过程是由受体介导的，因此，细胞信号转导的基本途径可根据受体的类型分为细胞内受体介导的途径和膜表面受体介导的途径，而后者又可分为离子通道受体介导的基本途径、七跨膜受体（G 蛋白偶联受体）介导的基本途径和单跨膜受体（酶偶联受体）介导的基本途径。

一、细胞内受体介导的信号转导途径

细胞内受体大多是一些转录因子。受体在细胞内与抑制性蛋白（如 Hsp90）结合形成复合物，处于非活化状态。当受体与配体（通常是一些激素类信号，如类固醇激素、甲状腺素和维生素 D 等）结合后构象变化，导致抑制性蛋白从复合物上解离下来，从而使受体暴露出 DNA 结合位点和入核序列而被激活。这类受体一般都有三个结构域：C 端的激素结合域，中部富含 Cys、具有锌指结构的 DNA 或 Hsp90 结合域和 N 端的转录激活域。

二、膜表面受体介导的信号转导途径

膜表面受体根据其结构特征，可分为离子通道受体、七跨膜受体和单跨膜受体。

（一）离子通道受体介导的信号转导途径

离子通道型受体是自身为离子通道的受体，是由蛋白质寡聚体形成的孔道。通道的开放或关闭直接受化学配体的控制，这些配体主要为神经递质。离子通道受体信号转导的最终效应是导致细胞膜电位的改变。乙酰胆碱受体和甘氨酸受体等介导的信号转导途径属于该类。

（二）七跨膜受体介导的信号转导途径

该类膜表面受体的结构包括七个 α-螺旋组成的跨膜结构域，故被称为七跨膜受体。受体的这些结构域可分为膜外 N 端、膜内 C 端、3 个膜外环和 3 个膜内环，其膜内部分偶联有一种 G 蛋白，故又被称为 G 蛋白偶联受体。

1. 信号转导途径的基本模式　胞外信号分子→受体→G 蛋白构象变化→激活效应酶（AC、GC、PLC 等）→胞内第二信使（cAMP、cGMP、IP_3/DAG）含量和分布变化→激活蛋白激酶和蛋白磷酸酶、离子通道→生物学效应。

2. 常见的信号通路　研究较为清楚的有三条：cAMP-PKA 通路、IP_3/DAG-PKC 通路和 Ca^{2+}/CaM 通路。它们在调节物质代谢、基因表达、细胞分泌和内吞、细胞增殖和分化、肌肉收缩等方面发挥重要作用。

（三）单跨膜受体介导的信号转导途径

该类膜表面受体的结构为单次跨膜，故被称为单跨膜受体。受体有两种类型，一种是既为受体又为激酶，如肽类生长因子（EGF、PDGF 等）受体；另一种是本身无激酶活性，但其胞内部分偶联有激酶，如细胞因子受体超家族，故又被称为酶偶联受体。

1. 信号转导途径的基本模式　胞外信号分子→激活第一个蛋白激酶（受体酶或受体偶联的激酶）并二聚体化→→→激活一些特定的蛋白激酶→→→生物学效应。

2. 常见的信号通路　①MAPK 通路：该通路至少有十几种，但可归纳为 ERK 家族介导的信号通路、p38 家族介导的信号通路和 JNK 家族介导的信号通路；②JAK-STAT 通路；③Smad 通路；④PI-3K 通路；⑤NF-KB 通路；如 IP_3/DAG-PKC 通路和 Ca^{2+}/CaM 通路。这些通路在调节蛋白质的功能和表达水平、调节细胞增殖和分化等方面发挥重要作用。

第三节　细胞信号转导异常与疾病

许多疾病的发生发展都与细胞信号转导异常有关，诸如受体病（自身免疫性甲状腺病等）、感染性疾病（霍乱等）、代谢性疾病（糖尿病等）、肿瘤以及精神疾病等。细胞转导异常主要表现在两个方面，其一是正常信号无法传递下去，其二是信号虽能被传递下去，但被异常的传递（持续传递或放大传递）。细胞转导异常发生的位置集中在两个层次，一是受体的异常激活和异常失活，二是胞内信号转导分子的异常激活和异常失活。深入阐明细胞信号转导机制，不仅有助于深入认识疾病的发病机制，而且也为疾病的诊断和治疗提供方向。受体和信号转导分子常被作为信号转导药物的作用靶点。

同步练习

一、单项选择题

1. 细胞通讯是通过（　　）进行的。

A. 分泌化学信号分子　　B. 与质膜相结合的信号分子

C. 间隙连接或胞间连丝　　D. 三种都包括在内

E. 以上都不对

2. 动物细胞中 cAMP 的主要生物学功能是活化（　　）。

A. PKA　　B. PKG　　C. PKC

D. 蛋白激酶 K　　E. CDK5

3. 作用于细胞内受体的激素是（　　）。

A. 胰岛素　　B. 甲状腺素　　C. 肾上腺素

D. 干扰素　　E. EPO

4. 通常与 G 蛋白偶联的受体含有的跨膜螺旋的数目为（　　）。

A. 8 个　　B. 7 个　　C. 6 个

D. 5 个　　E. 3 个

二、填空题

1. 受体与配体的相互作用具有的特点是________、________、________、________和________。

2. 常见的细胞内的第二信使有________、________、________、________、________和________等。

3. 根据受体结构，膜表面受体可分为________、________和________。

三、问答题

举例说明作为信号转导分子的酶可分为几类。

参考答案

一、单项选择题

1. D。细胞的信息交流可通过分泌化学物质，也可通过细胞直接接触或通过细胞表面分子进行，故选 D。

2. A。第二信使 cAMP 的信号转导模式是：化学信号→AC→cAMP→PKA→效应，故选 A。

3. B。作用于胞内受体的激素属脂溶性激素，选项中仅甲状腺素是脂溶性激素，其他均为水溶性激素，故选 B。

4. B。G 蛋白偶联受体又称七跨膜受体，故选 B。

二、填空题

1. 高度专一性　高度亲和力　可饱和性　可逆性　特定的作用模式

2. cAMP　cGMP　DAG　IP3　Ca^{2+}　NO

3. 离子通道受体　GPCR（七跨膜受体）　酶偶联受体（单跨膜受体）

三、问答题

答：作为信号转导分子的酶主要有两大类：①催化第二信使生成和转化的酶类，如 AC、GC、PLC 和 PLD 等；②蛋白激酶，如蛋白丝氨酸/苏氨酸激酶和蛋白酪氨酸激酶。

（谢富华）

第十八章　血液的生物化学

1. 掌握　血浆蛋白质的功能；红细胞的代谢特点；合成血红素的基本原料和关键酶。

2. 熟悉　血液的化学组成及生理功能；血红素的合成过程。

3. 了解　血红素合成的调节；白细胞的代谢特点。

第一节　血浆蛋白质

血液由有形的红细胞、白细胞和血小板以及无形的血浆组成。血浆的主要成分是水、无机盐、有机小分子和蛋白质。血清与血浆的主要区别是血清中不含纤维蛋白原。

一、血浆蛋白质的分类与性质

人血浆蛋白质总浓度为70～75g/L，目前已知的血浆蛋白质有200多种，血浆中还有几千种抗体。血浆蛋白质的含量差异很大。

1. 血浆蛋白质的分类

醋酸纤维素膜电泳可将血浆蛋白质分为5条区带：清蛋白（又称白蛋白）、α_1球蛋白、α_2球蛋白、β球蛋白、γ球蛋白。清蛋白是人体血浆中最主要的蛋白质，其浓度为38～48g/L，约占血浆总蛋白的50%。它能结合并转运许多物质，在血浆胶体渗透压形成中起重要作用。

2. 血浆蛋白质的性质

（1）绝大多数血浆蛋白质在肝合成。

（2）血浆蛋白质的合成场所一般位于膜结合的多核糖体上。

（3）除清蛋白外，几乎所有的血浆蛋白质均为糖蛋白。

（4）许多血浆蛋白质呈现多态性。

（5）在循环过程中，每种血浆蛋白质均有自己特异的半衰期。

（6）血浆蛋白质水平的改变往往与疾病紧密相关。在急性炎症或某种类型的组织损伤等情况下，某些血浆蛋白质的水平会增高，它们被称为急性期蛋白质（acute phase protein，APP）。

二、血浆蛋白质的功能

1. 维持血浆胶体渗透压　正常人血浆胶体渗透压的大小，取决于血浆蛋白质的摩尔浓度。由于清蛋白的分子量小（69000），在血浆内的总含量大、摩尔浓度高，加之在生理pH条件下，其电负性高，能使水分子聚集于其分子表面，故清蛋白能最有效地维持胶体渗透压。清蛋白所产生的胶体渗透压大约占血浆胶体总渗透压的75%～80%。

2. 维持血浆正常的pH　正常血浆的pH为7.40±0.05。蛋白质是两性电解质，血浆蛋白质的等电点大部分在pH 4.0～7.3之间，血浆蛋白盐与相应的蛋白形成缓冲对，参与维持血浆正常的 pH。

3. 运输作用 血浆蛋白质分子的表面上分布有众多的亲脂性结合位点，脂溶性物质可与其结合而被运输。

4. 免疫作用 血浆中的免疫球蛋白在体液免疫中起至关重要的作用。此外，血浆中还有补体系统。

5. 催化作用 血浆中的酶称作血清酶。根据血清酶的来源和功能，可分为血浆功能酶、外分泌酶、细胞酶三类。

6. 营养作用 每个成人 3L 左右的血浆中约有 200g 蛋白质。

7. 凝血、抗凝血和纤溶作用 血浆中存在众多的凝血因子、抗溶血及纤溶物质。

8. 血浆蛋白质异常与临床疾病 血浆蛋白质在维持人体正常代谢中有重要功能，血浆蛋白质异常可见于多种临床疾病，如风湿病、肝疾病、多发性骨髓瘤等。

第二节 血红素的合成

一、血红素的合成过程

1. 合成的组织和亚细胞定位 参与血红蛋白组成的血红素主要在骨髓的幼红细胞和网织红细胞中合成，但成熟红细胞不能合成血红素。

2. 合成原料 甘氨酸、琥珀酰 CoA、Fe^{2+}。

3. 合成部位 合成的起始和终末阶段均在线粒体内进行，而中间阶段在胞质内进行。

4. 关键酶 δ-氨基-γ-酮戊酸合酶，简称 ALA 合酶，其辅酶是磷酸吡哆醛。ALA 合酶催化琥珀酰 CoA 与甘氨酸反应缩合成 δ-氨基-γ-酮戊酸。

5. 合成的过程

详见图 18-1。

二、血红素合成的调节

1. ALA 合酶 ALA 合酶受血红素的反馈抑制；高铁血红素对 ALA 合酶具有强烈的抑制作用；维生素 B_6 缺乏可减少血红素的合成；ALA 合酶诱导剂有睾酮等固醇类激素、某些药物、杀虫剂等。

2. ALA 脱水酶与亚铁螯合酶 ALA 脱水酶与亚铁螯合酶属于巯基酶，重金属不可逆地抑制该酶的活性。

3. 促红细胞生成素 促红细胞生成素加速有核红细胞的成熟以及血红素和血红蛋白的合成。

第三节 血细胞物质代谢

一、红细胞的代谢

红细胞是血液中最主要的细胞，它是在骨髓中由造血干细胞定向分化而成的红系细胞。成熟红细胞代谢的特点是丧失了合成核酸和蛋白质的能力，并不能进行有氧氧化，红细胞功能的正常主要依赖无氧酵解和磷酸戊糖途径。

1. 糖的无氧氧化是红细胞获得能量的唯一途径 红细胞产生的 ATP 主要用于维持膜上钠泵、钙泵的正常运转、维持红细胞膜上脂质与血浆脂蛋白中的脂质进行交换、谷胱甘肽与 NAD^+ 的合成、糖的活化等。

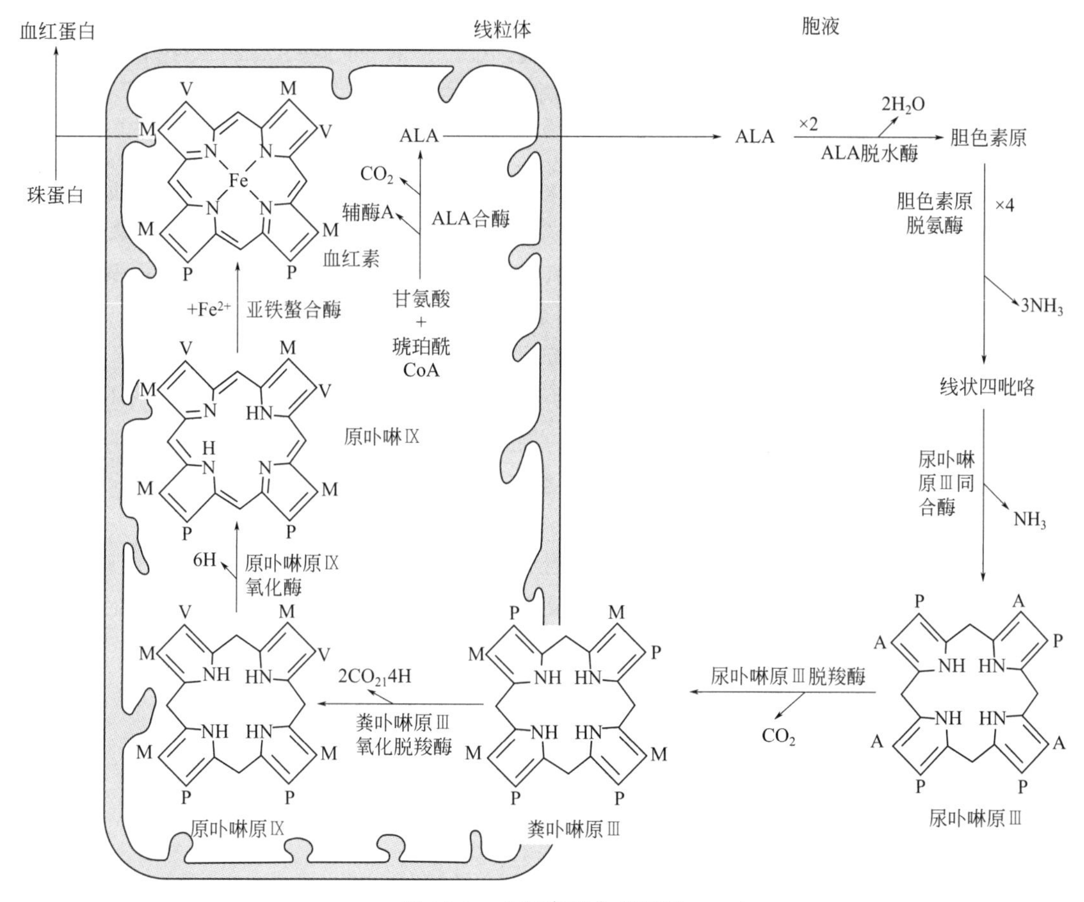

图 18-1　血红素的合成过程

2. 红细胞的糖酵解存在 2,3-二磷酸甘油酸旁路　红细胞内的糖酵解还存在一个特殊的途径——2,3-二磷酸甘油酸旁路（详见图 18-2）。2,3-二磷酸甘油酸（2,3-bisphosphoglycerate，2,3-BPG）是调节血红蛋白运氧功能的重要因素，可降低血红蛋白与氧的亲和力。在 PO_2 相同的条件下，随着 2,3-BPG 浓度的增大，氧合血红蛋白释放 O_2 增多，人体能通过改变红细胞内 2,3-BPG 的浓度来调节对组织的供氧。

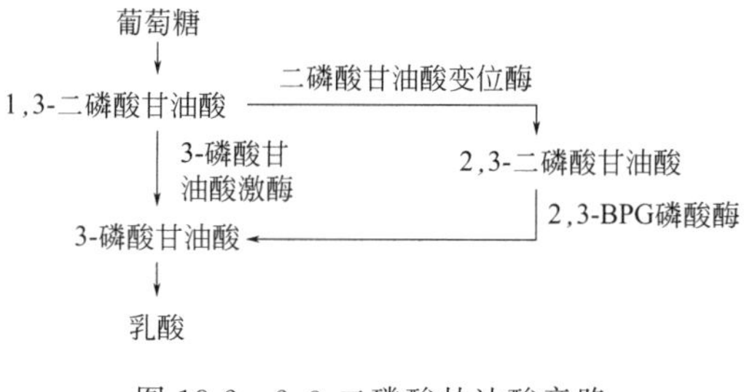

图 18-2　2,3-二磷酸甘油酸旁路

3. 磷酸戊糖途径提供 NADPH 维持红细胞的完整性　NADPH＋H^+ 能够对抗氧化剂，保护细胞膜蛋白、血红蛋白和酶蛋白的巯基等不被氧化，从而维持红细胞的正常功能。

4. 红细胞不能合成脂肪酸 成熟红细胞由于没有线粒体，因此无法从头合成脂肪酸，其通过主动参与和被动交换不断地与血浆进行脂质交换，维持其正常的脂类组成、结构和功能。

5. 高铁血红素促进珠蛋白的合成 进而影响血红蛋白的合成。

二、白细胞的代谢

人体白细胞由粒细胞、淋巴细胞、单核吞噬细胞组成，主要功能是对外来入侵起抵抗作用。

1. 糖的无氧氧化是白细胞主要的获能途径 粒细胞的线粒体很少，故糖的无氧氧化是其主要的糖代谢途径；单核吞噬细胞虽能进行有氧氧化，但糖的无氧氧化仍占很大比重；不同状态和阶段的T淋巴细胞其葡萄糖代谢的特点有所不同。

2. 粒细胞和单核巨噬细胞能产生活性氧，发挥杀菌作用 磷酸戊糖途径产生大量的NADPH，经NADPH氧化酶递电子体系可使O_2接受单电子还原，产生大量的超氧阴离子，超氧阴离子再进一步转变成H_2O_2、·OH等活性氧，起杀菌作用。

3. 粒细胞、单核吞噬细胞能合成多种物质参与超敏反应 组胺、白三烯和前列腺素都是速发型超敏反应中重要的生物活性物质。

4. 单核/巨噬细胞、淋巴细胞合成多种活性蛋白质 单核/巨噬细胞的蛋白质代谢很活跃，能合成多种酶、补体和各种细胞因子。在免疫反应中，B淋巴细胞分化为浆细胞，产生并分泌多种抗体蛋白。

同步练习

一、单项选择题

1. 在血浆蛋白质中，含量最多的蛋白质是（　　）。
   A. γ球蛋白　　B. β球蛋白　　C. 清蛋白
   D. α_1 球蛋白　　E. α_2 球蛋白
2. 在肝脏中合成最多的血浆蛋白质是（　　）。
   A. α球蛋白　　B. β球蛋白　　C. 纤维蛋白原
   D. 清蛋白　　E. 凝血酶原
3. 成熟红细胞的主要能源物质是（　　）。
   A. 脂肪酸　　B. 糖原　　C. 葡萄糖
   D. 酮体　　E. 氨基酸
4. 合成血红素的部位在（　　）。
   A. 胞质和微粒体　　B. 胞质和线粒体　　C. 胞质和内质网
   D. 线粒体和微粒体　　E. 线粒体和内质网
5. 合成血红素的关键酶是（　　）。
   A. ALA脱水酶　　B. ALA合酶　　C. 亚铁螯合酶
   D. 胆色素原脱氨酶　　E. 原卟啉原Ⅸ氧化酶

二、填空题

1. 成熟红细胞只保留了对其十分重要的________和________两条代谢途径，其中________途径是红细胞获得能量的唯一途径。
2. 合成血红素的基本原料是________、________、________。
3. ALA合酶的辅酶是__________。

三、问答题

简述红细胞糖代谢的生理意义。

参考答案

一、单项选择题

1. C。清蛋白是人体血浆中最主要的蛋白质，其浓度为 38～48g/L，约占血浆总蛋白的 50%，故选 C。

2. D。绝大多数血浆蛋白质在肝合成，清蛋白约占血浆总蛋白的 50%，故选 D。

3. C。成熟红细胞的主要能源物质是葡萄糖，故选 C。

4. B。血红素合成的起始和终末阶段均在线粒体内进行，而中间阶段在胞质内进行，故选 B。

5. B。合成血红素的关键酶是 δ-氨基-γ-酮戊酸合酶，简称 ALA 合酶，故选 B。

二、填空题

1. 糖的无氧氧化　磷酸戊糖途径　糖的无氧氧化

2. 甘氨酸　琥珀酰 CoA　Fe^{2+}

3. 磷酸吡哆醛

三、问答题

答：①红细胞产生的 ATP 主要用于维持膜上钠泵、钙泵的正常运转、维持红细胞膜上脂质与血浆脂蛋白中的脂质进行交换、谷胱甘肽与 NAD^+ 的合成、糖的活化等；② 2,3-BPG 的作用主要是调节 Hb 的运氧功能；③NADH 和 NADPH 是红细胞内重要的还原当量，具有对抗氧化剂，保护膜蛋白、血红蛋白和酶蛋白的巯基不被氧化的作用，维持红细胞膜的完整性。

（罗晓婷）

第十九章　肝的生物化学

学习目标

1. 掌握　生物转化的概念、主要器官、生理意义及生物转化反应的主要类型；胆汁酸的分类及肠肝循环；未结合胆红素及结合胆红素的性质及区别。

2. 熟悉　肝在物质代谢中的作用；胆汁酸的生理功能。

3. 了解　影响生物转化作用的因素；血清胆红素与黄疸的关系。

内容精讲

第一节　肝在物质代谢中的作用

一、肝是维持血糖水平相对稳定的重要器官

肝是调节血糖浓度的主要器官，通过糖原的合成与分解、糖异生作用维持血糖浓度的相对恒定。

二、肝在脂质代谢中占据中心地位

肝在脂质的消化、吸收、转运、分解和合成代谢中起着重要的作用。肝细胞合成和分泌的胆汁酸，是脂质消化吸收必不可少的物质。肝是合成三酰甘油和磷脂的主要器官。肝细胞中含有酮体生成酶系，是体内酮体生成的唯一器官。肝是维持机体胆固醇平衡的主要器官。

三、肝内蛋白质合成及分解代谢均非常活跃

肝是合成和分泌血浆蛋白质的重要器官，其中合成量最多的是清蛋白。大部分凝血因子由肝细胞合成。肝是清除血浆蛋白质的重要器官（清蛋白除外）。肝是除支链氨基酸以外的所有氨基酸分解和转变的重要器官。肝是清除血氨的主要器官。

四、肝参与多种维生素和辅酶的代谢

肝在维生素的吸收、储存、转化等方面均起重要作用。肝所分泌的胆汁酸可促进脂溶性维生素 A、维生素 D、维生素 E、维生素 K 的吸收。肝是体内含维生素（如维生素 A、维生素 K、维生素 B_1、维生素 B_2、维生素 B_6、维生素 B_{12}、叶酸及泛酸等）较多的器官，也是维生素 A、维生素 E、维生素 K 和维生素 B_{12} 的储存场所。多种维生素在肝内经过转变成为辅酶。

五、肝参与多种激素的灭活

许多激素发挥调节作用之后，主要在肝中代谢转化，从而降低或失去其活性，此过程称为激素的灭活作用。肝是体内类固醇激素、蛋白质激素、儿茶酚胺类激素灭活的主要场所。

第二节 肝的生物转化作用

一、肝的生物转化作用

（一）生物转化的概念

机体对异源物及某些内源性的代谢产物或生物活性物质进行代谢转变，使其水溶性提高，极性增强，易于通过胆汁或尿液排出体外的过程称为生物转化（biotransformation）。肝是生物转化作用的主要器官。需进行生物转化的物质按其来源可分为内源性物质和外源性物质两大类。

（二）生物转化的生理意义

生物转化的生理意义在于生物转化可对体内的大部分待转化物质进行代谢处理，使其生物学活性降低或丧失（灭活），或使有毒物质的毒性减低或消除（解毒）。通过生物转化作用可增加这些物质的水溶性和极性，从而易于从胆汁或尿液中排出。但是，有些物质经过生物转化后，其生物活性或毒性反而增加（如形成假神经递质），其溶解度降低，反而不易排出体外（如磺胺类药）。生物转化具有解毒与致毒双重作用，因此，不能将肝的生物转化作用简单地看作是“解毒作用”。

二、肝的生物转化作用包括两相反应

生物转化作用包括两相反应：第一相包括氧化、还原、水解反应，可使待转化物质中某些非极性基团转变为极性基团，增加亲水性。第二相为结合反应，可使待转化物质与某些极性更强的物质（如葡糖醛酸、硫酸、氨基酸等）结合，增加其溶解度。有些物质经第一相反应后即可迅速排出体外，但也有许多物质经第一相反应后极性改变仍不大，必须经第二相反应后才能最终排出体外。生物转化反应的特点是反应连续性、反应类型的多样性、解毒与致毒的双重性。

（一）氧化反应

氧化反应由肝细胞的微粒体、线粒体及胞液中的多种氧化酶系催化，是最常见的生物转化第一相反应。

1. 单加氧酶系 肝细胞中最重要的氧化酶是定位于微粒体的细胞色素 P450 的单加氧酶系。单加氧酶系是一个复合物，至少包括两种组分：一种是细胞色素 P450；另一种是 NADPH-细胞色素 P450 还原酶。其羟化作用不仅增加药物或毒物的水溶性，有利于排泄，而且是许多物质代谢不可缺少的步骤。

2. 单胺氧化酶类 线粒体内的单胺氧化酶系统是另一类参与生物转化的氧化酶类。它是一种黄素蛋白，可催化胺类物质氧化脱氨基生成相应的醛，后者进一步在胞液中醛脱氢酶的催化下生成酸。

3. 醇脱氢酶与醛脱氢酶 肝细胞液和微粒体内含有非常活跃的醇脱氢酶（alcohol dehydrogenase，ADH）和醛脱氢酶（aldehyde dehydrogenase，ALDH），两者均以 NAD^+ 为辅酶。ADH 可催化醇类氧化成醛，后者再经醛脱氢酶催化生成酸。

大量饮酒后，乙醇除经 ADH 氧化外，还可诱导微粒体乙醇氧化系统（microsomal ethanol oxidizing system，MEOS）。MEOS 是乙醇 P450 单加氧酶，其产物是乙醛。只有血中乙醇浓度很高时，该系统才发挥作用。但是，乙醇诱导 MEOS 活性不但不能使乙醇氧化产生 ATP，反而增加对氧和 NADPH 的消耗，造成肝细胞能量的耗竭，引起肝细胞的损害。ADH 与 MEOS 的细胞定位及特性见表 19-1。

表 19-1 ADH 与 MEOS 之间的比较

项目	ADH	MEOS
肝细胞内定位	胞质	微粒体
底物与辅酶	乙醇、NAD^+	乙醇、NADPH、O_2
对乙醇的 K_m 值	2mmol/L	8.6mmol/L
乙醇的诱导作用	无	有
与乙醇氧化相关的能量变化	氧化磷酸化释能	耗能

（二）还原反应

肝细胞微粒体内存在由 NADPH 供氢的还原酶类，主要包括硝基还原酶类和偶氮还原酶类。硝基化合物和偶氮化合物分别在微粒体硝基还原酶和偶氮还原酶的催化下，从 NADH 或 NADPH 接受氢，还原生成相应的胺类。

（三）水解反应

肝细胞液和微粒体中含有多种水解酶类，如酯酶、酰胺酶、糖苷酶等，可水解脂质、酰胺类和糖苷类化合物。多数物质经此反应后可以减低或消除活性，也有少数反而呈现出活性。

（四）结合反应

结合反应是体内最重要的生物转化方式，属于第二相反应。凡含有羟基、羧基或氨基的药物、毒物或激素等均可发生结合反应。可供结合的极性物质有葡糖醛酸、硫酸、乙酰辅酶 A、谷胱甘肽、甘氨酸等（详见表 19-2）。其中，葡糖醛酸、硫酸和酰基的结合反应最为重要，尤其是葡糖醛酸的结合反应最为普遍。

表 19-2 参与肝结合反应的酶类

结合反应	酶类	供体
葡糖醛酸结合反应	葡糖醛酸基转移酶	活性葡糖醛酸(UDPGA)
硫酸结合反应	硫酸基转移酶	活性硫酸(PAPS)
乙酰化反应	乙酰基转移酶	乙酰 CoA
谷胱甘肽结合反应	谷胱甘肽 *S*-转移酶	谷胱甘肽(GSH)
甲基化反应	甲基转移酶	*S*-腺苷甲硫氨酸（SAM)
甘氨酸结合反应	酰基转移酶	甘氨酸

三、生物转化作用受许多因素的调节和影响

年龄、性别、营养、疾病及遗传等因素对生物转化产生明显的影响，许多异源物可诱导生物转化的酶类的转化能力也大大增强。

第三节 胆汁和胆汁酸的代谢

一、胆汁

肝细胞分泌的胆汁（bile）称肝胆汁，清澈透明，呈金黄色或橘黄色。肝胆汁进入胆囊后，经浓缩为原体积的10%～20%，并掺入黏液等物后成为胆囊胆汁，呈黄褐色或棕绿色，随后经胆总管流入十二指肠。胆汁中除水外，溶于其中的固体物质有蛋白质、胆汁酸盐、脂肪酸、胆固

醇、磷脂、胆红素、磷酸酶、无机盐等，其中胆汁酸盐的含量最高。

二、胆汁酸

胆汁酸是存在于胆汁中一大类胆烷酸的总称，以钠盐或钾盐的形式存在，即胆汁酸盐，简称胆盐（bile salts）。按其结构分为两类，一类是游离胆汁酸，包括胆酸、脱氧胆酸、鹅脱氧胆酸和少量石胆酸；另一类是结合胆汁酸，是游离胆汁酸与甘氨酸或牛磺酸的结合产物，主要包括甘氨胆酸、牛磺胆酸、甘氨鹅脱氧胆酸和牛磺鹅脱氧胆酸。胆汁中的胆汁酸以结合型为主。

按其生成部位可分为初级胆汁酸和次级胆汁酸两大类。胆固醇在肝细胞内转化生成的胆汁酸为初级胆汁酸（primary bile acids），包括胆酸和鹅脱氧胆酸及其与甘氨酸或牛磺酸结合后生成的甘氨胆酸、牛磺胆酸、甘氨鹅脱氧胆酸和牛磺鹅脱氧胆酸。初级胆汁酸分泌到肠道后受肠道细菌作用生成次级胆汁酸（secondary bile acids），包括脱氧胆酸和石胆酸及其在肝中生成的结合产物。

三、胆汁酸的主要生理功能

（一）促进脂质物质的消化与吸收

胆汁酸分子具有较强的界面活性，能够降低油、水两相之间的界面张力。胆汁酸的这种结构特征使其成为较强的乳化剂，使疏水的脂质物质在水溶液中乳化成直径为3～10mm的微团，扩大脂质和消化酶的接触面，既有利于酶的消化作用，又有利于吸收。

（二）维持胆汁中胆固醇的溶解状态以抑制胆固醇析出

由于胆固醇难溶于水，胆汁在胆囊中浓缩后胆固醇容易沉淀析出。但因胆汁中的胆汁酸盐和卵磷脂可使难溶于水的胆固醇分散成为可溶性微团，使之不易在胆囊中结晶沉淀。胆固醇是否从胆汁中沉淀析出主要取决于胆汁中胆汁酸盐和卵磷脂与胆固醇之间的合适比例（正常比值≥10∶1）。

四、胆汁酸的代谢及胆汁酸的肠肝循环

（一）初级胆汁酸在肝内以胆固醇为原料生成

（1）部位　肝细胞的胞液和微粒体中。

（2）原料　胆固醇。

（3）反应　包括胆固醇核的羟化、侧链缩短和加辅酶A等多步反应。

（4）关键酶　胆固醇7α-羟化酶。

（二）次级胆汁酸在肠道由肠菌作用生成

（1）部位　小肠下段和大肠。

（2）原料　进入肠道的初级胆汁酸。

（3）反应　初级胆汁酸在肠菌的作用下发生水解、7α-位脱羟基，转变成次级胆汁酸。

（4）产物　胆酸转变成脱氧胆酸，鹅脱氧胆酸转变成石胆酸，这两种胆汁酸重吸收入肝后可再与甘氨酸或牛磺酸结合生成次级结合胆汁酸。

（三）胆汁酸的肠肝循环使有限的胆汁酸库存循环利用

胆汁酸随胆汁排入肠腔后，约95%的胆汁酸可经门静脉重吸收入肝，在肝内转变为结合胆汁酸，并与肝新合成的胆汁酸一道再次排入肠道，此循环过程称胆汁酸的肠肝循环。其生理意义在于弥补肝合成胆汁酸的不足，使有限的胆汁酸反复利用，满足人体对胆汁酸的生理需要，最大限度地发挥它的生理功能。

第四节 胆色素的代谢与黄疸

胆色素（bile pigment）是铁卟啉化合物在体内分解代谢时所产生的各种物质的总称，包括胆红素（bilirubin）、胆绿素（biliverdin）、胆素原（bilinogens）和胆素（bilin）。正常时主要随胆汁排泄。胆红素是人胆汁的主要色素，呈橙黄色，具有毒性，可引起大脑不可逆的损害。

一、胆红素是铁卟啉化合物的降解产物

（一）胆红素主要源于衰老红细胞的破坏

体内含铁卟啉的化合物有血红蛋白、肌红蛋白、细胞色素、过氧化氢酶及过氧化物酶等。正常成人每天产生250～350mg胆红素，其中80%左右来自衰老红细胞中血红蛋白的分解。

（二）血红素加氧酶和胆绿素还原酶催化胆红素的生成

（1）部位　肝、脾、骨髓等单核吞噬细胞微粒体与胞液中。

（2）过程　衰老的红细胞在肝、脾、骨髓的单核吞噬细胞系统被网状内皮细胞识别、吞噬，释放出血红蛋白。血红蛋白随后分解为珠蛋白和血红素。珠蛋白被分解为氨基酸，再利用。血红素则在单核吞噬细胞系统微粒体中的血红素加氧酶的催化及O_2和NADPH的参与下，释出CO、Fe^{3+}和胆绿素。Fe^{3+}进入体内铁代谢池，可供机体再利用或以铁蛋白形式储存；CO可排出体外；胆绿素进一步在胞液胆绿素还原酶（辅酶为NADPH）的催化下，还原生成胆红素。

二、血液中的胆红素主要与清蛋白结合而运输

胆红素具有疏水亲脂性质，极易穿过细胞膜。由单核吞噬细胞系统生成的胆红素进入血液后，主要与血浆清蛋白结合成胆红素-清蛋白复合物进行运输。清蛋白分子对血红素有极高的亲和力，胆红素与清蛋白的结合增加了胆红素在血浆中的溶解度，有利于运输，同时又限制了胆红素自由透过各种生物膜，避免了其对组织细胞发生毒性作用。

三、胆红素在肝细胞中转变为结合胆红素并泌入胆小管

（一）游离胆红素可渗透肝细胞膜而被摄取

血中胆红素主要以胆红素-清蛋白复合物的形式运输，尚未与葡糖醛酸结合，故称为游离胆红素或未结合胆红素（unconjugated bilirubin）。血浆清蛋白运输的胆红素在肝血窦中先与清蛋白分离，与肝细胞膜表面的特异性受体结合，迅速被肝细胞摄取。

肝细胞质中存在两种胆红素结合蛋白（Y蛋白和Z蛋白），也称为配体蛋白（ligandin），是肝细胞内主要的胆红素载体蛋白，其中以Y蛋白为主。胆红素进入肝细胞后，与Y蛋白和Z蛋白结合。胆红素以胆红素-Y蛋白或胆红素-Z蛋白的形式运输至滑面内质网。

（二）胆红素在内质网结合葡糖醛酸生成水溶性结合胆红素

在滑面内质网UDP-葡糖醛酸转移酶（UDP glucuronyl transferase，UGT）的催化下，胆红素与葡糖醛酸基以酯键结合，生成水溶性的胆红素葡糖醛酸酯（bilirubin glucuroride），即胆红素葡糖醛酸一酯和胆红素葡糖醛酸二酯。胆红素葡糖醛酸二酯是主要的结合产物，约占70%～80%。经过生物转化作用，与葡糖醛酸或其他物质结合的胆红素，称为结合胆红素（conjugated bilirubin）。结合胆红素作为胆汁的组成成分随胆汁排入小肠。结合胆红素与未结合胆红素不同理化性质的比较见表19-3。

表 19-3 未结合胆红素与结合胆红素的区别

项目	未结合胆红素	结合胆红素
别名	间接胆红素、游离胆红素	直接胆红素
与葡糖醛酸的结合	未结合	结合
与重氮试剂反应	缓慢、间接反应	迅速、直接反应
水溶性	小	大
脂溶性	大	小
经肾随尿排出	不能	能
透过细胞膜对大脑的毒性作用	大	小

（三）肝细胞向胆小管分泌结合胆红素

结合胆红素从肝细胞分泌至胆小管，再随胆汁排入肠道，是肝脏代谢胆红素的限速步骤。肝细胞向胆小管分泌结合胆红素是一个逆浓度梯度的主动转运过程。多耐药相关蛋白 2 是肝细胞向胆小管分泌结合胆红素的转运蛋白。胆红素排泄一旦发生障碍，结合胆红素就可返流入血。

四、胆红素在肠道内转化为胆素原和胆素

（一）胆素原是结合胆红素经肠菌作用的产物

结合胆红素随胆汁排入肠道后，在肠菌的作用下，由 β-葡糖醛酸酶催化水解脱去葡糖醛酸基，生成未结合胆红素。后者再逐步还原成为多种无色的胆素原族化合物，包括中胆素原、粪胆素原及尿胆素原，总称胆素原。肠中生成的胆素原大部分（80%～90%）随粪便排出。在结肠下段或随粪便排出后，无色的粪胆素原经空气氧化成黄褐色的粪胆素，是正常粪便中的主要色素。当胆道完全梗阻时，结合胆红素不能排入肠道中转变为粪胆素原及粪胆素，粪便呈灰白色，临床上称之为白陶土样便。新生儿肠道中的细菌较少，粪便中的胆红素未被细菌作用而使粪便呈橘黄色。

（二）少量胆素原可被肠黏膜重吸收，进入胆素原的肠肝循环

在生理状态下，肠道中生成的胆素原有 10%～20%被肠道重吸收入血，经门静脉入肝，其中大部分（约 90%）被肝摄取，又以原形随胆汁排入肠道，此过程称为胆色素的肠肝循环（enterohepatic circulation）。重吸收的胆素原有少部分（约 10%）进入体循环，经肾随尿排出，称为尿胆素原，再经空气氧化成尿胆素，是尿的主要色素。

五、高胆红素血症及黄疸

（一）正常人血清胆红素含量甚微

正常人由于胆色素代谢正常，血清中胆红素含量甚微，其总量不超过 3.4～17.1μmol/L，其中未结合胆红素约占 4/5，其余为结合胆红素。正常人肝对胆红素有强大的处理能力，每天可清除 3000mg 以上的胆红素，不会造成未结合胆红素的堆积。

（二）黄疸依据病因有溶血性、肝细胞性和阻塞性之分

体内胆红素生成过多，或肝细胞对胆红素的摄取、转化及排泄能力下降等因素引起血浆胆红素含量的增多。血浆胆红素含量超过 17.1μmol/L（10mg/L）称为高胆红素血症。

胆红素是金黄色物质，血清中含量过高，大量的胆红素扩散入组织，造成组织黄染，称为黄疸（jaundice）。根据黄疸产生的原因，可分为溶血性黄疸、肝细胞性黄疸和阻塞性黄疸三类。

1. 溶血性黄疸 溶血性黄疸（hemolytic jaundice）也称为肝前性黄疸，是由于某些疾病（如

恶性疟疾、过敏、镰状细胞贫血、蚕豆病等）、药物和输血不当引起红细胞大量破坏，释放的大量血红素在单核吞噬细胞系统中生成的胆红素过多，超过肝细胞的摄取、转化和排泄能力，造成血清游离胆红素浓度异常增高。

2. 肝细胞性黄疸 肝细胞性黄疸（hepatocellular jaundice）是由于肝细胞破坏（如各种肝炎、肝肿瘤等），使其摄取、转化和排泄胆红素的能力降低所致。

3. 阻塞性黄疸 阻塞性黄疸（obstructive jaundice）也称为肝后性黄疸，是由于各种原因引起胆汁排泄通道受阻（如胆管炎症、肿瘤、结石或先天性胆管闭锁等疾病），使胆小管和毛细胆管内压力增大破裂，结合胆红素反流入血，造成血清结合胆红素升高所致。

同步练习

一、单项选择题

1. 生物转化时，下列（　　）不能作为结合反应的供体。

A. PAPS　　B. 乙酰 CoA　　C. UDPGA
D. SAM　　E. 丙氨酸

2. 下列（　　）是次级胆汁酸。

A. 脱氧胆酸　　B. 鹅脱氧胆酸　　C. 甘氨鹅脱氧胆酸
D. 牛磺鹅脱氧胆酸　　E. 甘氨胆酸

3. 血液中（　　）增加，尿中会出现胆红素。

A. 结合胆红素　　B. 未结合胆红素　　C. 间接胆红素
D. 游离胆红素　　E. 血胆红素

4. 人体合成胆固醇速度最快和合成量最多的器官是（　　）。

A. 肝　　B. 脾　　C. 肾
D. 心　　E. 肺

5. 有关胆汁酸盐的叙述错误的是（　　）。

A. 脂质吸收中的乳化剂　　B. 在肝脏由胆固醇转变生成
C. 抑制胆固醇结石的形成　　D. 胆色素代谢的产物
E. 经过肠肝循环被重吸收

6. 不参与肝生物转化反应的是（　　）。

A. 结合反应　　B. 氧化反应　　C. 水解反应
D. 还原反应　　E. 脱羧反应

7. 第一相反应中最重要的酶是微粒体中的（　　）。

A. 单加氧酶　　B. 水解酶　　C. 双加氧酶
D. 还原酶　　E. 胺氧化酶

8. 肝病严重时，男性乳房女性化的主要原因是（　　）。

A. 雄性激素分泌过多　　B. 雄性激素分泌过少　　C. 雌性激素分泌过多
D. 雌性激素分泌过少　　E. 雌性激素灭活不好

9. 关于胆素描述错误的是（　　）。

A. 新生儿肠道细菌少，粪便呈现橘黄色　　B. 尿胆素是尿的主要色素
C. 粪胆素原是粪便的主要色素　　D. 在肠道下段生成
E. 胆道完全梗阻时，粪便呈灰白色

10. 结合胆红素是（　　）。

A. 胆红素-BSP　　B. 胆红素-Y蛋白　　C. 胆红素-Z蛋白

D. 葡糖醛酸胆红素　　E. 胆素原

二、名词解释

1. 生物转化
2. 初级胆汁酸

三、填空题

1. 胆汁酸通过________循环，使胆汁酸反复使用。
2. 胆红素主要来源于________中的________分解，后者分解为珠蛋白和________，再在酶的催化下生成__________，进一步被还原成________，它是________性物质，易通过血-脑屏障，造成核黄疸。
3. 肝中进行生物转化时，活性硫酸的供体是________。

四、问答题

1. 生物转化的生理意义及特点是什么？
2. 简述结合胆红素与未结合胆红素的性质差异。

参考答案

一、单项选择题

1. E。可供结合的极性物质有葡糖醛酸、硫酸、乙酰辅酶A、谷胱甘肽、甘氨酸等，故选E。

2. A。次级胆汁酸包括脱氧胆酸和石胆酸及其在肝中生成的结合产物，故选A。

3. A。结合胆红素的脂溶性弱而水溶性强，可通过肾随尿排出，故选A。

4. A。人体合成胆固醇速度最快和合成量最多的器官是肝，故选A。

5. D。胆色素代谢的产物是胆素原，故选D。

6. E。生物转化作用包括两相反应，第一相包括氧化反应、还原反应、水解反应，第二相为结合反应，故选E。

7. A。第一相反应中最重要的酶是微粒体中的细胞色素P450的单加氧酶系，故选A。

8. E。肝是体内类固醇激素、蛋白质激素、儿茶酚胺类激素灭活的主要场所，因此，肝病严重时，男性乳房女性化的主要原因是雌性激素灭活不好，故选E。

9. C。在结肠下段或随粪便排出后，无色的粪胆素原经空气氧化成黄褐色的粪胆素，是正常粪便中的主要色素，故选C。

10. D。经过生物转化作用，与葡糖醛酸或其他物质结合的胆红素，称为结合胆红素，故选D。

二、名词解释

1. 生物转化：机体对异源物及某些内源性的代谢产物或生物活性物质进行代谢转变，使其水溶性提高，极性增强，易于通过胆汁或尿液排出体外的过程称为生物转化。

2. 初级胆汁酸：胆固醇在肝细胞内转化生成的胆汁酸为初级胆汁酸。

三、填空题

1. 肠肝

2. 衰老红细胞　血红蛋白　血红素　胆绿素　胆红素　脂溶

3. PAPS

四、问答题

1. 答：生物转化的生理意义在于生物转化可对体内的大部分待转化物质进行代谢处理，使其生物学活性降低或丧失（灭活），或使有毒物质的毒性减低或消除（解毒）。通过生物转化作用可增加这些物质的水溶性和极性，从而易于从胆汁或尿液中排出。但是，有些物质经过生物转化后，其生物活性或毒性反而增加（如形成假神经递质），其溶解度降低，反而不易排出体外。

生物转化反应的特点是反应连续性、反应类型的多样性、解毒与致毒的双重性。

2. 答：

项目	未结合胆红素	结合胆红素
别名	间接胆红素、游离胆红素	直接胆红素
与葡糖醛酸的结合	未结合	结合
与重氮试剂反应	缓慢、间接反应	迅速、直接反应
水溶性	小	大
脂溶性	大	小
经肾随尿排出	不能	能
透过细胞膜对大脑的毒性作用	大	小

（罗晓婷）

第二十章　维生素

学习目标

1. 掌握　维生素的概念及分类；B族维生素与辅酶的关系及功能；维生素缺乏症。

2. 熟悉　脂溶性维生素的生物学功能；B族维生素的化学结构、性质与生物学功能；维生素C的化学结构特点与生物学功能。

3. 了解　维生素的来源。

第一节　脂溶性维生素

维生素（vitamin）是人体内不能合成，或合成量甚少、不能满足机体的需要，必须由食物供给，以维持正常生命活动的一类低分子量有机化合物，是人体的重要营养素之一。根据维生素的溶解性质的不同，可将维生素分为两大类，即脂溶性维生素和水溶性维生素。

脂溶性维生素包括维生素A、维生素D、维生素E和维生素K，是疏水性化合物，易溶于脂质和有机溶剂，常随脂质被吸收。脂溶性维生素在血液中与脂蛋白或特异性结合蛋白质结合而运输，不易被排泄，在体内主要储存于肝脏，故不需每日供给。

一、维生素A

（一）一般性质

肝脏、肉类、蛋黄、乳制品、鱼肝油等都是维生素A的丰富来源。而植物中不存在已形成的维生素A，但西兰花、胡萝卜、红心红薯等中含有多种胡萝卜素，其中以β-胡萝卜素最重要，在小肠和肝细胞内转变成视黄醇和视黄醛，因此，β-胡萝卜素称维生素A原。

维生素A储存的主要器官是肝脏。

（二）生物学功能

视黄醇、视黄醛和视黄酸是维生素A的活性形式。

1. 视黄醛参与了视觉的形成　维生素A是构成视觉细胞内感光物质的成分。人视网膜的杆状细胞内含有感光物质视紫红质。视紫红质的浓度就决定感受暗光的能力。它是由11-顺视黄醛和视蛋白分别发生构型和构象改变，生成含全反式视黄醛的视紫红质，对暗视觉十分重要，但视紫红质被光照射时可引起一系列的变化，最后11-顺视黄醛转变成全反式视黄醛，并与视蛋白分离。在这一过程中感光细胞超极化，引发神经冲动，电信号上传到视神经。与视蛋白分离的全反式视黄醛在一系列酶的作用下，又转变成11-顺视黄醛，再与视蛋白结合成视紫红质供下一次视循环使用。因此，视紫红质是暗视觉形成的基础，而人视网膜的杆状细胞合成视紫红质需要维生素A的参与，维生素A参与了视觉的形成。

2. 视黄酸调控基因表达和细胞生长与分化 视黄醇的不可逆氧化产物全反式视黄酸和9-顺视黄酸是执行这一重要功能的关键物质，它们与细胞内核受体结合，通过与DNA反应元件的作用，调节某些基因的表达，进而调控细胞的生长、发育和分化。所以，视黄酸对于维持上皮组织的正常形态与生长具有重要的作用。

3. 维生素A和胡萝卜素是有效的抗氧化剂 维生素A和胡萝卜素是机体一种有效的捕获活性氧的抗氧化剂，具有清除活性氧和防止脂质过氧化的作用。

4. 维生素A及其衍生物可抑制肿瘤生长 维生素A及其衍生物有延缓或阻止癌前病变，拮抗化学致癌剂的作用。

（三）维生素A缺乏症及中毒

维生素A缺乏最早期的症状是暗适应能力下降，严重时可致夜盲症，维生素A缺乏可引起严重的上皮角化，眼结膜黏液分泌细胞的丢失与角化以及糖蛋白分泌的减少均可引起角膜干燥，出现眼干燥症。因此，维生素A又称眼干燥症维生素。

二、维生素D

（一）一般性质

天然的维生素D以维生素D_2和维生素D_3为主，维生素D_2又称麦角钙化醇，维生素D_3又称胆钙化醇。维生素D_2是由麦角中或酵母菌中的麦角固醇经紫外线或日光照射后形成的产物，易被机体吸收，因此，麦角固醇又称为维生素D_2原。维生素D_3主要来源于鱼油、蛋黄、肝脏，储存于人体皮肤的7-脱氢胆固醇在紫外线照射下可转变为维生素D_3，所以7-脱氢胆固醇称为维生素D_3原。

吸收后的维生素D_3掺入乳糜微粒经淋巴入血，在血液中，部分维生素D_3与维生素D_3结合蛋白结合，维生素D_3在肝脏中可转变为25-羟维生素D_3。25-OH-D_3是维生素D_3肝脏中的主要储存形式，也是血中的运输形式，经过血液循环到肾小管上皮细胞可转变成维生素D_3的活性形式1,25-$(OH)_2$-D_3，也可以进一步羟化生成24,25-$(OH)_2$-D_3。

（二）生物学功能

1. 1,25-$(OH)_2$-D_3调节钙、磷代谢 1,25-$(OH)_2$-D_3是维生素D_3的活性形式，1,25-$(OH)_2$-D_3可与靶细胞内特异的核受体结合进入细胞核，调节相关基因（如钙结合蛋白基因、骨钙蛋白基因等）的表达。1,25-$(OH)_2$-D_3还可通过信号转导系统使钙通道开放，发挥其对钙、磷代谢的快速调节作用。此外，1,25-$(OH)_2$-D_3促进小肠对钙、磷的吸收，影响骨组织的钙代谢，从而维持血钙和血磷的正常水平，促进骨和牙的钙化。

2. 1,25-$(OH)_2$-D_3影响细胞分化 大量研究证明，肾外组织细胞也具有羟化25-OH-D_3生成1,25-$(OH)_2$-D_3的能力。1,25-$(OH)_2$-D_3具有调节这些组织细胞分化等功能。1,25-$(OH)_2$-D_3对某些肿瘤细胞也具有抑制增殖和促进分化的作用。此外，还能促进胰岛B细胞合成和分泌胰岛素，有抗糖尿病的功能。

（三）维生素D缺乏症及中毒

当维生素D_3缺乏时，儿童骨钙化不良、骨骼变软可造成佝偻病，可出现鸡胸、串珠肋及X形腿等，因此，维生素D又称抗佝偻病维生素。成人维生素D缺乏易引起软骨病和骨质疏松症，使骨脱骨盐而易骨折。此外，维生素D缺乏也与自身免疫性疾病的发生有关。

过量摄入维生素D也可引起中毒，维生素D中毒主要表现为高钙血症、高钙尿症、高血压以及软组织钙化。

三、维生素 E

（一）一般性质

维生素 E 又称生育酚，包括生育酚和生育三烯酚。维生素 E 主要存在于植物油、油性种子、麦胚油中。在体内维生素 E 主要存在于细胞膜、血浆脂蛋白和脂库中。

（二）生物学功能

1. 维生素 E 是体内最重要的脂溶性抗氧化剂 维生素 E 是重要的天然的抗氧化剂，是脂溶性抗氧化剂和自由基清除剂，主要避免生物膜上脂质过氧化物的产生，保护生物膜及其他蛋白质免受自由基的损害。

2. 调节基因表达 维生素 E 对细胞信号转导和基因表达具有调节作用。维生素 E 上调或下调与生育酚的摄取和降解相关的基因、脂类摄取和动脉硬化相关基因、表达某些细胞外基质蛋白基因、细胞黏附和炎症等相关基因以及细胞信号系统和细胞周期调节的相关基因等的表达。因此，维生素 E 具有抗炎、维持正常免疫功能、抑制细胞增殖及预防和治疗动脉粥样硬化等作用。

3. 促进血红素合成 维生素 E 能提高血红素合成的关键酶 δ-氨基-γ-酮戊酸合酶和 δ-氨基-γ-酮戊酸脱水酶的活性，促进血红素的合成。维生素 E 还能调节血小板的黏附力和聚集作用，这是由于维生素 E 可抑制磷脂酶 A_2 的活性，减少血小板血栓素 A_2 的释放，从而抑制血小板的聚集。

（三）维生素 E 缺乏症及中毒

维生素 E 一般不易缺乏，在严重的脂质吸收障碍和肝严重损伤时可引起缺乏症，表现为红细胞数量减少、脆性增加等溶血性贫血症。动物缺乏维生素 E 时，其生殖器官发育受损，甚至不育。人类尚未发现因维生素 E 缺乏所致的不孕症。临床上用维生素 E 治疗先兆流产及习惯性流产。维生素 E 缺乏症是由于血中维生素 E 含量低而引起的，主要发生在婴儿，特别是早产儿。早产的新生儿由于组织中维生素 E 的储备较少和小肠的吸收能力较差，可因维生素 E 缺乏引起轻度溶血性贫血。

四、维生素 K

（一）一般性质

天然的维生素 K 有维生素 K_1 及维生素 K_2 两种。维生素 K_1 从深绿叶蔬菜和植物油中获得，维生素 K_2 是肠道细菌的代谢产物。临床上常用的维生素 K_3 及维生素 K_4 是人工合成的，易溶于水，可口服及注射。

（二）生物学功能

（1）维生素 K 有促进凝血功能，维生素 K 又称为凝血维生素，主要是促进活性凝血因子（Ⅱ、Ⅶ、Ⅸ、Ⅹ）的合成。

（2）维生素 K 能够调节骨代谢，骨钙蛋白和骨基质的 γ-羧基谷氨酸蛋白都是维生素 K 依赖蛋白。

（3）维生素 K 还可以预防动脉硬化。

（三）维生素 K 缺乏症及中毒

维生素 K 一般不易缺乏。对于胆道疾病、胰腺疾病、脂肪泻或长期服用抗生素药物的患者可出现维生素 K 的缺乏。当维生素 K 缺乏时，表现为凝血因子合成障碍，患者可出现凝血时间延长、出血症状。维生素 K 不能通过胎盘，新生儿肠道内又无细菌，故可能发生维生素 K 缺乏症。

第二节 水溶性维生素

水溶性维生素包括B族维生素和维生素C，除维生素B_{12}外，在体内很少储存，一般不发生中毒现象。水溶性维生素主要构成酶的辅因子，直接影响某些酶的催化作用。

一、维生素B_1

（一）一般性质

维生素B_1又称硫胺素，易溶于水；在酸性环境中较稳定，加热不易分解；在碱性环境中不稳定，易被氧化或受热破坏。维生素B_1在植物中分布广泛，谷类、豆类的种皮中含量丰富，酵母中含量则较丰富。

（二）生物学功能

维生素B_1在体内的活性形式为焦磷酸硫胺素（thiamine pyrophosphate，TPP）。TPP是α-酮酸氧化脱羧酶多酶复合物的辅酶，在体内能量代谢中发挥重要作用。TPP噻唑环上硫和氮原子之间的碳原子十分活泼，易释放H^+，成为负碳离子。后者与α-酮酸的羧基结合，使之发生脱羧，释放CO_2。正常情况下，机体所需能量主要靠糖代谢所产生的丙酮酸氧化供给，当维生素B_1缺乏时，α-酮酸氧化脱羧障碍，使氧化过程受阻，影响能量的产生，影响细胞的正常功能，特别是神经组织。

（三）缺乏症

当维生素B_1缺乏时，底物丙酮酸和乳酸在血中堆积，导致末梢神经炎和其他神经肌肉变性病变，即脚气病，故维生素B_1被称为抗神经炎或脚气病的维生素，严重者可发生水肿及心力衰竭。

维生素B_1不足，乙酰辅酶A生成不足，乙酰胆碱分解加强，主要表现为消化液分泌减少、胃肠蠕动变慢、消化不良、食欲缺乏等。

二、维生素B_2

（一）一般性质

维生素B_2又称核黄素。维生素B_2的分布很广，在肝、奶制品、蛋、大豆和肉类中含量丰富。维生素B_2在第1位和第10位间有两个活泼的双键，此2个氮原子可反复接受或释放氢，因而具有可逆氧化还原特征。

（二）生物学功能

FMN及FAD是维生素B_2在体内的活性形式。FMN和FAD是体内很多氧化还原酶的辅酶或辅基，起传递氢的作用，广泛参与体内的各种氧化还原反应，能促进糖、脂肪和蛋白质的代谢。它对维持皮肤、黏膜和视觉的正常功能均有一定的作用。

此外，FAD和FMN还参与体内的很多生化过程，如：作为辅酶参与维生素B_6转变为磷酸吡哆醛的过程；FAD作为谷胱甘肽还原酶的辅酶，参与体内氨基的转移及抗氧化防御系统；FAD与细胞色素P450结合，参与药物代谢。

（三）缺乏症

维生素B_2缺乏时，可引起口角炎、唇炎、阴囊炎、眼睑炎、畏光等症。用光照疗法治疗新生儿黄疸时，在破坏皮肤胆红素的同时，核黄素也可同时遭到破坏，引起新生儿维生素B_2缺乏症。

三、维生素 PP

（一）一般性质

维生素 PP 包括尼克酸（又称烟酸）和尼克酰胺（又称烟酰胺）。维生素 PP 广泛存在于自然界，以酵母、花生、谷类、豆类、肉类和动物肝中含量丰富。在体内可由色氨酸转变而来，若以玉米为唯一食物，则易发生维生素 PP 缺乏。

（二）生物学功能

NAD^+ 和 $NADP^+$ 是维生素 PP 在体内的活性形式。NAD^+ 和 $NADP^+$ 是体内多种不需氧脱氢酶的辅酶，在酶促反应中起递氢体的作用，广泛参与体内的各种氧化还原反应。

维生素 PP 参与核酸的合成。葡萄糖通过磷酸戊糖途径产生 5-磷酸核糖，这是体内产生核糖的主要途径，核糖也是核酸合成的重要原料，而 NAD^+ 和 $NADP^+$ 是磷酸戊糖途径第一步生化反应中氢的传递者。

近年来的研究发现，维生素 PP 可抑制脂肪动员，使肝中 VLDL 的合成下降，从而降低血浆胆固醇的含量，因此，烟酸可作为药物用于临床治疗高胆固醇血症。

（三）缺乏症

维生素 PP 缺乏病称为癞皮病或糙皮病，表现为皮炎、腹泻及痴呆。皮炎常呈对称性出现在皮肤暴露部位，神经组织变性引起痴呆，故维生素 PP 又称抗癞皮病维生素。

此外，抗结核药异烟肼与维生素 PP 的结构相似，两者具有拮抗作用，故使用异烟肼抗结核治疗时，应注意补充维生素 PP。

四、泛酸

（一）一般性质

泛酸广泛存在于自然界，又称遍多酸或维生素 B_5，易溶于水，不溶于有机溶剂，遇酸、碱不稳定，易被破坏。

（二）生物学功能

辅酶 A 和酰基载体蛋白是泛酸在体内的活性形式。辅酶 A 在物质代谢中起转移酰基的作用，是酰基转移酶的辅酶，广泛参与糖类、脂类和蛋白质代谢及肝的生物转化作用，如丙酮酸氧化脱羧生成乙酰 CoA。

（三）缺乏症

人类一般不易发生泛酸的缺乏，泛酸缺乏早期易出现疲劳、易怒，以及胃肠功能障碍如食欲下降、腹痛、溃疡、便秘等症状。

五、生物素

（一）一般性质

生物素又称维生素 B_7、辅酶 R，在动植物界分布广泛，如肝、肾、蛋黄、酵母、蔬菜、谷类中含量丰富。肠道细菌也能合成生物素，故很少出现缺乏病。

（二）生物学功能

生物素是体内羧化酶的辅酶，参与 CO_2 的固定过程。

（三）缺乏症

生物素一般不致缺乏，但长期服用抗生素药物的患者需要补充生物素。新鲜鸡蛋中含抗生物素蛋白，与生物素结合而使生物素失活不被吸收，加热可破坏抗生物素蛋白，不再阻碍生物素的吸收。生物素缺乏的主要症状是疲乏、恶心、呕吐、食欲缺乏、皮炎及脱屑性红皮病。

六、维生素 B_6

（一）一般性质

维生素 B_6 包括吡哆醇、吡哆醛、吡哆胺。维生素 B_6 存在于种子、谷类、肝、肉类及绿叶蔬菜中。

（二）生物学功能

磷酸吡哆醛与磷酸吡哆胺是维生素 B_6 的活性形式。磷酸吡哆醛是氨基酸转氨酶和脱羧酶的辅酶，起传递氨基和脱羧基作用。由于磷酸吡哆醛是血红素合成的关键酶 δ-氨基-γ-酮戊酸合酶的辅酶，故它与小细胞低色素性贫血有关。临床上常用维生素 B_6 治疗婴儿惊厥和妊娠呕吐，其机制是因为磷酸吡哆醛是谷氨酸脱羧酶的辅酶，该酶催化谷氨酸脱羧而生成 γ-氨基丁酸，后者是中枢神经系统抑制性递质。近年发现，维生素 B_6 对治疗高同型半胱氨酸血症引起的心血管疾病、血栓生成和高血压有一定的作用。

（三）缺乏症

维生素 B_6 缺乏，血红素的合成受阻，可造成小细胞低色素性贫血（又称维生素 B_6 反应性贫血）和血清铁增高。维生素 B_6 缺乏的病人还可出现脂溢性皮炎，以眼及鼻两侧较为明显，重者可扩展至面颊、耳后等部位，故维生素 B_6 又称抗皮炎维生素。

七、叶酸

（一）一般性质

叶酸由蝶酸和谷氨酸结合而成，又称蝶酰谷氨酸，因绿叶中含量十分丰富而得名，酵母、肝、水果和绿叶蔬菜是叶酸的丰富来源。肠菌也有合成叶酸的能力。

（二）生物学功能

FH_4 是叶酸的活性形式。FH_4 是体内一碳单位转移酶的辅酶，分子中 N^5、N^{10} 是一碳单位的结合位点。一碳单位在体内参与胸腺嘧啶核苷酸和嘌呤核苷酸等多种物质的合成。

抗癌药物甲氨蝶呤和氨蝶呤因其结构与叶酸相似，能抑制二氢叶酸还原酶的活性，使 FH_4 合成减少，进而抑制体内胸腺嘧啶核苷酸的合成，起到抗肿瘤的作用。

（三）缺乏症

叶酸缺乏时，DNA 合成受到抑制，骨髓幼红细胞 DNA 合成减少，细胞分裂速度降低，细胞体积变大，造成巨幼细胞贫血，叶酸缺乏还可引起高同型半胱氨酸血症，增加动脉粥样硬化、血栓生成和高血压的危险性。叶酸缺乏也可引起 DNA 低甲基化，增加一些癌症（如结肠癌、直肠癌）的危险性。

此外，孕妇如果叶酸缺乏，可能造成婴儿脊柱裂和神经管缺陷，故孕妇及哺乳期妇女应适量补充叶酸，以降低新生儿疾病发生的风险。口服避孕药或抗惊厥药能干扰叶酸的吸收及代谢，如长期服用此类药物时应考虑补充叶酸。

八、维生素 B_{12}

（一）一般性质

维生素 B_{12} 含有金属元素钴，又称钴胺素，是唯一含金属元素的维生素。维生素 B_{12} 广泛存在于动物食物中，肠道细菌也可合成。维生素 B_{12} 必须与胃黏膜细胞分泌的内因子结合才能在回肠被吸收。

（二）生物学功能

甲钴胺素、5′-脱氧腺苷钴胺素是维生素 B_{12} 在体内的活性形式，也是在血液中的主要存在形式。维生素 B_{12} 是甲硫氨酸合成酶的辅酶，参与同型半胱氨酸甲基化生成甲硫氨酸的反应。5′-脱氧腺苷钴胺素是L-甲基丙二酰CoA变位酶的辅酶，催化琥珀酰CoA的生成。

（三）缺乏症

维生素 B_{12} 缺乏时，一方面甲基转移受阻，同型半胱氨酸在体内堆积造成同型半胱氨酸尿症，增加动脉硬化、血栓生成和高血压的危险性。另一方面，使 FH_4 不能再生，组织中游离的 FH_4 含量减少，造成核酸合成障碍，产生巨幼细胞贫血。

维生素 B_{12} 缺乏时，L-甲基丙二酰CoA堆积，后者与丙二酰CoA的结构相似，影响脂肪酸的正常合成，导致神经疾病的发生。

九、维生素C

（一）一般性质

维生素C又称抗坏血酸，具有酸性及还原性。还原型抗坏血酸是维生素C在体内的主要存在形式。维生素C广泛存在于新鲜蔬菜和水果中。

（二）生物学功能

1. 参与体内的羟化反应

（1）维生素C是胶原脯氨酸羟化酶及赖氨酸羟化酶的辅酶。维生素C促进胶原中脯氨酸和赖氨酸残基羟化生成羟脯氨酸和羟赖氨酸，羟脯氨酸和羟赖氨酸是维持胶原蛋白空间结构的关键成分，而胶原又是骨、毛细血管和结缔组织的重要组成部分。

（2）维生素C促进胆固醇转变为胆汁酸：胆固醇经羟化反应转变成胆汁酸，维生素C是其限速酶 7α-羟化酶的辅酶，故维生素C有降低血中胆固醇的作用。

（3）体内肉碱合成过程需要依赖维生素C的羟化酶参与。

（4）苯丙氨酸代谢过程中，对羟苯丙酮酸在对羟苯丙酮酸羟化酶的催化下生成尿黑酸。

2. 参与体内氧化还原反应

（1）维生素C能使氧化型谷胱甘肽还原成还原型谷胱甘肽，使巯基酶分子中的巯基保持还原状态。

（2）维生素C还可作为抗氧化剂清除自由基，有保护DNA、蛋白质和膜结构免遭损伤的重要作用。

（3）维生素C能使红细胞中的高铁血红蛋白还原为血红蛋白，使其恢复运氧能力。

（4）小肠中的维生素C可将 Fe^{3+} 还原为 Fe^{2+}，有利于食物中铁的吸收。

3. 维生素C具有增强机体免疫力的作用 维生素C促进体内抗菌活性、NK细胞活性，促进淋巴细胞增殖和趋化作用，提高吞噬细胞的吞噬功能，促进免疫球蛋白的合成，从而提高机体免疫力。

（三）缺乏症

当维生素C缺乏时，胶原蛋白不足使细胞间隙增大，伤口不易愈合，毛细血管通透性和脆性增加，易破裂出血，骨骼脆弱易折断，牙齿易松动等，严重时可引起内脏出血，即坏血病。

同步练习

一、单项选择题

1. 下列关于维生素的叙述错误的是（　　）。

A. 摄入过量维生素可引起中毒　　B. 是一类小分子有机化合物
C. 水溶性维生素大多数是构成辅酶的成分　　D. 脂溶性维生素不参与辅酶的组成
E. 在体内不能合成或合成量不足

2. 关于脂溶性维生素的叙述正确的是（　　）。

A. 易被消化吸收　　B. 体内不能储存，余者从尿中排出
C. 酶的辅酶、辅基都是脂溶性维生素　　D. 过多或过少都会引起疾病
E. 是人类必需的一类营养素，需要量大

3. 维生素A构成视紫红质的活性形式是（　　）。

A. 全反式视黄醛　　B. 全反式视黄醇　　C. 11-顺视黄醛
D. 11-顺视黄醇　　E. 9-顺视黄醛

4. 夜盲症是由于缺乏（　　）。

A. 抗坏血酸　　B. 维生素E　　C. 核黄素
D. 维生素A　　E. 维生素D

5. 维生素D的活性形式是（　　）。

A. 1,24-$(OH)_2$-D_3　　B. 1,25-$(OH)_2$-D_3　　C. 24,25-$(OH)_2$-D_3
D. 25-OH-D_3　　E. 24-OH-D_3

6. 维生素D缺乏时可引起（　　）。

A. 痛风症　　B. 呆小症　　C. 夜盲症
D. 干眼病　　E. 佝偻病

7. 在体内由胆固醇转变成的维生素是（　　）。

A. 维生素A　　B. 维生素E　　C. 维生素K
D. 维生素D　　E. 泛酸

8. 维生素K的生化作用是促进凝血因子（　　）。

A. Ⅱ、Ⅶ、Ⅸ和Ⅹ的合成　　B. Ⅱ、Ⅲ、Ⅺ和Ⅸ的合成
C. Ⅱ、Ⅴ、Ⅶ和Ⅸ的合成　　D. Ⅱ、Ⅶ、Ⅺ和Ⅹ的合成
E. Ⅱ、Ⅵ、Ⅸ和Ⅻ的合成

9. 在体内无抗氧化作用的维生素是（　　）。

A. 维生素A　　B. 维生素E　　C. 维生素C
D. 硫辛酸　　E. 维生素K

10. 应用维生素B_1治疗消化不良的依据是（　　）。

A. 能增强胆碱酯酶活性　　B. 能抑制胆碱酯酶活性
C. 能促进胃蛋白酶活性　　D. 能促进胃蛋白酶原活性
E. 能抑制胃蛋白酶活性

11. 丙酮酸氧化脱羧酶系不涉及的维生素是（　　）。

A. 硫胺素　　B. 核黄素　　C. 尼克酰胺
D. 生物素　　E. 泛酸

12. 维生素 B_2 是下列（　　）辅酶或辅基的组成成分。

A. NAD^+　　B. CoA　　C. TPP

D. FMN　　E. $NADP^+$

13. 在肝细胞内能将色氨酸转变成的维生素是（　　）。

A. 维生素 PP　　B. 维生素 E　　C. 维生素 A

D. 维生素 K　　E. 维生素 B_1

14. 临床上常用于治疗婴儿惊厥和妊娠呕吐的维生素是（　　）。

A. 维生素 PP　　B. 维生素 B_{12}　　C. 维生素 B_2

D. 维生素 B_1　　E. 维生素 B_6

15. 关于维生素 C 生化作用的论述下列（　　）是错误的。

A. 促进胶原蛋白的合成　　B. 使氧化型谷胱甘肽还原

C. 参与体内多种羟化反应　　D. 保护维生素 A 及维生素 E 免遭氧化

E. 使 Hb 转变为高铁 Hb

二、填空题

1. 叶酸在体内叶酸还原酶的催化下转变为活性型的________，是体内________的辅酶，携带________参与多种物质的合成。
2. 维生素 B_{12} 在消化道与胃黏膜分泌的________结合才能在回肠被吸收。维生素 B_{12} 在体内的活性形式为________和________。
3. 维生素 B_{12} 是________的辅基，参与同型半胱氨酸转变成________的反应。当维生素 B_{12} 缺乏时导致核酸合成障碍，影响细胞分裂，结果产生________。

三、问答题

1. 维生素 A 缺乏时，为什么会患夜盲症？
2. 叶酸和维生素 B_{12} 缺乏与巨幼细胞贫血的关系如何？
3. 为什么胃全切除的患者，一定要注意补充维生素 B_{12}？
4. 有人认为“新鲜生鸡蛋的营养价值极高，长期食用对人体有益”，这种说法对吗？

参考答案

一、单项选择题

1. A。水溶性维生素均能溶于水，在体内很少蓄积，过多的水溶性维生素可随尿液排出体外，一般不发生中毒现象，故选 A。

2. D。脂溶性维生素是不溶于水而能溶于脂肪及脂溶剂中的维生素，因此，若人体长期过量摄取，易储存在体内而导致维生素中毒。但如果人体长期摄入不足或吸收障碍，可致维生素缺乏症，故选 D。

3. C。视紫红质由 11-顺视黄醛与视蛋白结合而形成，故选 C。

4. D。维生素 A 参与视觉的形成，若维生素 A 缺乏时，视循环的关键物质 11-顺视黄醛的补充不足，视紫红质合成减少，对弱光的敏感性降低，从明处到暗处看清物质所需的时间即暗适应时间延长，严重时会发生夜盲症，故选 D。

5. B。维生素 D 吸收后在肝中转化为 25-OH-D_3，在肾中转化为活性形式 1,25-$(OH)_2$-D_3，故选 B。

6. E。维生素 D 的主要功能有调节钙、磷代谢，促进钙、磷吸收。维生素 D 缺乏，儿童可患佝偻病，成人可发生软骨病，故选 E。

7. D。体内由胆固醇转变为 7-脱氢胆固醇，为维生素 D_3 原，故 7-脱氢胆固醇可转化为维生素 D_3，故选 D。

8. A。维生素 K 参与凝血因子Ⅱ、Ⅶ、Ⅸ、Ⅹ的合成，活化凝血酶原，故选 A。

9. E。维生素 A 是有效的抗氧化剂，具有清除活性氧和防止脂质过氧化的作用；维生素 E 是体内最重要的脂溶性抗氧化剂，主要对抗生物膜上的脂质过氧化所产生的自由基，保护生物膜及其他蛋白质的结构与功能；维生素C参与体内的氧化还原反应，还是重要的活性氧清除剂，可以清除超氧离子等活性氧类物质；硫辛酸也具有抗氧化性，故选E。

10. B。维生素B_1缺乏时，乙酰CoA的生成减少，影响乙酰胆碱的合成，同时，维生素B_1对胆碱酯酶的抑制减弱，乙酰胆碱分解加强，影响神经传导，主要表现为消化液分泌减少、胃蠕动变慢、食欲缺乏、消化不良等症状，故选B。

11. D。丙酮酸氧化脱羧酶系参与的辅因子有焦磷酸硫胺素、硫辛酸、FAD、NAD^+和CoA，因此，丙酮酸氧化脱羧酶系参与的维生素有维生素B_1、维生素B_2、维生素PP、泛酸，故选D。

12. D。维生素B_2又名核黄素，FMN和FAD为其在体内的活性形式，故选D。

13. A。NAD和NADP是维生素PP在体内的活性形式，体内色氨酸代谢也可生成维生素PP，故选A。

14. E。维生素B_6在体内的活性形式是磷酸吡哆醛和磷酸吡哆胺，其中磷酸吡哆醛是谷氨酸脱羧酶的辅酶，可增进大脑抑制性神经递质γ-氨基丁酸的生成，因此，临床上常用维生素B_6来治疗婴儿惊厥、妊娠呕吐等。故选E。

15. E。维生素C的生物学功能是：①参与羟化反应：促进胶原的形成；参与体内类固醇激素、胆酸、儿茶酚胺及5-羟色胺等合成过程中的羟化反应以及生物转化过程中芳香环的羟化反应。②参与氧化还原反应：保护巯基；促进肠道铁的吸收；促进叶酸还原为四氢叶酸；促进高铁血红蛋白还原为血红蛋白。作为抗氧化剂，影响胞内活性氧敏感的信号转导系统，从而调节基因表达和细胞功能，促进细胞分化。③具有增强机体免疫力的作用。故选E。

二、填空题

1. FH_4　一碳单位转移酶　一碳单位

2. 内因子　甲钴胺素　5′-脱氧腺苷钴胺素

3. 甲硫氨酸合成酶　甲硫氨酸　巨幼细胞贫血

三、问答题

1. 答：所谓夜盲症是指暗适应能力下降，在暗处视物不清。该症状的产生是由于视紫红质再生障碍所致。因视杆细胞中有视紫红质，由11-顺视黄醛与视蛋白分子中的赖氨酸侧链结合而成；当视紫红质感光时，11-顺视黄醛异构为全反式视黄醛而与视蛋白分离而失色，从而引发神经冲动，传到大脑产生视觉，此时在暗处看不清物体。全反式视黄醛在视网膜内可直接异构化为11-顺视黄醛，但生成量少，故其大部分被眼内视黄醛还原酶还原为视黄醇，经血液运输至肝脏；在异构酶的催化下转变成11-顺视黄醇，而后再回视网膜氧化成11-顺视黄醛合成视紫红质，从而构成视紫红质循环。当维生素A缺乏时，血液中供给的视黄醇量不足，11-顺视黄醛得不到足够的补充，视紫红质的合成量减少，对弱光的敏感度降低，因而暗适应能力下降，造成夜盲症。

2. 答：巨幼细胞贫血的特点是骨髓呈巨幼红细胞增生。该病的产生与叶酸和维生素B_{12}的缺乏有密切关系。单纯因叶酸或维生素B_{12}缺乏所造成的贫血也称营养不良性贫血，其机制是合成核苷酸的原料一碳单位缺乏，DNA合成受阻，骨髓幼红细胞DNA合成减少；细胞分裂速度降低，体积增大，而且数目减少。一碳单位来自某些氨基酸的特殊代谢途径。FH_4是一碳单位转移酶的辅酶，分子内N^5、N^{10}两个氮原子能携带一碳单位参与体内多种物质的合成，又是携带和转移一碳单位的载体。一碳单位都是以甲基FH_4的形式运输和储存的，所以甲基FH_4的缺乏直接影响了一碳单位的生成和利用。FH_4的再生可以在甲基转移酶的催化下将甲基转移给同型半胱氨酸生成蛋氨酸，而甲基FH_4则生成FH_4以促进一碳单位代谢。甲基转移酶的辅酶是维生素B_{12}，所以维生素B_{12}可通过促进FH_4的再生而参与一碳单位代谢。当维生素B_{12}缺乏时同样也会影响核酸代谢，影响红细胞的分类及成熟，所以叶酸和维生素B_{12}缺乏都会导致巨幼细胞贫血。

3. 答：维生素B_{12}的吸收必须依赖胃幽门部黏膜分泌的一种糖蛋白（内因子），两者结合后才能透过肠壁吸收，并且不受肠道细菌的破坏。当全胃切除后，由于缺乏内因子，必须注意补充维生素B_{12}。且应通过注射补充，口服无效。

4. 答：不对。生鸡蛋的蛋清中含有一种抗生物素蛋白，它能与生物素结合而抑制生物素的吸收。生物素是体内多种羧化酶的辅酶，如乙酰辅酶A羧化酶、丙酮酸羧化酶等，它们在糖、脂肪、蛋白质和核酸代谢中具有重要意义，生物素缺乏可导致一系列代谢紊乱。这种抗生物素蛋白可被加热破坏而不再妨碍生物素的吸收。因此，长期食用生鸡蛋对人体有益的说法是不正确的，应该熟食。

（刘丽华）

第二十一章　钙、磷及微量元素

1. **掌握**　微量元素及常量元素的概念；钙、磷在体内的分布、功能；钙、磷代谢受三种激素的调节；钙和磷的代谢与骨的代谢密切相关。

2. **熟悉**　微量元素包括哪些元素。

3. **了解**　各微量元素在体内的作用。

内容精讲

无机元素对维持人体正常的生理功能必不可少，按人体每日需要量的多寡可分为微量元素和常量元素。常量元素是指人体含量大于体重的万分之一、且每日需要量在100mg以上的化学元素，主要包括钠、钾、氯、钙、磷、镁等。微量元素在人体中的存在量低于人体体重的0.01%、每日需要量在100mg以下。微量元素绝大多数为金属元素，主要包括铁、碘、铜、锌、锰、硒、氟、钼、钴、铬、钒、锡、镍、硅等。

第一节　钙、磷代谢

钙是人体内含量最多的无机元素之一，仅次于碳、氢、氧和氮。新生儿体内钙总量为29～30g，随着生长发育体内钙不断积累，成年女性体内钙的含量约为100g，成年男性约为1200g。磷在人体内的含量仅次于碳、氢、氧、氮和钙，约占人体重的1%，成人体内含600～900g的磷。

一、钙、磷在体内的分布及其功能

（一）钙既是骨的主要成分又具有重要的调节作用

人体内99%的钙以羟基磷灰石的形式存在。羟基磷灰石是钙构成骨和牙的主要成分，起支持和保护作用。

成人血浆（或血清）中的钙约一半是游离钙，另一半为结合钙。与血清蛋白质结合的钙主要与清蛋白结合，少量与球蛋白结合。血钙的正常水平对于维持骨骼内骨盐的含量、血液凝固过程、调节多种酶的活性、维持细胞膜的完整性和通透性以及神经肌肉的兴奋性等方面具有重要的作用。钙可启动骨骼肌和心肌细胞的收缩，胞质作为第二信使在信号转导中发挥了许多重要的生理作用。

（二）磷是体内许多重要生物分子的组成成分

正常成人的磷主要分布于骨中，其次为各组织细胞中，仅少量分布于体液中。

磷除了构成骨盐成分、参与成骨作用外，还是核酸、核苷酸、磷脂、辅酶等重要生物分子的组成成分，发挥各自重要的生理功能。无机磷酸盐还是机体中重要的缓冲体系成分。

正常人血液中钙和磷的浓度相当恒定，每100mL血液中钙与磷的含量之积为一常数，即[Ca]×[P]＝35～40。因此，血钙降低时，血磷会略有增加。

二、钙、磷的吸收与排泄受多种因素影响

牛奶、豆类和叶类蔬菜是人体内钙的主要来源。十二指肠和空肠上段是钙吸收的主要部位。活性维生素D[1,25-$(OH)_2$-D_3] 能促进钙和磷的吸收。凡能在肠道内与钙形成不溶性复合物的物质均干扰钙的吸收，如碱性磷酸盐、草酸盐和植酸盐可与钙形成不溶解的钙盐，不利于钙的吸收。钙的吸收随年龄的增长而下降。血钙浓度降低可增加肾小管对钙的重吸收率，而血钙高时吸收率下降。肾对钙的重吸收受甲状旁腺激素的严格调控。

食物中的有机磷酸酯和磷脂在消化液中磷酸酶的作用下，水解生成无机磷酸盐并在小肠上段被吸收。钙、镁、铁可与磷酸根生成不溶性化合物而影响其吸收。

肾小管对血磷的重吸收也取决于血磷水平，血磷浓度降低可增高磷的重吸收率。血钙增加可降低磷的重吸收。pH降低可增加磷的重吸收。甲状旁腺激素抑制血磷的重吸收，增加磷的排泄。

三、骨是人体内的钙、磷储库和代谢的主要场所

由于体内大部分钙和磷存在于骨中，所以骨内钙、磷的代谢成为体内钙、磷代谢的主要组成部分。血钙与骨钙的相互转化对维持血钙浓度的相对稳定具有重要意义。

血液碱性磷酸酶的活性增高可作为骨化作用或成骨细胞活动的指标。

四、钙、磷代谢主要受三种激素的调节

调节钙和磷代谢的主要激素有活性维生素D、甲状旁腺激素和降钙素。主要调节的靶器官有小肠、肾和骨。活性维生素D促进小肠钙的吸收和骨盐沉积，甲状旁腺激素具有升高血钙和降低血磷的作用，降钙素是唯一能降低血钙浓度的激素。

五、钙、磷代谢紊乱可引起多种疾病

维生素D缺乏可引起钙吸收障碍，导致儿童佝偻病和成人骨软化症、老年人骨质疏松症。甲状旁腺功能亢进症与维生素D中毒可引起高钙血症等。甲状旁腺功能减退症可引起低钙血症。高磷血症常见于慢性肾病病人，与冠状动脉、心瓣膜钙化等严重的心血管并发症密切相关。

第二节　微量元素

微量元素绝大多数为金属元素。在体内一般结合成化合物或络合物，广泛分布于各组织中，含量较恒定。

一、铁

铁是人体含量、需要量最多的微量元素，约占体重的0.0057%，总量为4～5g。成年男性平均含铁量为50mg/kg体重，女性为30mg/kg体重。肉类、乳制品、豆类等食物中含有丰富的铁。

(1) 运铁蛋白和铁蛋白分别是铁的运输和储存形式。

(2) 体内铁主要存在于铁卟啉化合物和其他含铁化合物中。

(3) 铁的缺乏与中毒均可引起严重的疾病　当急性大量出血、慢性小量出血（如消化道溃疡、妇女月经失调出血等）以及儿童生长期和妇女妊娠、哺乳期等情况下，铁得不到额外的补充，机体对铁的需求与供给失衡，导致体内储存铁耗尽均会引起体内缺铁。由于铁的缺乏，导致小细胞低色素性贫血，即缺铁性贫血。持续摄入铁过多或误服大量铁剂，可发生铁中毒。体内铁

沉积过多引起血色素沉积症，并可导致栓塞性病变和纤维变性，出现肝硬化、肝癌、糖尿病、心肌病、皮肤色素沉着、内分泌紊乱、关节炎等。

二、锌

锌在人体内的含量仅次于铁，为1.5～2.5g。成人每日需锌15～20mg。肉类、豆类、坚果、麦胚等含锌丰富。

（1）清蛋白和金属硫蛋白分别参与锌的运输和储存）　锌与金属硫蛋白结合是锌在体内储存的主要形式。锌主要随胰液、胆汁排泄入肠腔，由粪便排出，部分锌可从尿及汗排出。

（2）锌是含锌金属酶和锌指蛋白的组成成分　锌参与体内多种物质的代谢，在促进生长发育和组织再生、免疫调节、抗氧化、抗细胞凋亡和抗炎中起着十分重要的作用。锌也是合成胰岛素所必需的元素。

（3）缺锌可导致多种代谢障碍　锌缺乏可引起消化功能紊乱、生长发育滞后、智力发育不良、皮肤炎、伤口愈合缓慢、脱发、神经精神障碍等；儿童可出现发育不良和睾丸萎缩。

三、铜

成人每日需铜1～3mg，孕妇和成长期的青少年可略有增加。贝壳类、甲壳类动物含铜量较高，动物内脏含铜较多，其次为坚果、干豆、葡萄干等。

（1）铜参与铜蓝蛋白的组成　铜主要在十二指肠吸收。血液中约60%的铜与铜蓝蛋白紧密结合，其余的与清蛋白疏松结合或与组氨酸形成复合物。肝脏是调节体内铜代谢的主要器官。铜主要随胆汁排泄，极少部分由尿排出。

（2）铜是体内多种含铜酶的辅基　铜是体内多种酶的辅基，含铜的酶多以氧分子或氧的衍生物为底物。

（3）铜缺乏可导致小细胞低色素性贫血等疾病。

四、锰

成人每日需锰2～5mg。锰存在于多种食物中，以茶叶中含量最丰富。

（1）大部分锰与血浆中γ球蛋白和清蛋白结合而运输　锰在体内主要储存于骨、肝、胰和肾。锰主要从小肠道中吸收，与铁的吸收机制类似，吸收率较低。入血后大部分与血浆中的γ球蛋白和清蛋白结合而运输。

（2）锰是多种酶的组成部分和激活剂　体内正常免疫功能、血糖与细胞能量调节、生殖、消化、骨骼生长、抗自由基等均需要锰。

（3）过量摄入锰可引起中毒，锰的缺乏较少发生。

五、硒

人体含硒量为14～21mg。成人日需要量在30～50μg。肉类、奶制品和蔬菜中均含硒。

（1）大部分硒与α和β球蛋白结合而运输　硒在十二指肠吸收入血后与α和β球蛋白结合，小部分与VLDL结合而运输。硒广泛分布于除脂肪组织以外的所有组织中，以含硒蛋白质的形式存在，主要随尿及汗液排泄。

（2）硒以硒代半胱氨酸形式参与多种重要硒蛋白的组成。

（3）硒缺乏可引发多种疾病　缺硒可引发很多疾病，如糖尿病、心血管疾病、神经变性疾病、某些癌症、克山病和大骨节病。

六、碘

正常成人每日需碘100～300μg。大多数食物含碘量较低，而海产品含碘量较高，其原因是海产动植物可富集海水中的碘。

(1) 碘在甲状腺中富集。

(2) 碘是甲状腺激素的组成成分 碘在人体内主要是参与甲状腺激素的合成。碘的另一重要功能是抗氧化作用。

(3) 碘缺乏可引起地方性甲状腺肿 成人缺碘可引起甲状腺肿大，称甲状腺肿。严重时可致发育停滞、痴呆，如胎儿期缺碘可致呆小病、智力迟钝、体力不佳等严重发育不良。

七、钴

(1) 钴在小肠的吸收形式是维生素 B_{12} 来自食物中的钴必须在肠内经细菌合成维生素 B_{12} 后才能被吸收利用，主要以维生素 B_{12} 和维生素 B_2 辅酶的形式储存于肝。主要从尿中排泄，且排泄能力强，很少出现钴蓄积过多的现象。

(2) 钴是维生素 B_{12} 的组成成分 钴缺乏常表现为维生素 B_{12} 缺乏的一系列症状，钴缺乏可引起巨幼细胞贫血。

八、氟

(1) 氟主要与球蛋白结合而运输 氟主要经胃肠道吸收，氟易吸收且迅速。吸收后与球蛋白结合而运输，少量以氟化物形式运输。

(2) 氟与骨、牙的形成及钙、磷代谢密切相关。

(3) 体内氟缺乏或过多均可引起疾病 缺氟可致骨质疏松，易发生骨折，牙釉质受损易碎。

九、铬

成人每日需要量为 30～40g。谷类、豆类、海藻类、啤酒、酵母、乳制品和肉类是铬的最好来源，尤以肝含量丰富。

(1) 细胞内铬主要存在于细胞核中。

(2) 铬与胰岛素的作用密切相关。

(3) 铬过量或缺乏均对人体具有危害 若铬缺乏，主要表现为胰岛素的有效性降低，造成葡萄糖耐量受损，血清胆固醇和血糖上升。铬过量可出现铬中毒。

十、钒

成人每日需要量为 60μg。日常食用的蔬菜如韭菜、番茄、茄子等含比较丰富的钒，坚果和海产品等的钒含量次之。

(1) 钒以离子状态与转铁蛋白结合而运输。

(2) 钒可能通过与磷酸和 Mg^{2+} 竞争结合配体干扰细胞的生化反应过程。

(3) 钒可作为多种疾病治疗的辅助药物。

十一、硅

硅是人体必需的微量元素之一，每日需要量为 20～50mg。燕麦、薏米、玉米、稻谷等天然谷物中含有丰富的硅，动物肝、肉类、蔬菜以及水果也含有硅。

(1) 血液中的硅以单晶硅的形式存在。

(2) 硅参与结缔组织和骨的形成。

(3) 长期吸入大量含硅的粉尘可引起硅沉着病。

十二、镍

镍的每日生理需要量为 25～35μg，丝瓜、蘑菇、大豆以及茶叶等的镍含量较高，肉类和海产品类的镍含量较高。

（1）镍主要与清蛋白结合而运输。

（2）镍与多种酶的活性有关。

（3）镍是最常见的致敏性金属。

十三、钼

（1）钼以钼酸根的形式与血液中的红细胞松散结合而转运。

（2）钼是三种含钼酶的辅基。

（3）钼缺乏与多种疾病的发生发展有关。

十四、锡

正常饮食的食物中所含的锡能满足人体的需要。动物内脏和谷类是锡的良好来源。

（1）锡主要由胃肠道和呼吸道进入人体。

（2）锡可促进蛋白质和核酸的合成。

（3）缺锡可导致蛋白质和核酸代谢的异常　缺锡引起的症状少而不明显，且迄今尚未有人体锡缺乏病的报告。

同步练习

一、单项选择题

1. 铁的排泄途径是（　　）。

A. 尿液　　B. 汗液　　C. 呼吸道

D. 胆汁　　E. 肠道

2. 下列（　　）是谷胱甘肽过氧化物酶的重要组成成分。

A. 铬　　B. 锌　　C. 锰

D. 硒　　E. 铜

3. 克山病是由于缺乏（　　）。

A. 锌　　B. 硒　　C. 铬

D. 碘　　E. 锰

4. 用于合成甲状腺素的元素是（　　）。

A. 锌　　B. 碘　　C. 氟

D. 钴　　E. 锰

5. 龋齿发病率增高主要是因为缺乏（　　）。

A. 氟　　B. 钴　　C. 铁

D. 锌　　E. 硒

6. 关于钙的生理功能，错误的是（　　）。

A. 血钙能降低神经肌肉的兴奋性　　B. 钙可降低心肌的兴奋性

C. 钙可降低毛细血管的通透性　　D. 钙是代谢调节的第二信使

E. 钙参与血液凝固的作用

二、填空题

1. 调节钙、磷代谢的主要激素有________、________和________。

2. 钙是________的主要成分，并以________的形式存在。成人血浆中的钙约一半是________，另一半是________，二者在血浆中呈动态平衡。

3. 磷主要分布于________及各组织细胞，磷除了构成骨盐成分，参与________作用外，还是________、________、________、辅酶等重要生物分子的组成成分。

4. 铁是体内含量最多的微量元素，缺乏可引起________。在人体内的含量仅次于铁的是________，它参与形成________，在转录调控中起重要作用。________是甲状腺激素的组成成分。钴以________的形式发挥作用。

三、名词解释

微量元素

四、简答题

简述微量元素硒的功能和缺乏症。

参考答案

一、单项选择题

1. E。铁排泄于肠腔，这几乎是铁的唯一排泄途径，尿、汗、消化液、胆汁中均不含铁，故选 E。

2. D。硒在体内以硒代半胱氨酸的形式参与多种硒蛋白的组成，谷胱甘肽过氧化物酶就属于硒蛋白，故选 D。

3. B。体内缺硒可引发很多疾病，如克山病和大骨节病都是缺硒引起的，故选 B。

4. B。体内碘的一个主要作用是参与甲状腺素的合成，另一个重要功能是抗氧化作用，故选 B。

5. A。体内缺氟可导致骨质疏松，易发生骨折，牙釉质受损易碎，故选 A。

6. B。钙是构成骨和牙的主要成分，起着支持和保护作用。血钙对于维持骨骼内骨盐的含量、血液凝固过程和神经肌肉的兴奋性具有重要的作用。胞质钙作为第二信使在信号转导中发挥了许多重要的生理功能。钙可启动骨骼肌和心肌细胞的收缩。故选 B。

二、填空题

1. 活性维生素 D　甲状旁腺激素　降钙素

2. 骨　羟基磷灰石　游离钙　结合钙

3. 骨　成骨　核酸　核苷酸　磷脂

4. 小细胞低色素性贫血　锌　锌指结构　碘　维生素 B_{12}

三、名词解释

微量元素：在人体中的存在量低于人体体重的 0.01%、每日需要量在 100mg 以下的化学元素。

四、简答题

答：大部分硒与 α 和 β 球蛋白结合而运输，小部分与 VLDL 结合而运输。硒在体内以硒代半胱氨酸的形式存在于各种硒蛋白中，如谷胱甘肽过氧化物酶、硫氧还蛋白还原酶、碘甲腺原氨酸脱碘酶等，具有抗氧化、维持机体生长、发育与代谢的重要功能。此外，硒还参与辅酶 Q 和辅酶 A 的合成。缺硒可引发很多疾病，如克山病、大骨节病、糖尿病、心血管疾病、神经变性疾病、某些癌症等。

（刘丽华）

第二十二章　癌基因和抑癌基因

学习目标

1. 掌握　癌基因、抑癌基因的概念及癌基因活化机制与抑癌基因失活机制。

2. 熟悉　常见的癌基因与抑癌基因。

3. 了解　癌基因和抑癌基因的发现简史。

内容精讲

动物细胞就像一辆正常行驶的汽车，它的生长和增殖都有“油门”即促动因素和“车刹”即制动因素，只有它们协调一致，细胞才能正常的生长和增殖。然而，在影响细胞生长和增殖的促动和制动因素中，癌基因和抑癌基因是关键因素之一。

第一节　癌基因

癌基因并非是只为癌而生的一类基因，相反，它却是动物细胞内的一类正常基因，其正常的表达状态对细胞的生长和增殖、机体胚胎的发育、组织的生长等是必不可少的。但在某些因素的作用下，该类基因的表达物发生质和量的改变，导致细胞的癌变和机体肿瘤的发生，因此，被命名为癌基因。

一、癌基因的概念与分类

1. 癌基因的概念　目前，从广义上说，癌基因（oncogene）的概念是指凡能编码生长因子、生长因子受体、胞内信号转导分子和与生长相关的转录因子等的一类基因。由于这些基因原本就位于生物的正常基因组中，故又被称为细胞癌基因（cellular oncogene，c-onc）或原癌基因（proto-oncogene，pro-onc）。若这些基因被“窃取”至病毒基因组中则被称为病毒癌基因（virus oncogene，v-onc）。

2. 癌基因的分类　目前发现的癌基因有将近100种，根据其编码产物可将其分为几类：生长因子及其受体类，如*erb B*、*sis*、*her*-2等；信号转导分子类，如*src*、*ras*、*met*等；转录因子类，如*myc*、*fos*、*jun*等。

二、癌基因的活化机制

1. 基因突变　关键部位的碱基替换、插入或缺失导致错义点突变，从而导致编码产物持续激活，如膀胱癌中*H-RAS*的GGC突变为GTC（甘氨酸→缬氨酸）。

2. 基因扩增　基因拷贝数升高几十到几千倍不等，从而导致编码产物过量表达，如乳腺癌中*HER*-2的扩增。

3. 染色体易位　易位至强的启动子或增强子附近导致基因表达增强，如人Burkitt淋巴瘤中，8号染色体上的*C-MYC*易位至14号染色体的一个启动子附近而被大量表达。

4. 被动获得强启动子或增强子　通常是在病毒的作用下，如鸡的白细胞增生病毒将其强启动子整合入鸡细胞的 *MYC* 附近，导致后者表达大大增强而引发鸡淋巴瘤。

第二节　抑癌基因

一、抑癌基因的概念

抑癌基因（anti-oncogene）又称肿瘤抑制基因（tumor suppressor gene），是细胞内正常存在的一类防止或阻止癌症发生的基因。

二、常见的抑癌基因及其功能

抑癌基因负性调控细胞的生长和增殖，与癌基因共同维持细胞生长和增殖的相对稳定。目前公认的、研究较为清楚的抑癌基因有十多种，下面以 *TP*53、*RB* 和 *PTEN* 三种抑癌基因为例来说明抑癌基因在肿瘤发生发展中的重要作用。

1. *TP*53　*TP*53 基因是目前研究最多、突变最广泛的抑癌基因（50%～60%的人类肿瘤），过去一直被当作癌基因，直到 1989 年才被“平反昭雪”为抑癌基因。p53 蛋白属转录因子，负责细胞周期调控、DNA 损伤修复、细胞凋亡等相关基因的转录，被冠以“基因组卫士”和“分子警察”等称号。

2. *RB*　*RB* 基因即视网膜母细胞瘤基因，是世界上第一个被发现的抑癌基因。RB 蛋白（又称 p105）受 Cyclin D 依赖的 CDK4 激酶的调节，通过改变其与转录因子 E2F-1 的结合状态来实现对细胞周期监测点 G_1/S 的调控。

3. *PTEN*　全称为第 10 号染色体缺失的磷酸酶及张力蛋白同源基因，是继 *TP*53 基因后发现的另一个与肿瘤发生关系密切的肿瘤抑制基因。PTEN 是双特异磷酸酶，通过水解 PI3P 和黏着斑激酶的磷酸基抑制细胞生长增殖和转移。

三、抑癌基因的失活机制

癌基因的作用是显性的，而抑癌基因的作用往往是隐性的，也就是说，只有抑癌基因的两个等位基因都失活才可能导致癌症的发生。抑癌基因失活的方式常见的有以下三种。

1. 基因突变　如 *TP*53 抑癌基因的突变导致蛋白产物的活性降低或丧失。

2. CpG 岛高度甲基化　启动子区的 CpG 岛的甲基化程度异常升高，导致基因转录被抑制，如 *VHL* 抑癌基因启动子高甲基化与散发性肾癌的发生。

3. 杂合性丢失　基因座上等位基因的一个发生突变后形成杂合状态，此状态一般尚不会引发癌症发生，当等位基因再次发生突变（即二次打击）成为纯合状态时，则可能引发癌症。如 *RB* 抑癌基因杂合性丢失与视网膜母细胞瘤的发生。

同步练习

一、单项选择题

1. 有关 p53 蛋白的描述，哪一个是错误的？（　　）

A. 其基因位于 17p13，突变后可致癌　　B. 能引发修复失败的细胞凋亡
C. 冠以“基因组卫士”的称号　　D. 有转录因子作用
E. 能激活解链酶

2. 下列哪一个是抑癌基因？（　　）

A. *ras*　　B. *myc*　　C. *PTEN*

D. *src* E. *sis*

3. 下列哪一种不是癌基因的产物？（ ）

A. 结合DNA的蛋白质 B. 化学致癌物质 C. 信息传递蛋白类

D. 生长因子类似物 E. 蛋白激酶

4. 原癌基因的激活机制是（ ）。

A. 点突变 B. 插入启动子 C. 插入增强子

D. 染色体易位 E. 以上均是

5. 有关抑癌基因的叙述，错误的是（ ）。

A. 能抑制细胞的分化 B. 能抑制细胞过度生长 C. 突变后可导致肿瘤形成

D. 可诱导细胞凋亡 E. *RB* 基因是最早发现的抑癌基因

二、填空题

1. 癌基因分两类，它们是________和________。

2. 原癌基因被激活的方式有________、________、________和________。

3. 原癌基因的表达产物，根据它们在细胞信号转导过程中的作用可分为________、________、________和________。

4. 第一个被发现的癌基因和抑癌基因分别是________和________。

三、问答题

何谓抑癌基因？举一例说明抑癌基因的作用机制。

参考答案

一、单项选择题

1. E。TP53基因是目前研究最多、也是迄今发现在人类肿瘤中突变最广泛的抑癌基因，50%～60%的人类各系统肿瘤中发现有该基因的突变。p53蛋白具有抑制解链酶的作用，故选E。

2. C。除PTEN外，其余均为癌基因，故选C。

3. B。除化学致癌物外，其余均为癌基因产物，故选B。

4. E。原癌基因的活化机制有基因突变、基因扩增、染色体易位和获得启动子或增强子，故选E。

5. A。抑癌基因产物对细胞增殖起负性调控，不能抑制细胞分化，故选A。

二、填空题

1. 细胞癌基因；病毒癌基因

2. 基因突变；基因扩增；染色体易位；获得启动子或增强子

3. 细胞外生长因子；跨膜生长因子受体；细胞内信号转导分子；核内转录因子

4. ras基因；*RB* 基因

三、问答题

答：抑癌基因也称肿瘤抑制基因，是防止或阻止癌症发生的基因。抑癌基因的部分或全部丢失或失活可显著增加癌症发生的风险。如野生型p53基因是一种抑癌基因，其作用机制是通过其表达产物p53蛋白来实现的。

p53蛋白在维持细胞正常生长、抑制恶性增殖中起重要作用，因而被冠以“基因组卫士”和“分子警察”称号。p53基因时刻监控着基因组的完整性，一旦细胞DNA遭到损害，p53蛋白与基因的DNA相应部位结合，起特殊转录因子作用，活化P21因子转录，使细胞停滞于G_1期；抑制解链酶活性；与复制因子A相互作用参与DNA的复制与修复；如果修复失败，p53蛋白即启动程序性死亡过程即诱导细胞自杀，阻止有癌变倾向的突变细胞的生成，从而防止细胞恶变。

（谢富华）

第二十三章　DNA 重组与重组 DNA 技术

学习目标

1. 掌握　DNA 重组的类型；接合作用、转化作用、转导作用的概念，转座重组的形式；DNA 克隆、基因工程、限制性内切核酸酶、载体、质粒的概念；重组 DNA 技术的基本原理；获取目的基因的途径。

2. 熟悉　载体的类型；外源基因与载体的连接方式；重组体的筛选方法。

3. 了解　不同类型 DNA 重组的机制；其他重组 DNA 技术中常用的工具酶；重组 DNA 技术与医学的关系。

内容精讲

第一节　自然界的 DNA 重组和基因转移

DNA 重组是两个或两个以上 DNA 分子重新组合形成一个 DNA 分子的过程；而自然界中的基因转移泛指 DNA 片段或基因在不同生物个体或细胞间的传递过程，其中通过繁殖使 DNA 或基因在亲代和子代间的传递称作基因纵向转移；打破亲缘关系以直接接触、主动摄取或病毒感染等方式使基因在不同生物个体或细胞间、细胞内不同细胞器间的传递称作基因横向（水平）转移。

一、同源重组是最基本的 DNA 重组方式

同源重组（homologous recombination）是指发生在两个相似或相同的 DNA 分子之间核苷酸序列互换的过程，又称基本重组（general recombination）。同源重组的缺陷与人类癌症高度相关。

（一）Holliday 模型是最经典的同源重组模式

在这一模型中，同源重组主要经历四个关键步骤：①两个同源染色体 DNA 排列整齐；②一个 DNA 的一条链断裂，与另一个 DNA 的对应链连接，在这个过程中形成了十字形结构，称作 Holliday 连接；③通过分支移动产生异源双链 DNA，也称 Holliday 中间体；④将 Holliday 中间体切开并修复，形成两个双链重组体 DNA。如果切开的链与原来断裂的是同一条链，重组体含有一段异源双链区，其两侧来自同一亲本 DNA，称为片段重组体。如果切开的链并非原来断裂的链，重组体异源双链区的两侧来自不同亲本 DNA，称为拼接重组体。

（二）Rec BCD 模式是大肠埃希菌的 Holliday 同源重组

1. 参与细菌 Rec BCD 同源重组的酶　Rec BCD 复合物：具有三种酶活性，包括依赖 ATP 的核酸外切酶活性、可被 ATP 增强的核酸内切酶活性和需要 ATP 的解旋酶活性。

2. *E. coli* 的 Rec BCD 同源重组过程　Rec BCD 复合物使 DNA 产生单链切口；RecA 蛋白催化单链 DNA 对另一双链 DNA 的侵入，并与其中的一条链交叉，继而交叉分支移动，待相交的另一链在 Rec BCD 内切酶活性催化下断裂后，由 DNA 连接酶交换连接缺失的远末端，形成

Holliday中间体；此中间体再经 RuvC 切割和 DNA 连接酶的连接作用而完成重组。

二、位点特异性重组是发生在特异位点间的 DNA 整合

位点特异性重组（site specific recombination）是指发生在至少拥有一定程度序列同源性片段的 DNA 链的互换过程，也称保守的位点特异性重组。以下是位点特异性重组的例子。

（1）λ 噬菌体 DNA 可与宿主染色体 DNA 发生整合。

（2）基因片段倒位是细菌位点特异性重组的一种方式。

（3）免疫球蛋白基因以位点特异性重组发生重排。

三、转座重组可使基因位移

转座重组（transpositional recombination）或转座（transposition）是指由插入序列和转座子介导的基因移位或重排。

1. 插入序列是最简单的转座元件 插入序列（insertion sequence，IS）是指能在基因（组）内部或基因（组）间改变自身位置的一段 DNA 序列。通常是转座子的一种，携带与自身转座有关的编码基因，具有独特的结构特征：两端是反向重复序列，中间是一个转座酶编码基因，后者的表达产物可引起 IS 转座。

2. 转座子可以在染色体间转座 转座子是指能将自身或其拷贝插入基因组新位置的 DNA 序列，一般属于复合型转座子，即有一个中心区域，两边侧翼序列是插入序列，除有与转座有关的编码基因外，还携带其他基因如抗生素抗性基因等。

四、原核细胞可通过接合、转化和转导进行基因转移或重组

1. 接合作用是质粒 DNA 通过细胞间相互接触发生转移的现象 接合作用是指细菌的遗传物质在细菌细胞间通过细胞-细胞直接接触或细胞间桥样连接的转移过程。当细菌通过菌毛相互接触时，质粒 DNA 就可以从一个细菌转移至另一个细菌，但并非任何质粒 DNA 都有这种转移能力，只有某些较大的质粒，如 F 因子，方可通过接合作用从一个细胞转移至另一个细胞。

2. 转化作用是受体细胞自主摄取外源 DNA 并与之整合的现象 转化作用是指受体菌通过细胞膜直接从周围环境中摄取并掺入外源遗传物质引起自身遗传改变的过程，受体菌必须处于敏化状态。

3. 转导作用是病毒将供体 DNA 带入受体并与之染色体发生整合的现象 转导作用是指由病毒或病毒载体，介导外源 DNA 进入靶细胞的过程。自然界中常见的例子是噬菌体介导的转导，包括普遍性转导和特异性转导。

五、细菌通过 CRISPR/Cas 系统从病毒获得 DNA 片段作为获得性免疫机制

CRISPR/Cas 系统是原核生物的一种获得性免疫系统，用于抵抗存在于噬菌体或质粒的外源遗传元件的入侵。

第二节 重组 DNA 技术

重组 DNA 技术又称分子克隆（molecular cloning）、DNA 克隆（DNA cloning）或基因工程（genetic engineering），是指通过体外操作将不同来源的两个或两个以上的 DNA 分子重新组合，并在适当的细胞中扩增形成新功能 DNA 分子的方法。主要过程包括：在体外将目的 DNA 片段与能自主复制的遗传元件连接，形成重组 DNA 分子，进而在受体细胞中复制、扩增及克隆化，从而获得单一 DNA 分子的大量拷贝。在克隆目的基因后，还可针对该基因进行表达产物蛋白质或多肽的制备以及基因结构的定向改造。

一、重组 DNA 技术中常用的工具酶

（一）常用的工具酶有各自的功能

重组 DNA 技术中常用的工具酶有限制性核酸内切酶、DNA 连接酶、DNA 聚合酶Ⅰ、Klenow 片段、逆转录酶、多聚核苷酸激酶、末端转移酶、碱性磷酸酶。

（二）限制性核酸内切酶是最重要的工具酶

限制性核酸内切酶简称为限制性内切酶或限制酶，是一类核酸内切酶，能识别双链 DNA 分子内部的特异序列并裂解磷酸二酯键。

Ⅱ型限制性核酸内切酶能在 DNA 双链内部的特异位点识别并切割，被称作“分子剪刀”，对 DNA 进行精确切割。重组 DNA 技术中所说的限制性核酸内切酶通常指Ⅱ型酶。

二、重组 DNA 技术中常用的载体

载体（vector）是为携带目的外源 DNA 片段，实现外源 DNA 在受体细胞中无性繁殖或表达蛋白质所采用的一些 DNA 分子，按其功能可分为克隆载体和表达载体两大类。

（一）克隆载体用于扩增克隆化 DNA 分子

克隆载体（cloning vector）是指用于外源 DNA 片段的克隆和在受体细胞中扩增的 DNA 分子，一般应具备以下基本特点：①至少有一个复制起点使载体能在宿主细胞中自主复制，并能使克隆的外源 DNA 片段得到同步扩增；②至少有一个选择标志，从而区分含有载体和不含有载体的细胞，如抗生素抗性基因；③有适宜的限制性核酸内切酶单一切点，可供外源基因插入载体。

1. 质粒克隆载体 质粒克隆载体是重组 DNA 技术中最常用的载体。质粒是细菌染色体外的、能自主复制和稳定遗传的双链环状 DNA 分子，具备作为克隆载体的基本特点。

2. 噬菌体 DNA 载体 λ 和 M13 噬菌体 DNA 常用作克隆载体。

3. 其他克隆载体 为增加克隆载体携带较长外源基因的能力，还设计有柯斯质粒载体、细菌人工染色体载体和酵母人工染色体载体等。

（二）表达载体能为外源基因提供表达元件

表达载体（expression vector）是指用来在宿主细胞中表达外源基因的载体，依据其宿主细胞的不同分为原核表达载体和真核表达载体，区别主要在于为外源基因提供的表达元件。

1. 原核表达载体 该类载体用于在原核细胞中表达外源基因，由克隆载体发展而来，除了具有克隆载体的基本特征外，还有供外源基因有效转录和翻译的原核表达调控序列。

2. 真核表达载体 该类载体用于在真核细胞中表达外源基因，也是由克隆载体发展而来的，除了具备克隆载体的基本特征外，所提供给外源基因的表达元件是来自真核细胞的。

三、重组 DNA 技术的基本原理及操作步骤

完整的 DNA 克隆过程包括五大步骤：①目的 DNA 的分离获取（分）；②载体的选择与准备（选）；③目的 DNA 与载体的连接（连）；④重组 DNA 转入受体细胞（转）；⑤重组体的筛选与鉴定（筛）。

（一）目的 DNA 的分离获取是 DNA 克隆的第一步

分离获取目的 DNA 的方法：①化学合成法；②从基因组 DNA 文库和 cDNA 文库中获取目的 DNA；③ PCR 法；④其他，如酵母双杂交系统克隆 DNA 结合蛋白基因。目前最常用的方法是 PCR 法。

（二）载体的选择与准备是根据目的 DNA 片段决定的

DNA 克隆的目的主要有两种：一是获取目的 DNA 片段；二是获取目的 DNA 片段所编码的

蛋白质。针对第一种目的，通常选用克隆载体；针对第二种目的，需选择表达载体。

另外，选择载体时还要考虑目的DNA的大小、受体细胞的种类和来源等因素。例如：质粒载体一般能容纳5～10kb以内，黏粒可容纳50kb。

（三）目的DNA与载体连接形成重组DNA

依据目的DNA和线性化载体末端的特点，连接策略如下。

1. 黏端连接 单一相同黏端的连接；不同黏端的连接；通过加尾产生黏端的连接。

2. 平端连接 没有方向性。

3. 黏-平端连接 黏端、平端连接，具有方向性。

（四）重组DNA转入受体细胞使其在体内得以扩增

将重组DNA导入宿主细胞，常用方法如下。

1. 转化 是指将外源DNA直接导入细菌、真菌的过程，受体细胞经过处理成为感受态细胞(competent cells)。

2. 转染 是指将外源DNA直接导入真核细胞（酵母除外）的过程，常用磷酸钙共沉淀法、脂质体融合法。

3. 感染 是指以病毒颗粒作为外源DNA运载体导入宿主细胞的过程，如噬菌体、腺病毒等。

（五）重组体的筛选与鉴定

重组DNA分子导入宿主细胞后，可通过载体携带的选择标记或目的DNA片段的序列特征进行筛选和鉴定，从而获得含重组DNA分子的宿主细胞。

1. 借助载体上的遗传标志进行筛选 ①抗生素抗性筛选；②插入失活/插入表达筛选；③利用标志补救筛选；④利用噬菌体的包装特性筛选。

2. 序列特异性筛选 ①核酸杂交法；②DNA测序法。

3. 亲和筛选法 一般做法与菌落或噬斑核酸原位杂交相似。

（六）克隆基因的表达

表达体系可笼统地分为：原核表达体系，*E. coli* 是当前应用最多的原核表达体系；真核表达体系，如酵母、昆虫、哺乳细胞等。

1. 原核表达体系

（1）原核表达载体的必备条件 ①含大肠杆菌适宜的选择标志；②具有能调控转录、产生大量mRNA的强启动子；③含适当的翻译控制序列；④含有合理设计的多克隆酶切位点。

（2）*E. coli* 表达体系的缺点 ①缺乏转录后加工机制，对于真核基因来说，*E. coli* 表达体系只能表达经逆转录合成的cDNA编码产物；②缺乏适当的翻译后加工机制，真核基因的表达产物在 *E. coli* 表达体系中往往不能被正确地折叠或糖基化修饰；③外源基因表达的蛋白质易形成不溶性包含体，很难用 *E. coli* 表达体系表达大量的可溶性蛋白质。

2. 真核表达体系 真核表达载体通常含有供真核细胞用的选择标记、启动子、转录和翻译终止信号、mRNA的poly A加尾信号或染色体整合位点等。

真核表达体系的优势：①具有转录后加工机制，转录后mRNA的剪接、加poly A尾等；②具有翻译后修饰机制，蛋白质的糖基化修饰、乙酰化修饰等；③表达的蛋白质一般不形成包含体；④但酵母表达的蛋白质有时也形成包含体；⑤表达的蛋白质一般不易被降解。

第三节　重组 DNA 技术在医学中的应用

一、重组 DNA 技术广泛用于生物制药

重组人胰岛素是利用该技术生产的世界上第一个基因工程产品。

二、重组 DNA 技术是医学研究的重要技术平台

重组 DNA 技术可用于医学研究的很多方面，如遗传修饰动物模型的建立、遗传修饰细胞模型的建立、基因获得或丧失对生物功能的影响等。

三、重组 DNA 技术是基因及其表达产物研究的技术基础

1. 在基因组水平上干预基因　①传统的基因敲除；②条件性基因打靶；③基因组编辑。

2. 在 RNA 水平上干预基因的功能　RNA 干涉。

3. 研究蛋白质的相互作用　酵母双杂交系统。

同步练习

一、单项选择题

1. 关于接合作用正确的是（　　）。

   A. 与细胞或细菌通过菌毛相互接触时，染色体 DNA 从一个细胞（或细菌）转移至另一个细胞（或细菌）
   B. 细胞与细胞或细菌通过菌毛相互接触时，某些较大的质粒 DNA 从一个细胞（或细菌）转移至另一个细胞（或细菌）
   C. 细胞与细胞或细菌通过菌毛相互接触时，噬菌体 DNA 从一个细胞（或细菌）转移至另一个细胞（或细菌）
   D. 细胞与细胞或细菌通过菌毛相互接触时，所有类型的质粒 DNA 从一个细胞（或细菌）转移至另一个细胞（或细菌）
   E. 细胞与细胞或细菌通过菌毛相互接触时，所有类型的噬菌体 DNA 从一个细胞（或细菌）转移至另一个细胞（或细菌）

2. 基因工程的特点是（　　）。

   A. 在分子水平上操作，在分子水平上表达
   B. 在分子水平上操作，在细胞水平上表达
   C. 在细胞水平上操作，在分子水平上表达
   D. 在细胞水平上操作，在细胞水平上表达
   E. 以上均可以

3. 实验室内常用的连接外源性 DNA 和载体 DNA 的酶是（　　）。

   A. DNA 连接酶　　B. DNA 聚合酶Ⅰ　　C. DNA 聚合酶Ⅱ
   D. DNA 聚合酶Ⅲ　　E. 逆转录酶

4. 重组 DNA 技术中常用的工具酶下列哪项不是？（　　）

   A. 限制性核酸内切酶　　B. DNA 连接酶　　C. DNA 聚合酶Ⅰ
   D. RNA 聚合酶　　E. 逆转录酶

5. 有关质粒的叙述，下列（　　）是错误的。

A. 小型环状双链 DNA 分子　　B. 可小到 2～3kb，大到数百个 kb
C. 能在宿主细胞中独立自主地进行复制　　D. 常含有耐药基因
E. 只有一种限制性核酸内切酶切口

6. 关于同源重组不正确的是（　　）。
A. 同源重组不需要特异的 DNA 序列
B. 同源重组要求两分子间序列必须相同
C. Rec B、C、D 具有内切酶和解旋酶活性
D. Holliday 中间体的形成，是同源重组的重要步骤
E. 需要 DNA 连接酶参与

7. 在已知 DNA 序列的情况下，获取目的基因最方便的方法是（　　）。
A. 人工化学合成　　B. 基因组文库法　　C. cDNA 文库法
D. PCR 法　　E. 从染色体 DNA 直接提取

8. α 互补筛选属于（　　）。
A. 抗药性标志筛选　　B. 酶联免疫筛选　　C. 标志补救筛选
D. 原位杂交筛选　　E. 免疫化学筛选

9. 限制性核酸内切酶不具有（　　）特点。
A. 仅存在于原核细胞中　　B. 用于重组 DNA 技术中的为Ⅰ类酶
C. 能识别双链 DNA 中特定的碱基顺序　　D. 具有一定的外切酶活性
E. 辨认的核苷酸序列常具有回文结构

10. 重组 DNA 技术不能应用于（　　）。
A. 疾病基因的发现　　B. 生物制药　　C. DNA 序列分析
D. 基因诊断　　E. 基因治疗

二、名词解释

1. 位点特异性重组
2. DNA 克隆

三、填空题

1. 自然界常见的基因转移方式有________、________、________、________。
2. 不同 DNA 分子间发生的共价连接称为________，有________和________两种方式。
3. 某些基因可以从一个位置移动到另一个位置，这些可移动的 DNA 序列包括________和________。
4. 基因工程常用的载体 DNA 分子有________、________和________。

四、问答题

1. 什么是重组 DNA 技术？简述其步骤。
2. 基因工程 *E. coli* 表达体系的表达载体必须符合哪些标准？

参考答案

一、单项选择题

1. B。接合作用是指细菌的遗传物质在细菌细胞间通过细胞-细胞直接接触或细胞间桥样连接的转移过程。当细菌通过菌毛相互接触时，质粒 DNA 就可以从一个细菌转移至另一个细菌，但并非任何质粒 DNA 都有这种转移能力，只有某些较大的质粒，如 F 因子，方可通过接合作用从一个细胞转移至另一个细胞，故选 B。

2. B。基因工程是指通过体外操作将不同来源的两个或两个以上的DNA分子重新组合，并在适当的细胞中扩增形成新功能DNA分子的方法，故选B。

3. A。DNA连接酶催化DNA中相邻的5′-磷酸基团和3′-羟基末端之间形成磷酸二酯键，使DNA切口封合或使两个DNA分子或片段连接起来，故选A。

4. D。重组DNA技术中常用的工具酶有限制性核酸内切酶、DNA连接酶、DNA聚合酶Ⅰ、Klenow片段、逆转录酶、多聚核苷酸激酶、末端转移酶、碱性磷酸酶，故选D。

5. E。质粒是细菌染色体外的、能自主复制和稳定遗传的双链环状DNA分子，具备作为克隆载体的基本特点，具有一个复制起点，一个选择标志，多个单一酶切位点，故选E。

6. B。同源重组作为自然界最基本的DNA重组方式，不需要特异的DNA序列，而是依赖两分子之间序列的相同或相似性，故选B。

7. D。PCR是一种高效特异的体外扩增DNA的方法，前提是已知待扩增目的基因或DNA片段两端的序列，故选D。

8. C。标志补救是指当载体上的标志基因在宿主细胞中表达时，宿主细胞通过与标志基因表达产物互补弥补自身的相应缺陷，从而在相应的选择培养基中存活。利用α互补筛选重组质粒的细菌是一种标志补救筛选方法，故选C。

9. B。限制性核酸内切酶是一类核酸内切酶，能识别双链DNA分子内部的特异序列并裂解磷酸二酯键。重组DNA技术中所说的RE通常是指Ⅱ型酶，故选B。

10. C。重组DNA技术已经广泛应用于基因功能研究、生物制药、疾病基因诊断及基因治疗等方面，故选C。

二、名词解释

1. 位点特异性重组：是指发生在至少拥有一定程度序列同源性片段的DNA链的互换过程，也称保守的位点特异性重组。

2. DNA克隆：是指通过体外操作将不同来源的两个或两个以上的DNA分子重新组合，并在适当的细胞中扩增形成新功能DNA分子的方法。

三、填空题

1. 接合　转化　转导　细胞融合

2. 基因重组　同源重组　位点特异性重组

3. 插入序列　转座子

4. 质粒DNA　噬菌体DNA　病毒DNA

四、问答题

1. 答：基因克隆是指含有单一DNA重组体的无性系。或指将DNA重组体引进受体细胞中，建立无性系的过程。一个完整的基因克隆过程包括：①目的基因和载体的选择；②限制性内切酶处理的基因和载体；③目的基因与载体的连接；④重组体导入受体细胞——转；⑤筛选转化细胞。

2. 答：①含有大肠杆菌适宜的选择标志；②具有能调控转录、产生大量mRNA的强启动子；③含适当的翻译控制序列；④含有合理设计的多克隆酶切位点。

（周娟）

第二十四章　常用分子生物学技术的原理及其应用

学习目标

1. 掌握　印迹技术的概念；PCR技术的概念、原理；DNA序列测定的概念；生物芯片的概念；蛋白质分离纯化的主要技术所依据的蛋白质理化性质。

2. 熟悉　印迹技术的种类；实时PCR技术的原理和用途；生物芯片的用途；蛋白质分离纯化的主要方法。

3. 了解　蛋白质分离纯化的主要方法的基本原理；蛋白质相互作用分析的主要方法和意义；DNA序列测定技术的类型；分子生物学技术在医学发展中的意义。

第一节　分子杂交和印迹技术

一、分子杂交与印迹技术的原理

分子杂交（molecular hybridization）指的是不同的DNA分子或RNA分子之间，或DNA分子与RNA分子之间，按照碱基互补配对的原则，两条完全或不完全互补的多核苷酸链相互结合，形成杂交分子的过程。

印迹技术是将待检测的生物大分子转移到固定基质上，再通过分子杂交，使其得到显现的过程。通过印迹技术不仅能够检测DNA分子或RNA分子，还能够利用抗原、抗体相互识别结合的特点，对蛋白质分子进行检测。这一技术类似于用吸墨纸吸收纸张上的墨迹，因此称之为“blotting”，即印迹技术。

探针（probe）指的是带有特殊可检测标记的多聚核苷酸片段，放射性核素、生物素或荧光染料可以标记其末端或全链的已知序列，探针可以与固定在硝酸纤维素（nitrocellulose，NC）膜上的核苷酸互补结合，可以用于检测核酸样本中存在的特定基因。

二、分子杂交和印迹技术的类别及应用

DNA印迹（Southern blotting）用于克隆基因的酶切图谱、基因组中某一基因的定性及定量、基因突变、基因拷贝数及限制性片段长度多态性分析等。

RNA印迹（Northern blotting）用于RNA的定性定量分析。

蛋白质印迹（Western blotting）用于蛋白质定性定量及相互作用研究。

第二节　PCR技术的原理与应用

聚合酶链反应（polymerase chain reaction，PCR）是模拟体内DNA复制的过程在体外获得大量DNA的技术。

一、PCR技术的基本原理

以待扩增的DNA分子为模板，用两条寡核苷酸片段作为引物，分别在拟扩增片段的DNA两侧与模板DNA链互补结合，提供3′-OH末端；在DNA聚合酶的作用下，按照半保留复制的机制沿着模板链延伸直至完成两条新链的合成。不断重复这一过程，即可使目的DNA片段得到扩增。

PCR体系的基本组成成分：模板（DNA双链）；引物（上游引物及下游引物）；原料（四种dNTP）；耐热的DNA聚合酶；Mg^{2+}缓冲液。

PCR基本反应过程包括变性、退火、延伸。

二、PCR技术的主要用途

1. 获得目的基因片段 在人类基因组计划完成之前，PCR是从cDNA文库或基因组文库中获得序列相似的新基因片段或新基因的主要方法。目前，该技术是从各种生物标本或基因工程载体中快速获得已知序列目的基因片段的主要方法。

2. DNA和RNA的微量分析 PCR技术的敏感性高，对模板DNA的量要求很低，是DNA和RNA微量定性和定量分析的最好方法。理论上讲，1滴血液、1根毛发或1个细胞已足以满足PCR的检测需要，因此，在基因诊断方面具有极广阔的应用前景。

3. DNA序列分析 将PCR技术引入DNA序列测定，使测序工作大为简化，也提高了测序的速度，是实现高通量DNA序列分析的基础。待测DNA片段既可克隆到特定的载体后进行序列测定，也可直接测定。

4. 基因突变分析 PCR与其他技术的结合可以大大提高基因突变检测的敏感性，例如单链构象多态性分析、等位基因特异的寡核苷酸探针分析、基因芯片技术、DNA序列分析等。

5. 基因的体外突变 在PCR技术建立以前，在体外对基因进行各种突变是一项费时费力的工作。现在，利用PCR技术可以随意设计引物在体外对目的基因片段进行插入、嵌合、缺失、点突变等改造。

三、几种重要的PCR衍生技术

逆转录PCR（reverse transcription PCR，RT-PCR）是将RNA的逆转录反应和PCR反应联合应用的一种技术。

原位PCR技术是利用完整的细胞作为一个微小的反应体系来扩增细胞内的目的基因片段。PCR反应在福尔马林固定、石蜡包埋的组织切片或细胞涂片上的单个细胞内进行。反应后，再用特异性探针进行原位杂交即可检出待测DNA或RNA是否在该组织或细胞中存在，原位PCR将目的基因的扩增与定位相结合，既能分辨鉴定带有靶序列的细胞，又能标出靶序列在细胞内的位置。

实时PCR（real-time PCR）技术是指在PCR反应体系中加入荧光基团，利用荧光信号积累实时监测整个PCR进程，最后通过标准曲线对未知模板进行定量分析的方法。实时PCR技术通过动态监测反应过程中的产物量，消除了产物堆积对定量分析的干扰，亦被称为定量PCR。目前，临床上有较广泛的用途，可用于肝炎、禽流感等传染病的诊断；可用于检测性别发育异常、珠蛋白生成障碍性贫血、胎儿畸形等；可用于肿瘤标志物的检测等。

第三节 DNA测序技术

一、双脱氧法和化学降解法是经典的DNA测序方法

双脱氧法即DNA链末端合成终止法，它的基本原理是将2′,3′-双脱氧核苷酸（ddNTP）掺入到新合成的DNA链中，由于掺入的ddNTP缺乏3′-羟基，因此不能与下一个核苷酸形成磷酸

二酯键，DNA 合成反应即终止。在测定时，首先将模板分为 4 个反应管，分别加入引物和 DNA 聚合酶，只要双脱氧核苷酸掺入链端，该链就停止延长，而链端掺入单脱氧核苷酸的片段可继续延长。如此每管反应体系中便合成以共同引物为 5′-端，以双脱氧碱基为 3′-端的一系列长度不等的核酸片段。反应一定时间后，分四个泳道进行电泳。以分离长短不一的核酸片段（长度相邻者仅差一个碱基），根据片段 3′-端的双脱氧碱基，便可依次阅读合成片段的碱基排列顺序。

化学降解法是一种传统的测定 DNA 碱基序列的方法。特定化学试剂的处理能使 DNA 单链在某种特定碱基处断开，且每条链只在一处断开；利用凝胶电泳可将不同长度的 DNA 片段彼此分离，通过放射自显影可使带标记的 DNA 片段在 X 光底片上显现出相应的谱带。

二、第一代全自动激光荧光 DNA 测序仪器基于双脱氧法

采用 4 种不同的荧光染料标记 4 种不同的可终止 DNA 延伸反应的底物 ddNTP，反应后，赋予所合成的 DNA 片段 4 种不同的颜色。待测 DNA 样品的 4 个反应产物在同一个泳道内依照片段大小电泳分离，由仪器自动连续采集荧光数据并完成分析，最后直接显示待测 DNA 的碱基序列。

三、高通量 DNA 测序技术使基因测序走向医学实用

高通量 DNA 测序技术可以对个体和人群进行微量、快速的全基因组序列分析，成本低，易于推广使用。

四、DNA 测序在医学领域具有广泛的应用价值

DNA 测序在医学领域有较广泛的应用。通过 DNA 序列分析可以鉴定基因突变甚至可以确定定点突变。

第四节　生物芯片技术

一、基因芯片

基因芯片（gene chip）是指将许多特定的 DNA 片段有规律地紧密排列固定于单位面积的支持物上，然后与待测的荧光标记样品进行杂交，杂交后用荧光检测系统等对芯片进行扫描，通过计算机系统对每一位点的荧光信号做出检测、比较和分析，从而迅速得出定性和定量的结果。该技术亦被称作 DNA 微阵列（DNA microarray）。

基因芯片技术的应用包括：① 利用 DNA 芯片技术可同时进行高通量基因转录活性的分析；② 染色质免疫共沉淀与芯片技术结合检测蛋白质-DNA 的相互作用（ChIP-on-chip）；③确定转录因子及其作用位点；④确定基因表观遗传修饰，应用于表观遗传学研究。

二、蛋白质芯片

蛋白质芯片是将高度密集排列的蛋白质分子作为探针点阵固定在固相支持物上，当与待测蛋白质样品反应时，可捕获样品中的靶蛋白，再经检测系统对靶蛋白进行定性和定量分析。

第五节　蛋白质的分离纯化和结构分析

一、有机溶剂沉淀、盐析及免疫沉淀用于蛋白质浓缩及分离

丙酮、乙醇等有机溶剂可以使蛋白质沉淀，再将其溶解在小体积溶剂中即可获得浓缩的蛋白质溶液。为保持蛋白质的结构和生物活性，需要在 0～4℃低温下进行丙酮或乙醇沉淀，沉淀后应立即分离，否则蛋白质会发生变性。

将硫酸铵、硫酸钠或氯化钠等加入蛋白质溶液，使蛋白质表面电荷被中和以及水化膜被破坏，导致蛋白质在水溶液中的稳定性因素去除而沉淀。各种蛋白质盐析时所需的盐浓度及 pH 均不同，可据此将不同的蛋白质予以分离。

二、透析和超滤法去除蛋白质溶液中的小分子化合物

利用透析袋把大分子蛋白质与小分子化合物分开的方法称为透析。利用正压或离心力使蛋白质溶液透过有一定截留分子量的超滤膜，达到浓缩蛋白质溶液的目的的方法称为超滤法。

三、电泳分离蛋白质

蛋白质在高于或低于其 pI 的溶液中为带电的颗粒，在电场中能向正极或负极移动。这种通过蛋白质在电场中泳动而达到分离各种蛋白质的技术，称为电泳（elctrophoresis）。根据支持物的不同，可分为薄膜电泳、凝胶电泳等。

四、色谱法分离蛋白质

层析（chromatography）又称色谱法，是根据溶液中待分离的蛋白质颗粒大小、电荷多少及亲和力等使待分离的蛋白质组分在两相中反复分配，并以不同速度流经固定相而达到分离蛋白质的目的。

五、蛋白质颗粒沉降行为与超速离心分离

蛋白质在离心场中的行为用沉降系数（sedimentation coefficient，*S*）表示，沉降系数与蛋白质的密度和形状相关。

超速离心法（ultracentrifugation）既可以用来分离纯化蛋白质，也可以用于测定蛋白质的分子量。因为沉降系数（*S*）大体上和分子量成正比关系，故可应用超速离心法测定蛋白质的分子量，但对分子形状高度不对称的大多数纤维状蛋白质不适用。

第六节 生物大分子相互作用研究技术

一、常用蛋白质相互作用的研究技术

目前常用的研究蛋白质相互作用的技术包括酵母双杂交、各种亲和分析（标签蛋白沉淀、免疫共沉淀等）、荧光共振能量转换效应分析、噬菌体显示系统筛选。

二、蛋白质-DNA 相互作用分析技术

电泳迁移率变动分析（electrophoretic mobility shift assay，EMSA）又称凝胶迁移变动实验，最初用于研究 DNA 结合蛋白与相应 DNA 序列间的相互作用，可用于定性和定量分析，已经成为转录因子研究的经典方法。目前这一技术也被用于研究 RNA 结合蛋白和特定 RNA 序列间的相互作用。

染色质免疫沉淀（chromatin immunoprecipitation assay，ChIP）技术结合了 PCR 和免疫沉淀两种技术而发展起来，是研究体内 DNA 与蛋白质相互作用的方法。

同步练习

一、单项选择题

1. 印迹技术可以分为（　　）。

A. DNA 印迹　　　B. RNA 印迹　　　C. 蛋白质印迹

D. 斑点印迹　E. 以上都对

2. PCR 实验的延伸温度一般是（　　）。

A. 90℃　B. 72℃　C. 80℃

D. 95℃　E. 60℃

3. Western blot 中的探针是（　　）。

A. RNA　B. 单链 DNA　C. cDNA

D. 抗体　E. 双链 DNA

4. 下列（　　）不是核酸探针的标记。

A. 同位素标记　B. 非同位素标记　C. 地高辛标记

D. 生物素标记　E. 辣根过氧化物酶标记

二、填空题

1. 在组织切片或细胞涂片上进行杂交分析称为＿＿＿＿＿＿。
2. 全世界第一例基因治疗成功的疾病是＿＿＿＿＿＿。
3. 染色质免疫沉淀技术研究的是＿＿＿＿＿＿与 DNA 在染色质环境下的相互作用。
4. 基因敲除（knock out）的方法主要被用来研究基因的＿＿＿＿＿＿。
5. Western blot 技术可用于检测样品中特殊的＿＿＿＿＿＿的存在。

三、问答题

1. 简述 PCR 体系的基本组成成分。
2. 简述 PCR 的基本过程。

参考答案

一、单项选择题

1. E。印迹技术包括 DNA 印迹、RNA 印迹、蛋白质印迹、斑点印迹，故选 E。

2. B。PCR 实验的延伸温度一般是 72℃，故选 B。

3. D。Western blot 中的探针是抗体，故选 D。

4. E。核酸探针的标记包括同位素标记、非同位素标记、地高辛标记、生物素标记。辣根过氧化物酶标记不是核酸探针的标记。故选 E。

二、填空题

1. 原位杂交
2. 重症联合免疫缺陷综合征
3. 蛋白质
4. 功能
5. 蛋白质

三、问答题

1. 答：模板（DNA 双链）；引物（上游引物及下游引物）；原料（四种 dNTP）；耐热的 DNA 聚合酶；Mg^{2+} 缓冲液。

2. 答：PCR 是变性、退火、延伸这三个过程的循环。

（吴素珍）

第二十五章　基因结构功能分析和疾病相关基因鉴定克隆

学习目标

1. **掌握**　鉴定疾病相关基因的原则。
2. **熟悉**　疾病相关基因克隆的策略和方法。
3. **了解**　疾病相关基因的功能研究方法。

内容精讲

广义上说，人类的多数疾病都与基因的结构或功能异常相关，因此，揭示基因的结构和功能对于阐明疾病发生的分子机制和进行有效的诊断与治疗来说是首要之举，随之就是如何鉴定和克隆疾病的相关基因。

第一节　基因结构分析

基因的结构分析包括一级结构DNA序列的解析、编码区和非编码区结构的解析、基因拷贝数的分析以及基因表达产物的分析。其中，基因一级结构的分析已在第二十四章DNA测序技术中介绍，因此，本章重点介绍后面三种分析技术。

一、编码区和非编码区结构的解析

基因的功能区域包括基因编码区、启动子区和转录起点等顺式作用元件区域。

（一）基因编码序列的确定

分析基因编码序列的主要技术包括数据库检索法、cDNA文库分析法、RNA剪接分析法等。

1. 数据库检索法　是对所获取的cDNA在基因数据库中进行同源比对和基本性质的分析，通常利用美国国立生物技术信息中心（National Center for Biotechnology Information，NCBI）或EMBOSS中的软件进行分析。

2. cDNA文库分析法　先要构建cDNA文库，然后通过PCR法（如RACE技术）或核酸杂交法获取某个编码序列，然后通过测序获得序列信息。

3. RNA剪接分析法　过去通常采用EST进行比较鉴定，目前采用的方法主要有基于DNA芯片的分析法、交联免疫沉淀法、体外报道基因测定法。

（二）启动子区的确定

启动子区的确定主要采用生物信息学、启动子克隆法和核酸-蛋白质相互作用法。

1. 生物信息学预测启动子　根据常见启动子的结构特征，用启动子数据库和启动子预测算法进行预测。

2. PCR结合测序技术分析启动子结构　该方法得到的数据最为直接且操作简单。

3. 核酸-蛋白质相互作用技术分析启动子结构 通过核酸酶（常见的是 DNaseⅠ和核酸外切酶Ⅲ）或化学试剂（羟自由基）将 DNA 进行切割，由于启动子区与蛋白结合被保护起来，在凝胶电泳的感光胶片上出现无条带的空白区域，形似蛋白质在 DNA 上留下的足迹，故该方法又称足迹法（footprinting）。

（三）转录起点的确定

主要介绍真核生物基因转录起点的确定所用的技术，包括：①用数据库搜索转录起点；②用 cDNA 克隆直接测序法鉴定转录起点；③用 5′-cDNA 末端快速扩增技术（5′-rapid amplification of cDNA end，5′-RACE）鉴定转录起点。

二、基因拷贝数的分析

利用 Southern blot 和实时定量 PCR 技术等对基因拷贝数进行定性和定量分析。

三、基因表达产物的分析

（一）RNA 转录水平的分析

基因转录水平的分析方法有两类，一类是针对已知基因采用 DNA 芯片、RNA 印迹、实时 RT-PCR 等。另一类是针对未知基因的发现和分析的，采用差异显示 PCR、双向基因表达指纹图谱、随机引物 PCR 指纹分析等。

（二）蛋白质/多肽翻译水平的分析

包括：①蛋白质免疫印迹技术；②酶联免疫吸附实验；③免疫组化实验（包括免疫组织化学和免疫细胞化学实验）；④流式细胞术分析；⑤蛋白质芯片分析；⑥双向电泳高通量分析。

第二节 基因功能研究

基因的功能由基因表达产物体现，也就是基因编码区的蛋白质产物功能和非编码区的 RNA 功能。基因产物的功能可以从不同水平来描述，即细胞分子水平和整体水平的功能。生物信息学的同源序列比对、细胞水平高表达或低表达基因技术、蛋白质与蛋白质相互作用技术和整体水平的转基因技术、基因敲除小鼠动物模型等，都是目前进行基因功能研究的非常有效的手段。

鉴定基因功能的策略包括功能获得策略（如转基因、基因敲入技术）、功能失活策略（如基因敲除、基因沉默技术）及随机突变体筛选策略等。

第三节 疾病相关基因的鉴定和克隆

一、鉴定疾病相关基因的基本原则

鉴定克隆疾病相关基因的关键是确定疾病表型与基因间是否有实质的联系；鉴定克隆疾病相关基因需要多学科多途径的综合策略；确定候选基因是多种克隆疾病相关基因方法的交汇。

二、克隆疾病相关基因的策略和方法

不依赖染色体定位的疾病相关基因克隆策略；定位克隆是鉴定疾病相关基因的经典方法；确定常见病的基因需要全基因组关联分析和全外显子测序；生物信息学数据库储藏丰富的相关基因信息。

同步练习

一、填空题

1. 用于分析启动子结构的核酸-蛋白质相互作用技术有________、________、________和________。
2. 检测基因拷贝数常见的技术有____________和____________等。
3. 常见的基因编辑技术有__________、________和__________。
4. 常见的基因沉默技术有__________、________、__________和__________。
5. RACE方法和CRISP方法的英文全称分别是____________和____________。

二、名词解释

疾病基因

参考答案

一、填空题

1. 核酸酶足迹法　化学足迹法　EMSA　ChIP
2. Southern blot　实时定量PCR
3. ZFN；TALEN；CRISPR
4. RNA干扰技术；miRNA技术；反义RNA技术；核酶技术
5. rapid-amplification of cDNA end；clustered regulatory interspaced short palindromic repeat

二、名词解释

疾病基因：如果一个基因的基因型与一种疾病的表型呈直接对应的因果关系，即该基因结构或表达的异常是导致该疾病发生的直接原因，那么该基因被称为疾病基因。

（谢富华）

第二十六章　基因诊断和基因治疗

学习目标

1. **掌握**　基因诊断的概念和特点；基因治疗的概念。
2. **熟悉**　基因诊断的基本技术；基因治疗的基本策略及过程。
3. **了解**　基因诊断和基因治疗的临床应用。

内容精讲

基因诊断（gene diagnosis）和基因治疗（gene therapy）是现代分子医学的重要内容。人类的许多疾病都与基因的结构和表达相关，体内的自身基因发生结构与功能异常，或是外源性病毒、细菌的致病基因在体内异常表达等，都可能导致疾病的发生。从基因水平分析疾病的发病原因和发病机制，并采取针对性措施对疾病进行诊断和治疗是现代医学发展的方向。

第一节　基因诊断

随着现代生物化学与分子生物学的发展以及分子生物学研究技术水平的不断提高，人们认识到疾病的各种表型改变往往是由基因结构和功能异常或外源性病原体基因的异常表达造成的，这也是引起疾病的根本原因。因此，从基因水平检测和分析疾病的病因，明确发病机制，并采用针对性的措施对疾病进行治疗是现代医学发展的方向。

一、基因诊断的概念和特点

（一）基因诊断的概念

基因诊断（gene diagnosis）是指利用现代分子生物学技术，直接检测基因序列及其产物，分析基因的类型和缺陷，还可对其功能进行分析，从而在分子水平诊断疾病的方法。

随着人类对疾病的认识和研究的深入，越来越多的证据显示，大多数疾病的发生都存在着基因结构和表达水平的改变。自身基因变异和外源病原体基因的入侵都可导致疾病的发生，体内外各种因素导致的内源基因结构突变或表达异常可能引起分子病和肿瘤等疾病，各种病原体（如病毒、细菌和寄生虫等）感染人体后，其特异的基因进入人体或者整合到宿主染色体中，并在体内表达增殖，亦可导致各种疾病。单基因病是由于某种基因突变，导致其编码的蛋白质生物学功能发生改变；肿瘤的发生发展是多个原癌基因和抑癌基因突变累积的结果；而对感染性疾病来说，由于病原体的入侵，病人体内一定会存在病原体的遗传物质。通过基因诊断，既可以在分子水平上检测疾病相关基因的存在，还可以定量检测基因表达的异常改变，从而对疾病进行明确诊断。

（二）基因诊断的特点

临床上疾病诊断方法多以临床主要表现为依据，而多数情况下表型的改变是非特异的，并且往往在疾病发生的一定时间后才出现，因此常常不能及时对疾病做出明确诊断，因而使患者错过最佳治疗时期。相比之下，基因诊断不依赖于表型改变，而是在分子水平检测致病基因、疾病相关基因、外源性病原体基因及其表达产物，是对疾病的病因诊断，还可以对遗传性疾病进行预测性诊断。与其他诊断方法相比，基因诊断具有以下独特优势。

1. 高度的特异性 基因诊断以基因为检测对象，针对性地检测患者自身基因和外源性病原体基因及其表达产物，属于病因诊断，具有高度的特异性。

2. 灵敏度高 基因诊断常常利用核酸分子杂交和聚合酶链反应等分子生物学技术手段，标本用量少，具有很高的灵敏度。

3. 早期诊断和快速诊断 与传统的诊断技术相比，基因诊断应用分子生物学技术进行基因水平的检测，其过程更为简单，能迅速做出诊断，对表型正常的携带者进行基因水平的检测，可揭示有些疾病在未出现临床症状时与疾病相关的基因状态，从而进行准确的早期诊断。

4. 应用性广 人类大多数疾病的发生，都是人体自身基因的改变或外源病原体的基因产物与人体基因相互作用的结果，随着人们对各种疾病发生的分子机制研究的深入，越来越多的致病基因和疾病相关基因被克隆，这些都为基因诊断提供了坚实的理论基础。基因诊断取材方便，样品来源广泛（包括血液、精液、唾液、毛发、羊水、组织块、尿液等），检测目标为内源性或外源性基因，适应性强，诊断范围广，不仅可以在基因水平对疾病进行诊断，还能对有遗传病家族史的个体或产前的胎儿是否携带有致病基因进行诊断和预测。基因诊断还可用于评估多基因疾病个体患病的易感性。

二、基因诊断的基本技术

基因诊断技术是以核酸分子杂交和 PCR 技术为核心发展起来的多种技术的联合应用。运用各项基因诊断技术可对待检测基因进行定性和定量分析。

（一）核酸分子杂交

核酸分子杂交技术是基因诊断的最基本方法之一，其基本原理是核酸变性和复性，将不同种类的 DNA 单链或 RNA 单链混合在同一溶液中，只要这两种核酸单链之间存在着一定的碱基互补关系，在一定条件下就有可能形成杂化双链。结合印迹技术和探针技术，就可进行 DNA 和 RNA 的定性或定量分析。目前用于基因诊断的核酸分子杂交技术主要包括 Southern 印迹、Northern 印迹、原位杂交、斑点杂交、荧光原位杂交等。

（二）PCR 技术

PCR 技术广泛应用于基因诊断中，其技术原理与体内 DNA 复制过程相似，基本反应步骤包括变性、退火和延伸，在体外将目的基因进行大量扩增，以得到足够的 DNA 供基因分析和检测。以 PCR 为基础，衍生出 RT-PCR 技术、原位 PCR 技术、实时 PCR 技术等，也可采用 PCR 技术扩增出目的基因后与其他技术联合应用，已在临床应用于基因诊断。

（三）DNA 序列测定

分离出患者的致病基因或疾病相关基因，测定其 DNA 片段的碱基序列，找出基因突变所在是最直接、最准确的基因诊断方法。此法主要用于基因突变类型已经明确的遗传病的诊断及产前诊断。

（四）基因芯片技术

基因芯片（gene chip）可以在同一时间内分析大量的基因，特别适用于分析不同组织细胞或同一细胞不同状态下的基因差异表达情况，可用于大规模基因检测。目前利用基因芯片技术可以快速、早期诊断血友病、地中海贫血、苯丙酮尿症、异常血红蛋白病等常见的遗传性疾病。

三、基因诊断的应用

20 世纪 70 年代末，美籍华裔科学家 Y. W. Kan 首次利用 DNA 技术对地中海贫血进行了诊断，开创了基因诊断的历史先河。临床大多数疾病都与基因变异有关，基因结构异常或者表达异常是导致疾病的根本原因。基因诊断的前提是疾病表型与基因型之间的关系已经阐明，作为一种新的诊断模式，基因诊断具有特异性强、灵敏度高、可早期诊断和应用性广的独特优势，广泛地应用于遗传性疾病、肿瘤及感染性疾病的诊断、预警和疗效预测。

第二节 基因治疗

基因治疗（gene therapy）是针对于导致疾病的异常基因，将人正常基因或有治疗作用的DNA片段通过一定的方式导入靶细胞，以达到矫正和置换致病基因的目的。而一般临床常规治疗方法针对的是疾病表现出的各种临床症状，因此，基因治疗能从根本上治愈一些现有的常规治疗手段无法解决的疾病，属于病因治疗。广泛的基因治疗是指在疾病治疗过程中运用分子生物学原理和技术手段，在核酸水平上对疾病开展的各项治疗。

一、基因治疗的基本策略

最初基因治疗仅用于单基因遗传病的治疗性研究，现在基因治疗的重点集中在遗传性疾病、肿瘤、心脑血管疾病、代谢性疾病、艾滋病、神经系统疾病等。根据疾病的不同发病机制，所采用的基因治疗方法也不同，基因治疗的基本策略主要有以下几种。

（一）基因矫正和基因置换

基因矫正（gene correction）是对致病基因的突变碱基进行纠正，基因置换（gene replacement）则是用正常基因通过重组原位替换致病基因。这两种方法均是对缺陷基因进行精确的原位修复，是最为理想的治疗方法，但目前实践中由于技术原因很难实现。

（二）基因增补

基因增补（gene augmentation）又称为基因添加，在治疗过程中不删除突变的致病基因，而是将目的基因导入病变细胞或其他细胞，目的基因插入基因组后表达出功能正常的蛋白质，以修饰缺陷细胞的功能或增强某些原有的功能，从而达到治疗疾病的目的。这种治疗方法中致病基因仍然存在于细胞内，目前基因治疗主要采取这种策略。这种方法的缺点是目前无法做到基因在基因组中的准确定位和插入，因此，随机的整合的增补基因位可能会导致基因组正常结构的改变，甚至可能导致新的疾病。

（三）基因沉默或失活

基因失活（gene inactivation）或基因沉默（gene silencing）是利用一些非编码小RNA降解相应的mRNA或抑制其翻译，阻断致病基因的异常表达，从而达到治疗疾病的目的，也称为基因干预（gene interference）。能使用此基因治疗策略的疾病往往是由于某一或某些基因的过度表达引起的，比如过度表达的癌基因。

（四）自杀基因疗法

自杀基因（suicide gene）是指将某些病毒或细菌的基因导入靶细胞中，其表达的酶可催化无毒的药物前体转变为细胞毒物质，从而导致携带该基因的受体细胞被杀死，此类基因称为自杀基因。

在肿瘤的治疗过程中，通过导入自杀基因诱发肿瘤细胞“自杀”死亡也是一种非常重要的策略，自杀基因疗法（suicide gene therapy）就是通过转入自杀基因而赋予肿瘤细胞新的表型而引起药物对肿瘤细胞的直接或间接杀伤作用，从而达到清除肿瘤细胞的目的。

（五）免疫基因疗法

免疫基因疗法（immunogene therapy）是通过基因重组技术，把产生抗病毒或肿瘤免疫力的对应的抗原决定簇导入机体细胞基因组，增强机体的免疫功能，达到预防和治疗疾病的目的，如将白细胞介素-2（interleukin-2，IL-2）导入肿瘤患者体内，提高患者体内的IL-2水平，激发和增强机体的免疫功能，以达到控制和杀伤肿瘤细胞的目的。此策略已应用于多种恶性肿瘤的临床试验中。

二、基因治疗的基本过程

基因治疗的基本过程包括五大步骤：①治疗基因的选择；②基因载体的选择；③靶细胞的选择；④治疗基因的导入；⑤ 治疗基因表达的检测。

（一）治疗基因的选择

要对某种疾病实施基因治疗，就必须清楚引起该疾病的致病基因或者疾病相关基因是什么，在治疗过程中就可选择其对应的正常基因或经改造的基因作为治疗基因。将治疗基因导入靶细胞，取代突变基因，新的基因组即可行使正常功能，从而达到治疗的目的。

（二）基因载体的选择

治疗基因需要适当的基因载体携带进入人体细胞内并表达。临床基因治疗过程中一般多选用病毒载体。如腺病毒（adenovirus）、腺相关病毒（adeno-associated virus，AAV）、逆转录病毒（retrovirus）、单纯疱疹病毒（herpes simplex virus，HSV）等。不同类型的病毒载体具有各自的优缺点，在基因治疗过程中依据基因转移和表达的不同要求进行选择。

（三）靶细胞的选择

根据治疗的靶细胞不同，基因治疗分为体细胞治疗和生殖细胞治疗两种形式，后者因为涉及遗传及伦理学，目前国际上严格限制用人生殖细胞进行基因治疗实验，目前人类基因治疗的靶细胞通常是体细胞，包括病变组织细胞和正常的免疫功能细胞。靶细胞的选择标准是：①容易获取和移植；②容易体外培养；③生命周期较长；④治疗基因能高效导入。目前能成功用于基因治疗的靶细胞主要有淋巴细胞、造血干细胞、肌细胞、成纤维细胞和肿瘤细胞等。

（四）治疗基因的导入

基因治疗过程中，如何将治疗基因准确高效地导入靶细胞，并进行安全可控的表达，是治疗的关键步骤。目前临床基因治疗实施中，导入的方式主要有两种：一种是间接体内疗法，其基本过程类似于自体组织细胞移植，从体内取出将要接受治疗基因的靶细胞，进行体外培养，然后将携带有治疗基因的载体导入靶细胞内，筛选出重组了治疗基因的细胞，繁殖扩大后再回输体内，使治疗基因在体内表达相应的产物。另一种是直接体内疗法，即将外源基因直接注入体内有关的组织器官，使其进入相应的细胞并进行表达。

（五）治疗基因表达的检测

利用基因载体中的标记检测治疗基因是否被正确表达，常采用PCR、核酸分子杂交、遗传学方法、DNA序列测定等方法进行筛选。

三、基因治疗的应用与前景

目前基因治疗已用于遗传病，如血友病的治疗，在恶性肿瘤治疗方面的研究也已开始尝试，但还有许多理论和技术方法以及伦理学方面的问题有待进一步研究，基因治疗的效果还有待于基础研究的突破，基因治疗研究也面临一些难题，比如缺乏高效、靶向性的基因转移系统；缺乏切实有效的治疗靶基因；对治疗基因的表达还无法做到精确调控，也无法保证其安全性；缺乏准确的疗效评价等。所有基因治疗的研究及临床使用必须严格遵守我国的法律法规。

基因治疗为患者提供了一个全新的治疗模式，随着人类对疾病分子机制的深入了解，以及对致病基因和疾病相关基因的分离和功能研究，基因治疗研究和应用也将不断取得突破性进展。

同步练习

一、单项选择题

1. 关于基因诊断的特点，下列说法错误的是（　　）。
   A. 特异性高　　B. 灵敏度高　　C. 可早期诊断
   D. 诊断迅速　　E. 应用范围小
2. 下列哪些样品不可用于基因诊断？（　　）
   A. 血液　　B. 精液　　C. 组织块
   D. 病原体　　E. 毛发
3. 最直接、最准确的基因诊断方法是（　　）。
   A. 核酸分子杂交　　B. PCR　　C. DNA 序列测定
   D. 基因芯片技术　　E. RT-PCR
4. 可用于大规模基因诊断的是（　　）。
   A. 核酸分子杂交　　B. PCR　　C. DNA 序列测定
   D. 基因芯片技术　　E. RT-PCR
5. 最为理想的基因治疗方法是（　　）。
   A. 基因矫正和基因置换　　B. 基因添加
   C. 基因沉默和基因失活　　D. 免疫基因疗法
   E. 自杀基因疗法
6. 通常用于选择基因治疗的靶细胞不包括（　　）。
   A. 生殖细胞　　B. 造血干细胞　　C. 成纤维细胞
   D. 淋巴细胞　　E. 肿瘤细胞
7. 关于基因治疗，下列说法错误的是（　　）。
   A. 针对病因进行治疗
   B. 选择治疗基因是关键
   C. 选择基因治疗的靶细胞通常是体细胞
   D. 基因置换是目前临床上使用的主要基因治疗策略
   E. 必须严格遵守国家的法律法规

二、名词解释

1. 基因诊断
2. 基因治疗

三、问答题

1. 人体哪些标本可用于基因诊断？进行基因诊断的主要技术有哪些？
2. 基因治疗的基本策略有哪些？
3. 简述基因治疗的基本过程。

参考答案

一、单项选择题

1. E。基因诊断具有特异性高、灵敏度高、可早期诊断和快速诊断、应用性广的独特优势，故选 E。

2. D。基因诊断的样品来源广泛，包括血液、精液、唾液、毛发、羊水、组织块、尿液等，故选 D。

3. C。DNA 序列测定是最直接、最准确的基因诊断方法，故选 D。

4. D。基因芯片可以在同一时间内分析大量的基因，特别适用于分析不同组织细胞或同一细胞不同状态下的基因差异表达情况，可用于大规模基因检测，故选 C。

5. A。基因矫正是对致病基因的突变碱基进行纠正，基因置换则是用正常基因通过重组原位替换致病基因。这两种方法均是对缺陷基因进行精确的原位修复，是最为理想的治疗方法，故选 A。

6. A。根据治疗的靶细胞不同，基因治疗分为体细胞治疗和生殖细胞治疗两种形式，后者因为涉及遗传及伦理学，目前国际上严格限制用人生殖细胞进行基因治疗实验，目前人类基因治疗的靶细胞通常是体细胞，包括病变组织细胞和正常的免疫功能细胞。目前能成功用于基因治疗的靶细胞主要有淋巴细胞、造血干细胞、肌细胞、成纤维细胞和肿瘤细胞等，故选 A。

7. D。基因矫正是对致病基因的突变碱基进行纠正，基因置换则是用正常基因通过重组原位替换致病基因。这两种方法均是对缺陷基因进行精确的原位修复，是最为理想的治疗方法，但目前实践中由于技术原因很难实现，故选 D。

二、名词解释

1. 基因诊断：指利用现代分子生物学技术，直接检测基因序列及其产物，分析基因的类型和缺陷，还可对其功能进行分析，从而在分子水平诊断疾病的方法。

2. 基因治疗：是针对于导致疾病的异常基因，将人正常基因或有治疗作用的 DNA 片段通过一定的方式导入靶细胞，以达到矫正和置换致病基因的目的。

三、问答题

1. 答：基因诊断的样品来源广泛，包括血液、精液、唾液、毛发、羊水、组织块、尿液等。进行基因诊断的主要技术有核酸分子杂交、PCR 技术、DNA 序列测定、基因芯片技术等。

2. 答：基因治疗的基本策略有：基因矫正和基因置换；基因增补；基因沉默或失活；自杀基因疗法；免疫基因疗法。

3. 答：基因治疗的基本过程包括五大步骤：①治疗基因的选择；②基因载体的选择；③靶细胞的选择；④治疗基因的导入；⑤ 治疗基因表达的检测。

（许春鹏）

第二十七章　组学与系统生物医学

学习目标

1. **掌握**　组学的构成：基因组学、转录组学、蛋白质组学、代谢组学；基因组学的概念。
2. **熟悉**　基因组学、转录组学、蛋白质组学、代谢组学的研究内容。
3. **了解**　其他组学的研究内容及组学在医学中的应用；系统生物医学及其应用。

内容精讲

第一节　基因组学

基因组学（genomics）是阐明整个基因组的结构、结构与功能的关系以及基因之间相互作用的科学。根据研究目的的不同而分为结构基因组学、比较基因组学和功能基因组学。结构基因组学通过基因组作图和序列测定，揭示基因组全部DNA序列及其组成。比较基因组学通过模式生物基因组之间或模式生物与人类基因组之间的比较与鉴定，发现同源基因或差异基因，为研究生物进化提供依据。功能基因组学利用结构基因组学所提供的信息，分析和鉴定基因组中所有基因的功能。

一、结构基因组学揭示基因组序列信息

（一）通过遗传作图和物理作图绘制人类基因组草图

1. 遗传作图就是绘制连锁图　遗传作图（genetic mapping）就是确定连锁的遗传标志位点在一条染色体上的排列顺序及它们之间的相对遗传距离，用厘摩尔根（centi-Morgan，cM）表示，当两个遗传标记之间的重组值为1%时，图距即为1cM。

2. 物理作图就是描绘杂交图、限制性酶切图及克隆系图　物理作图（physical mapping）以物理尺度（bp或kb）标示遗传标志在染色体上的实际位置和它们间的距离，是在遗传作图基础上绘制的更为详细的基因组图谱。

（二）通过EST文库绘制转录图谱

转录图谱又称为cDNA图或表达图（expression map），是一种以表达序列标签（expressed sequence tag，EST）为标记，根据转录顺序的位置和距离绘制的分子遗传图谱。EST是指从cDNA文库中随机选取的某一克隆进行测序所获得的cDNA的5′-末端或3′-末端序列，每个EST长度一般在300～500bp之间就可以包含已表达的该基因的信息。

（三）通过BAC克隆系和鸟枪法测序等构建序列图谱

在基因作图的基础上，通过BAC克隆系的构建和鸟枪法测序，就可完成全基因组的测序工作，再通过生物信息手段，即可构建基因组的序列图谱。

二、比较基因组学鉴别基因组的相似性和差异性

比较基因组学是在基因组序列的基础上，通过与已知生物基因组的比较，鉴别基因组的相似性和差异性，一方面可为阐明物种进化关系提供依据，另一方面可根据基因的同源性预测相关基因的功能。比较基因组学的主要研究内容包括种间比较基因组学阐明物种间基因组结构的异同、种内比较基因组学阐明群体内基因组结构的变异和多态性。

三、功能基因组学系统探讨基因的活动规律

功能基因组学的主要研究内容包括基因组的表达、基因组功能注释、基因组表达调控网络及机制的研究等。

四、ENCODE 识别人类基因组的所有功能元件

NHGRI 于 2003 年 9 月启动了 DNA 元件百科全书（ENCyclopedia Of DNA Elements，ENCODE）计划；该计划旨在解析人类基因组中的所有功能性元件，内容包括编码基因、非编码基因、调控区域、染色体结构维持和调节染色体复制动力的 DNA 元件等。

ENCODE 已取得的重要阶段性成果有：人类基因组的大部分序列（80.4%）具有功能；人类基因组中有 399124 个区域具有增强子样特征，70292 个区域具有启动子样特征；RNA 的产生和加工与启动子结合的转录因子活性密切相关；非编码功能元件富含与疾病相关的 SNP，大部分疾病的表型与转录因子相关。

第二节 转录组学

转录组（transcriptome）指生命单元（通常是一种细胞）所能转录出来的全部转录本，包括 mRNA、rRNA、tRNA 和其他非编码 RNA 的总和。转录组学（transcriptomics）是在整体水平上研究细胞编码基因（编码 RNA 和蛋白质）转录情况及转录调控规律的科学。

一、转录组学全面分析基因表达谱

大规模基因表达谱（expression profile）分析是生物体（组织、细胞）在某一状态下基因表达的整体状况。

二、转录组研究采用整体性分析技术

微阵列（microarray）、基因表达系列分析（serial analysis of gene expression，SAGE）、大规模平行信号测序系统（massively parallel signature sequencing，MPSS）等技术可用于大规模转录组研究。

三、转录组测序和单细胞转录组分析是转录组学的核心任务

高通量转录组测序是获得基因表达调控信息的基础，单细胞转录组有助于解析单个细胞行为的分子基础。

第三节 蛋白质组学

蛋白质组（proteome）是指细胞、组织或机体在特定时间和空间上表达的所有蛋白质。蛋白质组学（proteomics）以所有这些蛋白质为研究对象，分析细胞内动态变化的蛋白质组成、表达水平与修饰状态，了解蛋白质之间的相互作用与联系，并在整体水平上阐明蛋白质调控的活动规律，故又称为全景式蛋白质表达谱（global protein expression profile）分析。

一、蛋白质组学研究细胞内所有蛋白质的组成及其活动规律

1. 蛋白质鉴定是蛋白质组学的基本任务

（1）蛋白质种类和结构鉴定是蛋白质组研究的基础

（2）翻译后修饰的鉴定有助于蛋白质功能的阐明

2. 蛋白质功能确定是蛋白质组学的根本目的

（1）各种蛋白质均需要鉴定其基本功能特性

（2）蛋白质相互作用研究是认识蛋白质功能的重要内容

二、二维电泳、液相分离和质谱是蛋白质组研究的常规技术

蛋白质组研究主要有两条技术路线：基于二维（双向）凝胶电泳（two-dimensional gel electrophoresis，2-DE）分离为核心的研究路线；基于液相色谱（liquid chromatography，LC）分离为核心的技术路线。

第四节 代谢组学

代谢组学（metabonomics）是测定一个生物/细胞中所有的小分子（$M_r \leqslant 1000$）组成，描绘其动态变化规律，建立系统代谢图谱，并确定这些变化与生物过程的联系。

一、代谢组学的任务是分析生物/细胞代谢产物的全貌

代谢组学主要以生物体液为研究对象，如血样、尿样等，另外，还可采用完整的组织样品、组织提取液或细胞培养液等进行研究。

二、核磁共振、色谱及质谱是代谢组学主要的分析工具

由于代谢物的多样性，常需采用多种分离和分析手段，其中核磁共振、色谱及质谱是最主要的分析工具。

三、代谢组学技术在生物医学领域具有广阔的应用前景

开展疾病代谢组研究可以提供疾病（如某些肿瘤、肝脏疾病、遗传性代谢病等）诊断、预后和治疗的评判标准，并有助于加深对疾病发生、发展机制的了解；利用代谢组技术可以快速检测毒物和药物在体内的代谢产物和对机体代谢的影响，有利于判定毒物、药物的代谢规律，为深入阐明毒物中毒机制和发展个体化用药提供理论依据；利用代谢组学技术对代谢网络中的酶功能进行有效的整体性分析，可以发现已知酶的新活性并发掘未知酶的功能；最后，由于代谢组学分析技术具有整体性、分辨率高等特点，可广泛应用于中药作用机制、复方配伍、毒性和安全性等方面的研究，为中药现代化提供技术支撑。

第五节 其他组学

一、糖组学研究生命体聚糖多样性及其生物学功能

糖组学分为结构糖组学与功能糖组学两个分支。色谱分离/质谱鉴定和糖微阵列技术是糖组学研究的主要技术。糖组学与肿瘤的关系密切。

二、脂组学揭示生命体脂质多样性及其代谢调控

脂组学是代谢组学的一个分支。脂组学研究的三大步骤为样品分离、脂质鉴定和数据库检索。脂组学促进脂质生物标志物的发现和疾病诊断。

第六节 系统生物医学及其应用

一、系统生物医学是以整体性研究为特征的一种整合科学

系统生物学（systems biology）是系统性地研究一个生物系统中所有组成成分（基因、mRNA、蛋白质等）的构成以及在特定条件下这些组分间的相互关系，并分析生物系统在一定时间内的动力学过程。系统生物医学（systems biomedicine）应用系统生物学原理与方法研究人体（包括动物和细胞模型）生命活动的本质、规律以及疾病发生发展机制，实际上就是系统生物学的医学应用研究。系统生物医学强调机体组成要素和功能的全网络，将极大地推动现代医学科学的发展。

二、分子医学是发展现代医学科学的重要基础

分子医学（molecular medicine）就是从分子水平阐述疾病状态下基因组的结构、功能及其表达调控规律，并从中发展的现代高效预测、预防、诊断和治疗手段。

三、精准医学是实现个体化医学的重要手段

精准医学（precision medicine）的目的就是全面推动个体基因组研究，依据个人基因组信息“量体裁衣”式制定最佳的个性化治疗方案，以期达到疗效最大化和副作用最小化。

四、转化医学是加速基础研究实际应用的重要路径

转化医学（translational medicine）强调以临床问题为导向，开展基础-临床联合攻关，将基因组学等各种分子生物学的研究成果迅速有效地转化为可在临床实际应用的理论、技术、方法和药物。

同步练习

一、单项选择题

1. 通过（　　）绘制转录图谱。

A. EST 文库　　B. 二维凝胶电泳　　C. 液相色谱
D. 核磁共振　　E. 质谱

2. 当两个遗传标记之间的重组值为1%时，图距即为1（　　）。

A. bp　　B. cM　　C. nt
D. kD　　E. MM

二、名词解释

1. 基因组学
2. 蛋白质组学

三、填空题

1. 基因组学根据研究目的不同而分为________、________和________。
2. ________、________、________等技术可用于大规模转录组研究。
3. ________医学的目的就是全面推动个体基因组研究，依据个人基因组信息“量体裁衣”式制定最佳的个性化治疗方案，以期达到疗效最大化和副作用最小化。

四、问答题

1. 按生物遗传信息流方向，主要组学有哪些？

2. 代谢组学技术为何在生物医学领域具有广阔的应用前景？

参考答案

一、单项选择题

1. A。通过 EST 文库绘制转录图谱，故选 A。

2. B。遗传作图用厘摩尔根（centi-Morgan，cM）表示，当两个遗传标记之间的重组值为 1% 时，图距即为 1cM，故选 B。

二、名词解释

1. 基因组学：是阐明整个基因组的结构、结构与功能的关系以及基因之间相互作用的科学。

2. 蛋白质组学：以细胞、组织或机体在特定时间和空间上表达的所有蛋白质为研究对象，分析细胞内动态变化的蛋白质组成、表达水平与修饰状态，了解蛋白质之间的相互作用与联系，并在整体水平上阐明蛋白质调控的活动规律的科学。

三、填空题

1. 结构基因组学 比较基因组学 功能基因组学

2. 微阵列 基因表达系列分析 大规模平行信号测序系统

3. 精准

四、问答题

1. 答：按生物遗传信息流方向，主要组学有基因组学、转录组学、蛋白质组学、代谢组学。

2. 答：代谢组学与临床的联系紧密。开展疾病代谢组研究可以提供疾病（如某些肿瘤、肝脏疾病、遗传性代谢病等）诊断、预后和治疗的评判标准，并有助于加深对疾病发生、发展机制的了解；利用代谢组技术可以快速检测毒物和药物在体内的代谢产物和对机体代谢的影响，有利于判定毒物、药物的代谢规律，为深入阐明毒物中毒机制和发展个体化用药提供理论依据；利用代谢组学技术对代谢网络中的酶功能进行有效的整体性分析，可以发现已知酶的新活性并发掘未知酶的功能；最后，由于代谢组学分析技术具有整体性、分辨率高等特点，可广泛应用于中药作用机制、复方配伍、毒性和安全性等方面的研究，为中药现代化提供技术支撑。

（罗晓婷 黄玉萍）

参考文献

[1] 周春燕，药立波．生物化学与分子生物学．第 9 版．北京：人民卫生出版社，2018.

[2] 周克元，罗德生．生物化学(案例版)．第 2 版．北京：科学出版社，2013.

[3] David L Nelson，Michael M Cox. Lehninger Principles of Biochemistry. 7th ed. San Francisco：W H. Freeman and Company，2017.